Ulf Pillkahn
Die Weisheit der Roulettekugel

**Dr. Ulf Pillkahn** ist Experte für Zukunftsfragen und Innovationen bei der Siemens AG in München. Er hat Elektro- und Informationstechnik studiert, lebte und studierte in Norwegen und Großbritannien und erwarb einen MBA in London. Er promovierte an der LMU in Psychologie (Titel der Dissertation: „Innovationen zwischen Zufall und Planung") und ist seit 2011 Gastforscher und Dozent am Lehrstuhl für Innovation und Entrepreneurship der Zeppelin Universität in Friedrichshafen.

Danksagung

Viele Ideen und Gedanken werden beim Schreiben verarbeitet, nicht selten entstehen diese in Diskussionen oder werden in Gesprächen angeregt. Für die Unterstützung und Motivation möchte ich mich bei Inga Bachmann, Volkmar Döricht, Karsten Ehms, Heinz Mandl, Steffen Mayer, Renate Pillkahn, Katja-Maria Prexl, Silke Sasano, Gerhard Seitfudem, Markus Schättin, Steffi Schulz, Marco Walz und den Studenten und Dozenten des Seminars Foresight, Innovation & Design-Thinking der Zeppelin Universität bedanken. Darüber hinaus bedanke ich mich bei meiner Firma – der Siemens AG – für die Herausforderungen und Möglichkeiten gleichermaßen. Und: **Ich bedanke mich bei allen, die mir die Gelegenheit zum Verstehen gaben und geben.**

Die Weisheit der Roulettekugel

Innovation durch Irritation

von Ulf Pillkahn

PUBLICIS

Bibliografische Information Der Deutschen Nationalbibliothek

Die Deutsche Nationalbibliothek verzeichnet diese Publikation in
der Deutschen Nationalbibliografie; detaillierte bibliografische Daten
sind im Internet über http://dnb.d-nb.de abrufbar.

www.publicis-books.de

Lektorat: Dr. Gerhard Seitfudem
gerhard.seitfudem@publicis.de

Print ISBN: 978-3-89578-393-7
ePDF ISBN: 978-3-89578-680-8
ePUB ISBN: 978-3-89578-720-1
mobi ISBN: 978-3-89578-819-2

Verlag: Publicis Publishing, Erlangen
© 2013 by Publicis Erlangen, Zweigniederlassung der PWW GmbH

Printed in Germany

Vorbemerkungen

In diesem Buch werden die folgenden Informationselemente verwendet:

Proposition

Einige der für die Ausführungen und Untersuchungen im Buch relevanten Begriffe und Konzepte werden in der Literatur unterschiedlich definiert und verwendet. Mit der Proposition wird die Art der Verwendung des jeweiligen Begriffes im Rahmen dieses Buches definiert, außerdem werden Ausgangspunkte für die weitere Darstellung und persönliche Positionen dargelegt.

Hypothese

Im Laufe der Ausführungen und aus dem Gang der Untersuchungen ergeben sich eine Reihe von Indizien, Argumenten, Zusammenhängen, Vermutungen und Aussagen. Diese werden als Hypothesen formuliert und soweit möglich im weiteren Verlauf auch erhärtet.

Erkenntnis

Aus Beobachtungen und ihrer inhaltlichen Verarbeitung werden Schlussfolgerungen gezogen und Einsichten formuliert. Diese werden als „Erkenntnis" hervorgehoben.

Alle Abbildungen sind handgezeichnet. Das macht zum einen Spaß und man kommt beim Zeichnen schnell in den „Innovation-Mode". Darüber hinaus symbolisiert diese Vorgehensweise, dass Innovationen immer etwas mit einem „Nicht-Perfekt-Sein-Anspruch" und mit viel Improvisation zu tun haben. Sie inspirieren, so hoffe ich, zum Selberzeichnen und Kreativwerden und zeigen auch, dass man kein Powerpoint braucht, um innovativ zu sein.

Weitere Informationen zum Buch und aktuelle Entwicklungen bezüglich Innovationen kann man unter www.innovation-roulette.de weiter verfolgen.

Inhaltsverzeichnis

1 Einführung

„Je planmäßiger die Menschen vorgehen,
desto wirksamer trifft sie der Zufall."
Friedrich Dürrenmatt[1]

Anstoß und Grundlage für dieses Buch ist meine Dissertation mit dem Titel „Innovationen zwischen Planung und Zufall – Bausteine einer Theorie der bewussten Irritation".

Zur Illustration des Erkenntnisfortschritts und der praktischen Relevanz werden Fallstudien verwendet. Die Auswahl von zehn Fallstudien aus einer Liste zahlreicher dokumentierter Fälle in der Literatur richtete sich im Wesentlichen nach dem beobachteten Innovationsverhalten und der verfügbaren Dokumentation.

Seit mehr als 20 Jahren arbeite ich bei der Firma Siemens, ich kenne mich ziemlich gut damit aus, was sogenannte „große" Unternehmen bewegt und umtreibt. Nicht nur bei Siemens, auch bei anderen Unternehmen (darunter Coca-Cola, Danone, Deutsche Telekom, Volkswagen, B/S/H (Bosch Siemens Hausgeräte GmbH), BMW, Kärcher, IBM, Intel, Deutsche Bank, Samsung, HP, Amazon, aber auch Firmen wie Google oder LinkedIn) konnte ich beobachten, warum größere Organisationen sich häufig selber im Weg stehen, warum gerne und viel über Innovationen gesprochen wird, aber nur in Ausnahmefällen wirkliche Innovationen entstehen können, warum so zahlreich Gründe dagegen hervorgebracht werden und nur so Wenige sich dafür einsetzen – und warum es karrieretechnisch und politisch oft besser ist, gegen Innovationen zu sein. Ich mag meine Firma, aber natürlich wünschte ich mir, sie wäre innovativer und visionärer. Warum das nicht so einfach ist, wird im Buch geschildert.

Ich habe mich theoretisch-akademisch intensiv mit dem Thema auseinandergesetzt, eine Menge praktische Erfahrung gesammelt und mich oft unbeliebt gemacht. Meine Meinung ist gereift und unterscheidet sich deutlich von der Lehrbuchmeinung. Aus meiner Sicht hat sich gezeigt, dass Innovation weniger mit Prozessen, Instrumenten und Indikatoren zu tun hat. Es ist vielmehr eine Kunst!

Wer an Innovation denkt, denkt nicht selten an Steve Jobs und an Apple. Lassen Sie uns daher mit einer der erfolgreichsten Innovationen der letzten Jahre beginnen: dem iPad (Bild 1). **(Anmerkung: Nach Lehrbuchmeinung bezeichnet man eine Erfindung als (erfolgreiche) Innovation genau dann, wenn es gelingt, sie zu vermarkten.)**

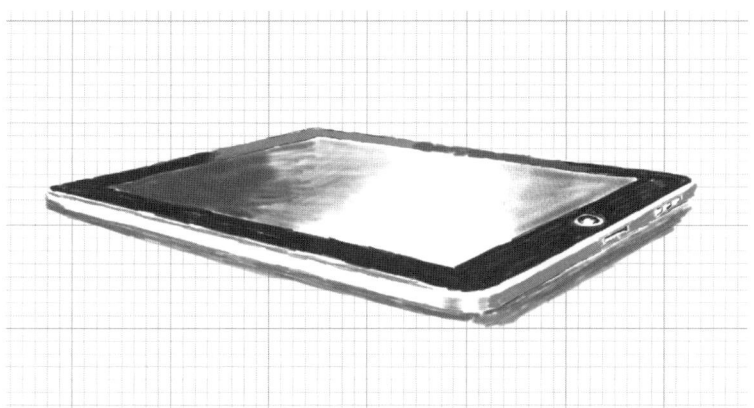

Bild 1 Mit dem iPad entstand der Markt für Tablet Computer

Seit der Vorstellung des iPad am 27. Januar 2010 hat Apple bereits mehr als 100 Millionen Geräte – inzwischen in der 4. Generation – verkauft. Die Firma hat damit erfolgreich einen neuen Markt geschaffen: den der Tablet-Computer. Wachstumsraten von über 400 Prozent im Vergleich zum Markt für Laptops mit weniger als 5 Prozent signalisieren genau das, wovon Topmanager und Innovationsmanager aller Branchen träumen: ungesättigte Märkte mit riesiger Nachfrage. Tatsächlich gibt es (wenige) Firmen, die neue Märkte und damit neue Wachstumsfelder erschaffen, und es gibt (viele) Firmen, die möglichst schnell im Windschatten folgen wollen.

Der Traditionskonzern Siemens ist nun nicht gerade für aggressives Vorpreschen in neue Märkte bekannt. Umso erstaunlicher ist es, dass das Unternehmen bereits im Jahre 2001 den Versuch unternahm, mit dem SIMPad (Bild 2) einen neuen Markt für Tablet-Computer zu erschaffen. Etwa 2005 wurde jedoch die Produktion eingestellt (mit weniger als 100.000 produzierten Stück) und Geräte wurden als Restposten verramscht.

Gerade im Hinblick auf den Erfolg des iPad stellt sich die Frage: Warum entwickelten sich die beiden Geschichten so unterschiedlich? Wieso wurde das iPad so eine Erfolgsgeschichte und wieso kann sich heute kaum mehr jemand an das SIMPad erinnern? Oberflächlich betrachtet könnte man zur Beantwortung technische Details anbringen oder konstatieren, dass der Markt einfach noch nicht reif war für Innovationen wie das SIMPad. Doch hier ist zu beachten: Ein Markt ist immer reif. Gern wird das Argument des noch nicht reifen Markts als Entschuldigung hervorgebracht, was aber Unsinn ist. Ähnlich wie in der Kommunikationstheorie ist immer der Sender verantwortlich für Missverständnisse, nie der Empfänger.

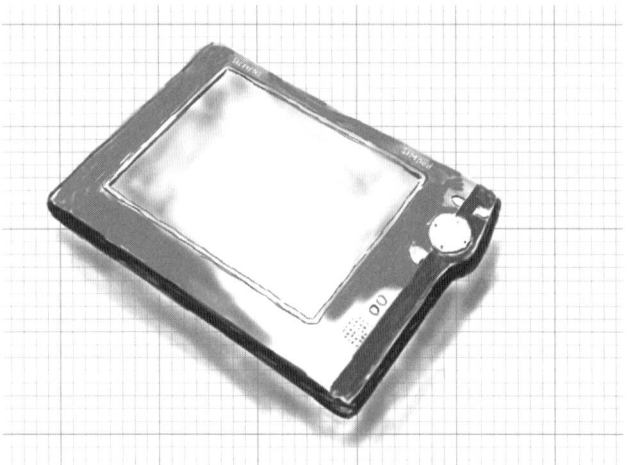

Bild 2 Das SIMPad als Beispiel dafür, wie es nicht funktioniert (hat)

Die obige Frage wird uns im Laufe des Buches beschäftigen. Sie ist auch insofern brisant, als Apple inzwischen mit dem iPad *im Quartal* mehr Gewinn erwirtschaftet als etwa die Medizintechnik-Sparte von Siemens *im gesamten Geschäftsjahr*. Spätestens jetzt sollte sich so etwas wie Wehmut einstellen, ob der entgangenen Gewinne. Aber es ist eine verdammte Tücke im Management großer Unternehmen: Wegen entgangener Gewinne wird kaum jemand gefeuert (auch wäre die Schuldfrage in der Regel nicht so leicht zu klären), nur für realisierte Verluste. Das ist tragisch, da sich die Zauderer durchsetzen können. Doch dazu später mehr.

Soviel ich weiß, hat sich bei Siemens inzwischen noch niemand um eine Aufarbeitung des SIMPad-Malheurs beschäftigt, und das trotz der entgangenen Gewinne in zweistelliger Milliardenhöhe und obwohl klar ist, dass man gerade aus solchen Missgeschicken sehr viel lernen kann oder könnte. Und was mich persönlich sehr beunruhigt, ist die Tatsache, dass solche Fälle wie das SIMPad jederzeit – nicht nur bei Siemens, auch in anderen Organisationen – wieder genauso, und zwar tatsächlich exakt so, passieren könnten und auch passieren. Schülern bescheinigt man bei derartigem Verhalten in der Regel Lernresistenz; Lehrer empfehlen dann die Wiederholung der Klassenstufe. So etwas könnte und sollte es im Innovationsmanagement auch geben, es wäre durchaus wünschenswert!

Im Buch geht es jedoch nicht darum, eine (vor)schnelle Antwort auf die aufgeworfene Frage zu finden (oder die berühmte Stellschraube, die dann Magie-gleich nach einer Justage durch das Management alles zum Besten wendet), sondern vielmehr sollen anhand des beschriebenen Falls eine Reihe von Indizien gesammelt und Erklärungsversuche angestellt werden.

Schauen wir uns zunächst die beiden Geräte etwas genauer an (Tabelle 1 und Tabelle 2).

Tabelle 1 SIMPad versus iPad – Vergleich der Hardware

	SIMPad	iPad (1. Generation)
Prozessor	Intel StrongArm 206 MHz	Apple A4 1 GHz
Display	Touchscreen 8,6 Zoll	Touchscreen 9,7 Zoll
Speicher	64 MByte RAM/ 32 MByte Flash	256 MByte RAM/ 16, 32, 64 GByte Flash
Netzanbindung	WLAN (Slot)/DECT	WLAN/3G
Laufzeit	Max. 7 h	10 h
Gewicht	Ca. 1000 g	Ca. 700 g
Größe	180 × 263 × 28 mm	242,8 × 189,7 × 13,4 mm

Bedenkt man die Zeitdauer von etwa 10 Jahren zwischen den beiden Entwicklungen, die Technologiesprünge und den Preisverfall, verwundern die Unterschiede wenig. Im Gegenteil, die beiden Tablets sind durchaus vergleichbar, und von technischer Überlegenheit des iPad kann nicht die Rede sein.

Tabelle 2 SIMPad versus iPad – Software und Handling im Vergleich

	SIMPad	iPad (1. Generation)
Betriebssystem	Microsoft Windows CE 3.0	Apple iOS 5.1.1
Software	Office Paket	Apps (AppStore)
Entwicklung	Keith & Koep GmbH	Apple
Fertigung	Siemens Schweiz	Foxconn
Vertrieb	Einzelhandel	Apple Shops
Marketing	Siemens	Apple

Beide Geräte waren bzw. sind für ihre Verhältnisse recht teuer. Die größten Unterschiede sind insofern im Design und der Bedienung festzustellen. Während das SIMPad zahlreiche Hardware-Schnittstellen besitzt und damit komplex wirkt, und das Gehäuse zwar funktional ist, aber keine

designerische Offenbarung, kann man dem iPad hier Perfektion bescheinigen. Einfaches, aber edles Design und edle Materialien, verbunden mit
einer kompromisslosen, auf den Anwender ausgerichteten Bedienbarkeit
ohne Schnickschnack machen wohl den Unterschied.

Man ahnt schon jetzt, dass erfolgreiche Innovationen wenig mit Fakten
und auch nicht viel mehr mit technischen Leistungsmerkmalen zu tun
haben. Es geht um Leidenschaft und die Besessenheit, etwas Einzigartiges
zu erschaffen. Es geht um das Gespür und die Intuition, Dinge zu tun, für
die es keine der populären „Blueprints" – Mustervorlagen – gibt.

Aber es ist verrückt. Noch nie wurde so viel über Innovationen geschrie-
ben und publiziert wie derzeit. Der Mythos der Innovationen lebt. Sie
gelten als Grundlage für zukünftige Geschäfte von Unternehmen und
genießen seit Schumpeters Beiträgen zur „schöpferischen Zerstörung"
auch wissenschaftlich eine hohe Aufmerksamkeit.

Inzwischen hat das Feld eine gewisse Unübersichtlichkeit erreicht. Etliche
Themen haben einen Einfluss auf den Untersuchungsgegenstand „Innovation": Wissensmanagement, Kreativität, Strategieentwicklung, Technologiemanagement und viele weitere. Neue Konzepte wie beispielsweise
„Open Innovation", „Lean Innovation" oder „Fast Innovation" werden
in immer kürzeren Abständen medienwirksam veröffentlicht und vom
ausgehungerten Heer der Innovationsmanager und Strategen aufgesogen,
in der Hoffnung, für die unendliche Aufgabe endlich ein Rezept an die
Hand zu bekommen.

Es läuft eine Menge schief – sowohl in der Praxis als auch in der Theorie.
Ich habe die Vermutung, dass das Verständnis von Innovationen und der
Entstehung selbiger nicht unwesentlich zur unbefriedigenden Situation
beiträgt: **Viel zu oft wird die Rolle und die Entstehung von Innovationen unterschätzt.**

Den direkten Vergleich zwischen SIMPad und iPad kann das Apple-Gerät
ziemlich klar für sich entscheiden. Die Gründe für die Überlegenheit wird
man nicht eindeutig bestimmen können. Aber man kann spekulieren
und Indizien sammeln. Und dabei fällt insbesondere der Unterschied im
Antrieb der Innovation auf. Einerseits die Besessenheit – im Wesentlichen
repräsentiert durch Steve Jobs – und andererseits die großen Unternehmen ganz eigene Systematik, bei der Innovationen oft als unangenehme
Nebensache verhandelt werden. Da ist der Tablet-PC sicher kein Einzelfall. Im Gegenteil, jede Form der Eneuerung lässt sich auf eine der drei
folgenden Antriebe zurückführen:

1. *Besessenheit:* Sie fußt auf den Gedanken, der Überzeugung, der Leidenschaft und der Genialität von Individuen. Die „Besessenen" treiben ihre Ideen mit einer Energie voran, die sowohl Ehrfurcht und

Bewunderung, aber auch Staunen und Skepsis hervorrufen. Die Biografie von Steve Jobs spricht eine deutliche Sprache.[2] Aber auch die Wurzeln von Siemens sind in gewisser Weise das Werk eines Besessenen: Werner von Siemens.

2. *Zufall:* Viele Erfindungen, Entdeckungen und Innovationen finden ihren Ursprung in zufälligen Begebenheiten. Das bekannteste Beispiel hierfür ist sicher die Entdeckung Amerikas durch Columbus im Jahre 1492, obwohl eigentlich Indien das Ziel war. Wie noch zu zeigen sein wird, gibt es unzählige ähnliche Beispiele. Aufmerksamkeit, um das Neue überhaupt zu bemerken und die Bedeutung erkennen zu können, ist zwingend notwendig.

3. *Systematik:* Planbarkeit verträgt sich weder mit Besessenheit noch mit Zufall, und so verwundert es nicht, dass gerade Menschen mit einer sehr eigenwilligen systematischen Vorgehensweise diejenigen sind, die Innovationen vorantreiben. Der Aspekt dieser Systematik verträgt sich – praktischer- oder unpraktischerweise – mit den modernen Vorstellungen von Management und insbesondere mit der Auffassung von rationalen Entscheidungen im Unternehmensumfeld.

In der Regel überlagern sich diese drei Treiber, insbesondere der letzte Punkt hat mit dem Innovationsmanagement enorm an Popularität gewonnen. Das Verblüffende daran ist jedoch, dass sich keine Belege dafür finden lassen, dass die durch Systematik entstandenen Innovationen erfolgreicher oder in irgendeiner anderen Form besser waren als andere. Im Gegenteil, die Systematik bringt jede Menge (ungewollter) Nebenwirkungen hervor. Zum Beispiel ist der Neuigkeitsgrad derart entstandener Innovationen überwiegend sehr gering. Damit lässt sich folgende Anfangshypothese formulieren:

Systematik ist gut fürs Management, aber Besessenheit und Zufall sind besser für Innovationen.

Für innovative Organisationen wäre es ideal, alle drei Treiber zu verfolgen. Dieses Buch versucht insbesondere, den Zufall salonfähig zu machen und dessen Nutzen für das Innovationsmanagement zu zeigen. Besessenheit gestaltet sich noch um einiges komplexer als Zufall, besonders in Bezug auf die Kontrollierbarkeit, doch dafür ist Platz im nächsten Buch. In diesem geht es um den Zufall und um die Systematik. Schon das gestaltet sich einigermaßen schwierig.

Wie ist dieses Buch aufgebaut? Nach der Einführung geht es im Kapitel 2 um den Grundzusammenhang zwischen Wert- und Wissenschöpfung und deren Bedeutung für Innovationen. Im Kapitel 3 geht es um die Innovationen selbst, die Grundlagen und die Hoffnungen, die auf der Systematik ruhen. Aus hundert Jahren Innovationsbemühungen lässt sich viel lernen – Kapitel 4 stellt anhand von Fallbeispielen bedeutende Erkenntnisse zusammen. Die Abläufe innerhalb von Organisationen – warum sie sich so verhalten, wie sie sich verhalten – wird im fünften Kapitel untersucht. Kapitel 6 widmet sich der Bedeutung des Zufalls für das Innovationsmanagement und Möglichkeiten seiner Einbindung. Kapitel 7 ist einer Zusammenfassung und dem Ausblick vorbehalten und im Anhang (Kapitel 8 und Kapitel 9) werden die Fallstudien und Erkenntnisse im Überblick vorgestellt.

2 Die Logik von Unternehmen (und warum sie scheitern)

Existenzberechtigung jeden Unternehmens ist eine Sinnerfüllung. Ohne diese hören Organisationen auf zu existieren. Dabei ist die Lebensdauer der meisten Unternehmen weitaus kürzer als die durchschnittliche Lebenserwartung eines Menschen. Firmen, die älter als hundert Jahre alt sind, gehören zur Ausnahme. Dass Unternehmen ihre Tätigkeit einstellen, ist demzufolge das Normalste auf der Welt – genauso wie das Neugründen ein wichtiger Bestandteil des Wirtschaftslebens ist. Edward Deming sagte dazu: „It is not necessary to change. Survival is not mandatory." Für alle Beteiligten ist es zwar in der Regel recht schmerzhaft, wenn Betrieb und Arbeitsplatz verschwinden, aber der Sinn der Unternehmung ist dann offensichtlich nicht mehr gegeben. Die Gründe dafür können zwar vielfältig sein, lassen sich jedoch letztlich immer auf eine fehlende Anpassung an Veränderungen im Unternehmensumfeld zurückführen.

Bild 3 Idealtypische Schöpfungsprozesse innerhalb von Unternehmen

Idealtypisch gesehen verfolgt jede Organisation zwei Schöpfungsprozesse. Zum einen gibt es einen Wertschöpfungsprozess und zum anderen einen Wissensschöpfungsprozess. Beide sind miteinander verbunden, wie es im Bild 3 durch die Pfeile symbolisch dargestellt ist.

Erst durch die Wertschöpfung ist eine Wissensschöpfung möglich, letztere treibt die Veränderung der ersteren. Im Idealfall stellt dieser Kreislauf die Sinnhaftigkeit und das Überleben der Organisation in der Gegenwart und der Zukunft sicher. Nicht nur der kurzfristige Erfolg im Rahmen der Wertschöpfung ist von Bedeutung, auch die Anpassungsfähigkeit, gewährleistet durch die Wissensschöpfung, ist auf diese Art und Weise Bestandteil des Gesamtsystems.

2.1 Die Wertschöpfung im Mittelpunkt allen Tuns

Betrachten wir zunächst die Wertschöpfung. Diesen Prozess beherrschen Unternehmen in der Regel sehr gut. Viele Konzerne und Unternehmungen verschiedener Größe zeichnen sich durch operative Exzellenz aus. Der Prozess steht im Zentrum der Organisation und prägt deren Geschicke. Unternehmen streben nach Effizienz. Dieses – auch als Nutzenkalkül bezeichnete – Bemühen stellt die Grundlage des betriebswirtschaftlichen und kaufmännischen Verständnisses in der Führung von Unternehmen dar. Dementsprechend sind Unternehmen und Organisationen auch aufgebaut. Seit Taylor Anfang des letzten Jahrhunderts versucht hat, das Management von Betrieben wissenschaftlich zu begründen, hat sich an diesem Prinzip kaum etwas geändert.

> **Proposition 1**
>
> Die in Unternehmen oder Organisationen angestrebten und erbrachten Leistungen dienen der Schaffung von Werten, die Abnehmer finden, wodurch sich ein Gewinn erzielen lässt. Diese als *Wertschöpfung* bezeichnete Schaffung von Mehrwerten ist ein Grundbaustein des technischen Fortschritts und des menschlichen Gestaltungsanspruchs.

Wertschöpfungsketten sind sehr effizient organisiert, das Kunden- und Lieferantenmanagement ist optimal gestaltet, die Entwicklung, Fertigung und der Vertrieb sind gut aufeinander abgestimmt (Bild 4). Alles läuft wie ein Uhrwerk. Im Bestreben, alles noch etwas effizienter zu gestalten, werden kaum Möglichkeiten ausgelassen. Aus- und Verlagerung von Produktionen in Regionen mit geringeren Fertigungskosten, Versuche der Automatisierung und Rationalisierung laufen in der Regel auch auf eine Reduzierung der Belegschaft hinaus. Durch die durchgängige Messbarkeit

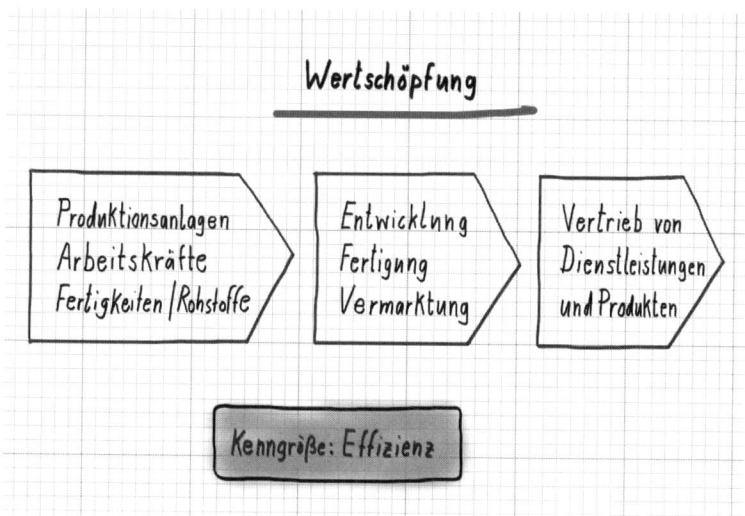

Bild 4 Das Prinzip der Wertschöpfung

haben sich sogenannte Scorecard-Modelle zur Steuerung durchgesetzt; auf einen Blick lassen sich damit wichtige Kenngrößen aus dem Maschinenraum der Organisation ablesen und gegebenenfalls Maßnahmen zur Justierung ergreifen. Das ist gängige Managementpraxis, mit einer mehr oder weniger ausgeprägten Kennzahlenfixierung.

Der Erfolg in der Wirtschaftswelt der *Gegenwart* ist jedoch kein guter Indikator für *zukünftige* Unternehmenserfolge. **Es scheint eine weit verbreitete Illusion zu sein, dass Wertschöpfungsketten ewig bestehen bleiben und lediglich kleinere Korrekturen (meist im Inneren der Organisation) in meist jährlichen Wartungsintervallen ausreichend sind.** Spätestens seit Schumpeter den Begriff der „schöpferischen Zerstörung" geprägt hat, sollte die Einbeziehung von „Zerstörungsgedanken" in die sonst auf Optimierung getrimmten Gedankengänge des Managements Pflicht sein. Die Realität sieht jedoch anders aus. Immer wieder kommt es vor, dass sich Unternehmen an ihren bestehenden Wertschöpfungs- und Geschäftsmodellen festhalten. Durch dieses Klammern an die Vergangenheit verlieren Unternehmen die Fähigkeit zur Anpassung. Ein Beispiel ist Kodak: Durch die Entwicklung der analogen Fotografie groß geworden, fällt der Umstieg auf die Digitalphotografie schwer bzw. erweist sich sogar (trotz Erfindung der Digitalkamera durch Kodak) als Unmöglichkeit.[3]

Ausgangspunkt solcher Entwicklungen sind eine technologische Disruption, die Veränderung von Geschäftsmodellen oder Substitutionsvorgänge (zum Beispiel Brief oder Telegramm durch die E-Mail) – angestoßen von bekannten oder bislang unbekannten Wettbewerbern oder neuen Anwendungen. Zunächst wird das veränderte Geschäftsverhalten ignoriert, später, wenn es sich nicht mehr verleugnen lässt, folgen halbherzige Managemententscheidungen und die zur Starrheit verkommene Organisation blockiert sich selber – Reaktionen erfolgen zu spät und nicht radikal genug.

Unternehmen konzentrieren sich vorzugsweise auf Wachstumsstrategien, selten auf Anpassungsstrategien – deshalb gibt es so viele Unternehmen in Krisensituationen. Der Wunsch nach Wachstum ist eng mit der Wertschöpfung verbunden; die entscheidende Kenngröße ist die Effizienz.

2.2 Wissensschöpfung ist Hoffnung

Anders als Uhrwerke agieren Organisationen proaktiv, zumindest in Bezug auf die Erarbeitung neuen Wissens. Zweifelsfrei ist Wissen die Grundlage für Erneuerung und damit auch die von Innovationen. Die Mechanismen funktionieren jedoch grundlegend anders als die der Wertschöpfung.

Wissen unterscheidet sich deutlich von anderen Produktionsfaktoren.[4] Es vermehrt sich bei Gebrauch, es liegt in verschiedenen Formaten vor, ist kaum fassbar und nicht (objektiv-realistisch) bilanzierbar. Andererseits können Wissen und das Management von Wissen (wie auch immer dieses Management praktisch aussehen mag) zweifellos zu einem bedeutenden Wettbewerbsvorteil für Unternehmen führen. Das Dilemma besteht darin, dass Unternehmen die Bedeutung von Wissensmanagement zwar theoretisch klar ist, diese in der Praxis jedoch oftmals vernachlässigt wird: „… the art of managing knowledge processes is still in its infancy."[5] Die technische Realisierung steht vielfach im Vordergrund, ohne dass das Spezifische an der Ressource „Wissen" ausreichend durchdrungen ist.[6]

Proposition 2

„Was nicht gedacht ist, kann nicht erfunden und später vermarktet werden." Insofern kann Wissen als Grundlage jeder schöpferisch-gestalterischen Tätigkeit gelten. Als *Wissensschöpfung* sei der systematische Aufbau und die Anwendung von Wissen bezeichnet.

Während es bei der Wertschöpfung um Konkretes und Zählbares (nämlich den durch den Kunden akzeptierten Preis) geht, geht es bei der Wissensschöpfung um Gedachtes, was wesentlich schwieriger ist. Wissen ist etwas dramatisch anderes, es ist flüchtig, es ist schlecht mess- und steuerbar, es ist nicht eindeutig und man erkennt es nur durch Kommunikation. Es

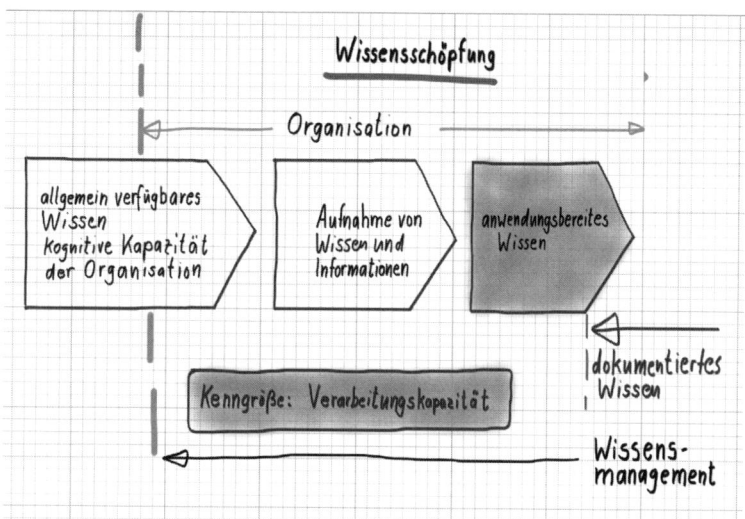

Bild 5 Das Prinzip der Wissensschöpfung

manifestiert sich zwar durch hohe Unsicherheit, ist jedoch die Grundlage für jegliche Form von Erneuerung (Bild 5).

Es erscheint einleuchtend, dass in einem Vergleich zwischen zwei Organisationen derjenigen eine höhere Innovationsleistung zugetraut wird, welche auf das höhere Wissensniveau und die höhere Wissenskapazität verweisen kann – wie auch immer man das messen und vergleichen kann, was hier aber nicht weiter vertieft werden soll.

Wie entsteht nun Wissen im Unternehmen? Gibt es dafür ein systematisches Vorgehen oder ist es nicht in den meisten Unternehmen so, dass Wissen recht beliebig – ja zufällig – entsteht? Eigentlich verwunderlich, zumal die Bedeutung von Wissen als Quelle von Innovationen zweifelsfrei feststeht.

Wissensquellen könnten Konferenzen oder Wissenschaftsjournale sein, ebenso neue Mitarbeiter, aber vor allem auch Kreativität. Wird Wissen systematisch aufgebaut oder ist es nicht so, dass die Entstehung von Wissen eher geduldet wird? „Ich weiß, dass die Hälfte meines Werbebudgets zum Fenster hinausgeworfen ist. Wenn ich nur wüsste, welche Hälfte es ist." Dieses Zitat wird dem amerikanischen Kaufhausgründer John Wanamaker zugeschrieben; es bezieht sich zwar auf Werbung, beschreibt jedoch in etwa das Dilemma von Wissen, nur dass hierbei wohl wesentlich mehr als die Hälfte der Investitionen in Wissen nicht unmittelbar in neuen Geschäften mündet. Merkwürdigerweise ist diese Erkenntnis dem oftmals effizienztrunkenen Management recht schwer vermittelbar. Popper sagte einmal: „Wir können nicht wissen, was wir in Zukunft wissen, sonst wüssten wir es schon."[7] Der Schluss kann nur sein, soviel Wissen wie möglich anzuhäufen und zu vertrauen, dass ein Mehr an Wissen auch ein Mehr an Innovationen bedeutet – so wie wir mit der Schrotflinte auf Hasen oder Fasane schießen.

Da Wissen als die Grundlage von Innovation gilt, soll die folgende Betrachtung die Unbestimmtheiten und Unsicherheiten im Umgang mit Wissen in einen Erklärungszusammenhang mit (geplanten) Innovationen bringen.

Wissensmanagement ist das Vehikel zur Hoffnung

Zur Erbringung von Innovationen ist Vorwissen notwendig. Je mehr Wissen da ist (wo und wie auch immer), desto wahrscheinlicher erscheint es, dass neuartige Verknüpfungen gelingen. Der eigentliche Wert von Wissen ergibt sich erst in der Anwendung und erschwert damit (wieder einmal) die Möglichkeit der betriebswirtschaftlichen Bilanzierung und Steuerung.[8] Insofern ist der Wunsch nach geordneter Sichtbarmachung von Wissen als Grundlage zur Nutzbarmachung verständlich. Obwohl die Bezeichnung „Wissensmanagement" den Eindruck vermittelt, Wissen könnte wie andere Produktionsfaktoren (Boden, Kapital, Maschinen usw.) organisiert und gesteuert werden, so ist der tatsächlich steuernde Einfluss marginal und bezieht sich im Wesentlichen auf das Bereitstellen und Fördern von geeigneten Bedingungen: „It is our strong conviction that knowledge cannot be managed, only enabled."[9] Ähnlich sieht das Brodbeck: „Der Begriff des Wissensmanagements ist ein Unbegriff. Man kann Wissen nur personal haben, es in Fertigkeiten zeigen, eventuell auch anderen beibringen. Aber niemand kann über das Wissen anderer verfügen."[10] Noch kritischer gegenüber dem Wissensmanagement zeigt sich Malhotra, indem er in bestimmten Situationen – aufgrund einer „turbulenten Unternehmensumwelt" – sogar eine Behinderung in der Anpassung an neue Bedingungen erkennt.[11]

Die Bedeutung von Wissen und Wissensmanagement für den stetig zunehmenden Anteil von Wissensarbeit erfordert eine Neubetrachtung dieses Themas. Ein ausführlicher Diskurs hierzu findet sich bei Ehms,[12] einen wertvollen Beitrag zur Diskussion liefern auch Seiler und Reinmann.[13] Sie unterscheiden objektiviertes (öffentliches) Wissen und idiosynkratisches (personales) Wissen und argumentieren, dass Ersteres „im klassischen Sinne der Planung, Steuerung und Kontrolle" und Letzteres „im Sinne einer Förderung menschlicher Fähigkeiten, Bereitschaften, Austausch- und Gestaltungsprozesse" zu betrachten ist. Sie stellen fest, dass der Gebrauch des Begriffes „Wissensmanagement" vielfach in Richtung Speicherung, Bereithaltung und Strukturierung von Informationen in elektronischen Datenbanksystemen zielt und sich somit fast ausschließlich auf objektiviertes Wissen bezieht.

Die sinnvolle Nutzbarmachung von Wissen – auch im Sinne einer vorteilhaften Situation für das Innovationsmanagement – bleibt damit eine integrative Aufgabe. Da sich beide Formen des Wissens bedingen – ohne personales Wissen entsteht kein öffentliches Wissen und ohne öffentliches Wissen gäbe es keine Organisation –, sich aber lediglich öffentliches Wissen im Sinne des Wissensmanagements organisieren lässt, bleibt die Erkenntnis, dass Wissen als eine nur zum Teil planbare Größe im Unternehmensverbund anzusehen ist: **Wissen kann man nicht (bzw. nur teilweise) managen, es lassen sich lediglich die Wissensprozesse unterstützen.**[14]

Wissen ist hochgradig unsicher

Das Wissensmanagement ist stark an die strategischen Ziele des Unternehmens gekoppelt. Ungewissheiten hinsichtlich des Wissens resultieren zum einen aus der Planungsunsicherheit (Was wissen wir? Was werden wir wissen?), zum anderen aus den wissenstypischen Komponenten (Was ist überhaupt Wissen? Was davon bringt uns Nutzen?). Hierzu ist vor allem die Wissensbewertung zu zählen. Die Unsicherheit resultiert hier einfach daraus, dass Bewertung stets einen Referenzrahmen voraussetzt. Dieser müsste in der konkreten Situation derart gestaltet sein, dass das Management über einen vollständigen Wissenszugang verfügt und dieses Wissen auch verarbeiten kann. Der Zugang aber ist und kann auch nicht gegeben sein – wer kann schon alles wissen? „Eine Organisation verfügt insgesamt über ein Wissen, das in dieser Gesamtheit niemand kennt. Obwohl eine Organisation durch das arbeitsteilige Wissen bewegt wird, existiert dieses Wissen nicht in der Form, die man gewöhnlich dem Wissen zuschreibt. Niemand verfügt unmittelbar über das arbeitsteilige Wissen einer Organisation, und niemand kann es so steuern, als wäre dieses Wissen eine vorhandene Entität, also eine Information auf einer Festplatte."[15] Dass es in der Praxis dennoch zu Bewertungen von Wissen kommt, ist der formalen Position (der Autorität) von Individuen oder Gremien in der Organisation in Verbindung mit konstruierten Meinungen und Wunschvorstellungen (Wissenszielen) zuzuschreiben.

Die vielfach geforderte Wissenstransparenz in Unternehmen würde ein Metawissen über das Wissen in einer Organisation voraussetzen. Unabhängig von der praktischen Undurchführbarkeit wäre das implizite Wissen von dieser Transparenz von vornherein ausgeschlos-

sen. Gerade hier und im Grenzbereich zwischen implizitem Wissen, Halbwissen und explizitem Wissen entstehen jedoch Ideen und Innovationen.

Hat man lediglich ein ungenaues Bild von dem zu managenden Objekt und dazu auch nur ein vages Referenzschema für die Beurteilung, so muss man davon ausgehen, dass Wissensmanagement in der Praxis lediglich in Ansätzen verfügbar ist und dann wohl durch Indizien, Hoffnungen, Wünsche, Meinungen und vor allem Idealismus geprägt ist. Von Planbarkeit, so wie es die klassische Strategieplanung lehrt, kann jedenfalls keine Rede sein.

Abstrakt betrachtet, erscheint *Knowledge Sharing* als die Kombination von Wissenserwerb in Verbindung mit Wissensentwicklung und -verteilung sinnvoll und zielführend. Betrachtet man diese Bausteine im Detail, ergeben sich jedoch eine Reihe von Unsicherheiten, die nur „verschwinden", wenn man den Informationsverlust durch Abstraktion in Kauf nimmt.

Die Verteilung von Wissen bedingt Kommunikation, die in den meisten Organisationen jedoch an bestimmte Situationen und individuelle Haltungen gebunden ist. „Die Teilung impliziten Wissens innerhalb einer Organisation lässt sich daher auch nicht in einfachen Kennzahlen messen."[16] Eine Verweigerung von Wissensteilung und Wissensweitergabe ist kein Einzelfall, sondern die Regel: „Gelebte, falsche Vorbilder tragen in vielen Fällen einiges zu einer solchen Verweigerungshaltung bei – Informationshorter und -verweigerer im Management, Führungskräfte mit einem autoritären Führungsstil sowie fehlende Beachtung und Anerkennung der Leistung des Einzelnen sind einige Beispiele für ein Managementverständnis, das als extrem innovationsunfreundlich bezeichnet werden muss."[17] Populär ist die Ansicht, dass sich Schwierigkeiten bei der Wissensweitergabe auf unkooperative Mitarbeiter zurückführen lassen, jedoch: „Der Weg zur Teilung von Wissen (und damit auch gelungener Innovation) läuft daher über die Organisation und beginnt nicht beim Einzelnen. Auch wenn dieser Irrglaube für das Management sehr bequem erscheint, macht es wenig Sinn, an einzelne Mitarbeiter zu appellieren, ihr Wissen weiterzugeben. Zuerst muss sich die Organisation bewegen und dazu ist eine neue Form von Management notwendig."[18]

Unabhängig von der Frage der Wissensweitergabe bleibt die Frage, wie Wissen in die Organisation gelangt: Zufällig oder intendiert? Auf persönliche Initiative oder motiviert durch strategische Vorgaben?

Es bleibt festzustellen, dass die Planung bezüglich Wissen im Unternehmen auf einer rein abstrakten Ebene stattfindet. Bei genauerer Betrachtung ergeben sich mehr schwer wiegende Fragen als Antworten, was ein deutliches Indiz für einen hohen Unsicherheitsgrad ist und insofern wenig Ansatzpunkte für eine strategische Planung lässt.

Ein weiterer Aspekt zur Unsicherheit von Wissen ergibt sich durch die Handlungsbezogenheit von Wissen. Ein wichtiger Beitrag dazu kommt von Gruber, Mandl und Renkl.[19] Unter dem Stichwort „träges Wissen" zeigen sie, dass es nie eine optimale (aus betriebswirtschaftlicher Sicht: effiziente) Verbindung von Wissen und Handeln geben kann. Die Folge ist träges Wissen, also Wissen, wie es beispielsweise in der Schule gelernt wird, ohne in konkreten Situationen zur Anwendung zu kommen. Geht man davon aus, dass sich Wissen durch Kommunikation[20] und Handeln[21] darstellt, bleibt die Frage: Wie lässt sich träges Wissen identifizieren, um später aktiviert und genutzt werden zu können?

Aufgrund der komplizierten und unsicheren Repräsentation von Wissen und dem nebulösen Umgang damit verwundert es nicht, dass sich als Schwerpunktthema des „Wissensmanagements" die technische Umsetzung mit Hilfe der IT so stark etablieren konnte.

Wissen versus Nichtwissen

Stellt Wissen schon einen erheblichen Unsicherheitsfaktor in der Diskussion der Planbarkeit dar, so ergibt sich mit Nichtwissen eine weitere Steigerung, wobei es zwischen Wissen und Nichtwissen viele Schattierungen gibt.[22]

Nichtwissen ist nicht einfach nur „nicht vorhandenes" Wissen, sondern „eine prinzipiell nicht aufhebbare Ungewissheit möglicher Ereignisse".[23]

Nach Zeuch entsteht (oder eben nicht!) Nichtwissen durch eine von drei Möglichkeiten:[24]

1. Durch unzureichende Beobachtungsinstrumente werden Informationen gar nicht erst wahrgenommen.

2. Im Zuge der Informationsflut und begrenzter kognitiver Informationsverarbeitungskapazität wird Information nach Relevanz selektiert. Relevanz ändert sich in veränderlichen Kontexten. Relevanzfilter sorgen so automatisch für Nichtwissen.

3. Wissen setzt immer Vorwissen voraus. Können Informationen nicht dauerhaft an vorhandene Wissensstrukturen angekoppelt werden, entsteht Nichtwissen.

Geht man davon aus, dass Nichtwissen immer an Wissen gekoppelt ist und eine Zunahme von Wissen automatisch auch die Zunahme von Nichtwissen zur Folge hat (denn je mehr Wissen es in Summe gibt, desto weniger kann man davon wissen), und sich weiterhin vergegenwärtigt, dass Neuerungen (im weiteren Sinne) bzw. Innovationen (im engeren

Sinne) aus dem Bereich des Nichtwissens gespeist werden, kann man zwei Dinge folgern:

1. **Nichtwissen ist für Innovationen von größerer Bedeutung als Wissen.**
2. **Die Vermehrung des Nichtwissens kann nur über Wissenszunahme erfolgen.**

Letztlich geht es also nicht darum, das vorhandene Wissen zu managen (was sowieso nur begrenzt möglich ist, wie zuvor dargelegt), sondern mit Nichtwissen umzugehen und dieses in Entscheidungsprozessen zu berücksichtigen.

In Unternehmen ist Wissen in Routinen organisiert.[25] Sie sorgen durch Automatismen dafür, dass in ähnlichen Situationen mit geringem Aufwand gehandelt werden kann.[26] Wachstumsorientierte Organisationen tendieren dazu, die Fähigkeit zur Anpassung an Veränderungen der Umwelt und ebenso das Innovationsverhalten zu Lasten der Wachstumsstrategie zu vernachlässigen.[27]

Wissen als Grundlage für Erneuerung

Anknüpfend an die Erkenntnis vom schöpferischen Potential von Nichtwissen stellt sich die Frage, wie sich neues Wissen und Nichtwissen in der Organisation entfalten können. Erneuerung setzt zunächst Wissen voraus und hat vor allem mit Selektion von Wissen zu tun. Die Kommunikation von Wissen setzt immer eine Vorentscheidung über die Relevanz des Wissens voraus. „Mit Wissen sind immer schon Einschätzungen aktueller Zustände im Hinblick auf ihren Wissensbedarf verbunden, die von anderen geteilt werden können, aber nicht geteilt werden müssen." Um Neues ins Unternehmen zu bringen, sind Interesse, Neugier und Motivation notwendig, da diese Asymmetrie des Wissens überwunden werden muss. **Es ist einfacher, Wissen abzulehnen, als es anzunehmen.** Da es über Kommunikation vermittelt wird, muss beim Empfänger sowohl die Bereitschaft für Neues vorhanden sein, als auch die Relevanz den Erwartungen entsprechen. „Wer Wissen mitteilt, unterstellt implizit, dass er oder sie die Sachverhalte besser kennt als die anderen."[28] Damit sich Wissen in Unternehmen ausbreiten kann, muss es von Individuen in Gruppen getragen werden. Damit ist auch klar, dass Organisationen Wissen ablehnen können. Da Innovationen insbesondere im Bereich Nichtwissen und Halbwissen entstehen, sind eine offene Einstellung gegenüber Neuem und eine von Neugier geprägte Unternehmenskultur besonders wichtig für die Förderung von Innovationen. **Erst wenn einer Organisation der Stand ihres Wissens bewusst wird, kann sie steuernd eingreifen.**

Erkenntnis 1

Im Hinblick auf zukünftige Innovationsstimulierungen ist die Anhäufung von Wissen – Wissen auf Vorrat – eine gute Vorbereitung. Da sich die Relevanz von Wissen zum einen verändert und zum anderen erst ex post eindeutig feststellen lässt, ist vor allem die Vielfalt und die Menge von Wissen für zukünftige Innovationen von Bedeutung.

An dieser Stelle erscheint es sinnvoll, zwischen zwei Arten von Wissen zu unterscheiden, beide sind für Unternehmen von Bedeutung.

Proposition 3

Unternehmen operieren eingebettet in einem Umfeld, sie sind Teil der Gesellschaft. Die resultierende Beziehung hat sowohl gestaltenden (zum Beispiel als Innovationsführer) als auch anpassenden Charakter (zum Beispiel durch Nachahmung). *Umweltwissen* ist notwendig, um beurteilen zu können, wie gut angepasst das Unternehmen an die Umwelt ist.

Die Umwelt ändert sich meistens viel schneller, als es das Unternehmen nachvollziehen kann; die Modelle und Systeme überleben jedoch recht hartnäckig. **Es ist also nicht das Wissen, das veraltet, sondern es sind die Systeme, die organisatorischen Strukturen, die das eigentlich verfügbare Wissen nicht aufnehmen können.**

Proposition 4

Die andere Form des Wissens, die noch schwieriger zu fassen ist und einen öffnenden, das bedeutet komplexitätssteigernden Charakter hat, ist das *Innovationswissen*. Die Spannweite kann von technischem Detailwissen bis zum Wissen über Geschäftsmodelle reichen. Da man heute noch nicht einschätzen kann, woraus morgen einmal eine Innovation entstehen könnte, sind seine Ausprägungen unendlich vielseitig.

Beim Innovationswissen sind vor allem die Vielfalt und der Austausch entscheidend.

Wie später noch ausführlich gezeigt wird, sind die Prozesse zur Wissensschöpfung in den meisten Organisationen verkümmert, unterentwickelt oder auch schon mal gar nicht vorhanden.

2.3 Verknüpfung von Wert- und Wissensschöpfung

Prinzipiell findet immer irgendeine Form von Wissenserwerb statt – schon wenn man eine Zeitung oder Zeitschrift liest, besteht die Gelegenheit Wissen zu erwerben, es sei denn, man wüsste alles schon auswendig – und selbst wenn man die Inhalte kennen würde, nähme man noch Wissen über die Form seiner Darstellung auf. Alle Mitarbeiter einer Organisation „inhalieren" also ununterbrochen in irgendeiner Form Wissen.

Die Wissensschöpfung ist insofern von der Wertschöpfung abhängig, als die für den gewünschten Wissenserwerb notwendigen Ressourcen durch die wertschöpfenden Tätigkeiten erbracht werden (vgl. Bild 3 auf S. 17). Durch die Wertschöpfung wird also die Wissensschöpfung ermöglicht und die Richtung der Wissensschöpfung bestimmt. Ressourcen und Frei-räume müssen zunächst erarbeitet werden, um dann in die Forschung fließen zu können.

Im Fußball sagt man jedoch: „Geld schießt keine Tore." Und so ähnlich verhält es sich mit Wissen und Innovationen. Die Möglichkeiten sind begrenzt. Die Herausforderung liegt darin, die Investitionen so zu steu-ern, dass anwendbares Wissen entsteht. Im Idealfall steht am Ende der Wissensschöpfung das Konzept für ein neues Produkt.

Andererseits ist eine Abhängigkeit der Möglichkeiten zur Wertschöpfung von der Wissensgenerierung erkennbar. Das Perfide ist jedoch, dass die-ser Zusammenhang nur schwer sichtbar wird und sich Unternehmen bei Vernachlässigung dieser Zusammenhänge – also sowohl der Wissensge-nerierung selbst, wie auch dem Schaffen der Ressourcen für die Wissens-generierung – auf eine möglichst große Halbwertszeit des vorhandenen Wissens verlassen müssen.

Hypothese 1
Erfolgreiche Unternehmen zeichnen sich dadurch aus, dass sie Wert- und Wissens-schöpfung verfolgen und fördern und dafür sorgen, dass beide so miteinander ver-bunden sind, dass sie sich gegenseitig positiv beeinflussen können.

Besonders interessant wird die Betrachtung der Verbindung unter dem Geschwindigkeitsaspekt und dem Wechselwirkungsaspekt. Angenom-men, es wird Wissen derart „generiert", dass es relevant für die Organisa-tion erscheint und eine Veränderung nach sich zieht: In welcher Weise ist die Organisation in der Lage zu reagieren und wie lange dauert es, bis sie sich auf die neue Situation eingestellt hat? Wie die Erfahrung zeigt, neigt der Geist von Organisationen mit großer Lust zu routinierten Lösungen, zu Konzepten mit eingeschränkter Perspektive und sektoraler Intelli-genz – ein Begriff, den Holger Rust in seinem Buch „Geist" verwendet.[29] Damit ist gemeint, dass Intelligenz nur in einem sehr eingeschränktem Sektor (örtlich, zeitlich, inhaltlich) zur Anwendung kommt; große Berei-che liegen brach. Wie wir später noch sehen werden, ist nicht nur der Wissensschöpfungsprozess, sondern sind auch die Anknüpfungspunkte zur Wertschöpfung bei der Mehrzahl von Unternehmen nur rudimentär ausgebildet oder schon ganz verkümmert.

2.4 Und ewig lockt der Messwert

Der Erfolg von Unternehmen bemisst sich in der Regel am erwirtschafteten Profit, an der Marktdominanz oder am Wachstum. Diese oder ähnliche Kenngrößen sind jedoch immer Momentaufnahmen, sie stellen nur die derzeitige Situation dar – ganz genau betrachtet sogar vergangene Situationen, da diese Größen in Bezug auf das abgelaufene Geschäftsjahr oder -quartal oder -monat – ermittelt werden und somit eine Rückschau darstellen. Aussagen über die Zukunft und zukünftige Entwicklungen werden gerne vermittelt, Fakt ist jedoch, dass Ausführungen über künftige Ausprägungen kaum möglich sind. Zu groß ist die Abhängigkeit von Systemelementen, auf die man gar keinen Einfluss hat – Wettbewerber, Kunden, politische Entscheidungen usw.

Insofern kann man bei unternehmensbezogenen Zukunftsaussichten eine gewisse eingegrenzte Sichtweise diagnostizieren. Eine Demut gegenüber dem großen Ganzen und der unternehmerischen Abhängigkeit mit entsprechenden Auswirkungen auf das aktuelle Handeln ergibt sich in der Regel nach größeren „Überraschungen" wie etwa einer Marktkorrektur oder anderen „höheren Gewalten", was jedoch schnell – nach einigen guten Quartalen – wieder überwunden wird. Unternehmen sind in ein Geflecht aus Beziehungen und Abhängigkeiten eingebunden und werden von einer sich ständig ändernden Unternehmensumwelt umgeben. Es wäre naiv zu glauben, dass die einmal erreichte Exzellenz ewig andauern wird und autark (zum Beispiel ohne Wettbewerber) verfolgt werden kann.

Erkenntnis 2

Die beiden Schöpfungsprozesse unterscheiden sich in ihrer Art fundamental und folgen absolut verschiedenen Mechanismen. Der Erfolg von Unternehmen wird allein durch die Wertschöpfung erbracht (beschrieben durch Kenngrößen wie Gewinn, Wachstum oder Marktdominanz). Die Verfahren, Handlungsmuster, Prozesse und Strukturen, die die Wertschöpfung erfolgreich machen, werden weitestgehend unreflektiert auf die Wissensschöpfung übertragen. Auf dieser Illusion aufbauend entstehen Begriffe wie „Innovationsfabrik" oder „Denkfabrik".

Organisationen werden durch die Prozesse und das Wirken der Wertschöpfung und deren Systeme und Strukturen dominiert: Effizienz, Prozesse, klare Zuständigkeiten und minimale Fehlertoleranzen (Six Sigma und die Bewegung dazu seien hier beispielhaft erwähnt) sind wichtige Kenngrößen.

Neben der geforderten Ergebnisorientierung lassen sich weitere Gründe für die Dominanz der Wertschöpfung ermitteln. In Tabelle 3 sind eine Reihe von Kriterien und Unterschieden aufgelistet.

Tabelle 3 Unterschiede zwischen Wert- und Wissensschöpfung

	Wertschöpfung	Wissensschöpfung
Charakter	Prozessorientierung, dadurch automatisierbar, planbar	Austausch durch Kommunikation
Organisation	Hierarchie, starr (Armee)	Netzwerke
Strukturen	funktional-konkret (Organigramme)	kombinatorisch
Informationsflüsse	top-down	ohne Vorgaben – Wissen folgend
Unsicherheit	null Fehler, risikovermeidend	fehlertolerant
Ergebnisse	messbar	nicht eindeutig messbar
Motivation	extrinsisch, Incentivierung (Bonus)	beliebig, manchmal durch Gewinn (glückbasiert), intrinsisch
Orientierung	fokussierend, vereinfachend	öffnend, vervielfältigend
Zeithorizont	Gegenwart (kurzfristig)	Zukunft (langfristig)
Kultur	optimierend	experimentierend, forschend
Geist	meist ungenutzt, da alles geregelt ist	mitdenkend, nachdenkend
Kreativität	meist ungenutzt	elementar

Es ist klar ersichtlich, dass es Unterschiede in der Messbarkeit gibt. Erschaffene Werte können durch Kennzahlen erfasst werden, Wissen ist – wie später noch dargelegt wird – nicht so einfach zu erfassen und zu bewerten.

Kann es sein, dass ganze Managergenerationen der Illusion des Erfolges zum Opfer fallen? Haben die Manager Erfolg, weil sie so scharfsinnige Analysten sind, oder ist es vielmehr so, dass sie ihre ganze Energie darauf richten, das zu tun (und nur das tun und nicht mehr), was sich als Erfolg dokumentieren lässt? Wir wissen es nicht genau, es lässt sich aber feststellen, dass festgelegte Erfolgskriterien das Verhalten von Menschen – insbesondere im Streben nach Erfolg – beeinflussen. Folgt man dieser Argumentationskette weiter, kommt man zu dem Schluss, dass der Zweig der Wissensschöpfung auf Grund der im Vergleich zur Wertschöpfung geringen Messbarkeit so wenig Beachtung findet. Das Dilemma der Messbarkeit in Unternehmen und insbesondere von Innovationsvorhaben habe ich ausführlich in dem Buch „Trends und Szenarien als Werkzeuge zur Strategieentwicklung" behandelt.[30]

Wie misst man Wissenszuwachs? Es ist kaum möglich. Wertzuwächse hingegen kann man in der Regel genau beziffern – in Umsatzsteigerung, Wachstum oder anderen Kennzahlen. Worin investiert ein auf Effizienz getrimmter Manager seine Energie? Doch wohl darauf, wie er oder sie (für das Unternehmen und/oder für sich) am besten Erfolg kausal und sichtbar erbringen können.

So ist es zwar auffällig, aber nicht verwunderlich, dass sich Unternehmen hauptsächlich mit der Wertschöpfung befassen und die Wissensschöpfung vernachlässigen. Eine ganze Reihe von Indizien und Beobachtungen erhärten diesen Befund:

Out-of-the-Box Nonsense

Ab und zu im Laufe des Geschäftsjahres werden Workshops organisiert, bei denen man „out of the Box" denken darf (was den Schluss aufdrängt, dass man sonst „in der Box"– also mit Scheuklappen – denkt). Allen Beteiligten ist von vornherein klar, dass es sich hierbei um eine Ausnahme handelt. Den Rest des Jahres begeben wir uns wieder in die Box – also in die Prozesse der Wertschöpfung.

Vernetztes Wissen

Während sich Hierarchien als Organisationsform durchgesetzt und bei der Wertschöpfung bewährt haben, verlangt „Wissen" eine andere Organisationsform. Wie später noch gezeigt wird, ist die Kommunikation von Wissen entscheidend für dessen Verbreitung und Anwendung. Hier kommen Netzwerke mit ihren direkten Verbindungen ins Spiel. Nun vergeht wohl kaum ein Tag, an dem nicht ein Manager das „Knowledge Sharing" predigt, und man ist managementseitig verwundert, warum Mitarbeiter so unwillig sind, ihr Wissen auszutauschen, und warum die angebotenen Netzwerke (IT-Plattformen, zum Beispiel Wikis) so wenig und undankbar genutzt werden.

Während Wertschöpfungsprozesse in der Regel sehr gut dokumentiert sind und über Regelwerke und mittels eines umfänglichen Berichtwesens Erfolgsfaktoren ermittelt werden, welche den Beitrag eines jeden einzelnen Mitarbeiters dazu feststellen, entzieht sich Wissensschöpfung fast vollständig dem betrieblichen Reporting. Fertig gestellte (und verkaufte) Produkte kann man recht einfach zählen und somit beurteilen, den Erfahrungsgewinn oder neu erworbenes Wissen eines Mitarbeiters jedoch nur sehr schwer. Hinzu kommt, dass individuelle Leistungsbeurteilungen an die Wertschöpfungsprozesse geknüpft sind, ganze Belegschaften werden so zu „Hochperformern erzogen". Die Erziehung – also der Glaube des Managements an die Steuerung und das Einlassen der Mitarbeiter auf die

Anreize – bringt es mit sich, dass man seine Aufmerksamkeit dem vermeintlich Wichtigen widmet und der Blick für das Sinnhafte, Sinnstiftende und Sinnvolle verloren geht.

Wissensschöpfungsprozesse und insbesondere der Wunsch des Managements zum Austausch von Wissen appellieren an das Gute im Mitarbeiter.[31] Dabei ist klar, dass Wissensaustausch (Knowledge Sharing!) eine wissensabgebende und eine wissensaufnehmende Komponente haben muss. Es lässt sich beobachten, dass die Aufnahmeseite viel stärker betont ist als die Wissensabgabe (man wurde ja dazu erzogen, sich auf die Sachen zu konzentrieren, die sich als Performance darstellen lassen, Vermittlung von Wissen gehört definitiv nicht dazu). Jedoch: **Für ein Individuum macht es kaum Sinn, Wissen abzugeben.** Es ist erstens aufwendig (und bringt nichts in der persönlichen Beurteilung) und, noch viel schlimmer, es schwächt die eigene Position im Wettbewerb mit anderen Mitarbeitern. **Solange sich der Widerspruch zwischen knallharter, individueller Leistungsbeurteilung und altruistischer Wissensweitergabe nicht auflöst, bleibt „Knowledge Sharing" ein Kapitel im Märchenbuch des Managements.** Ein weiterer Grund ist wohl die täglich praktizierte Macht durch Informationsvorsprung.[32] Anreizmechanismen zur Motivierung und Steuerung der Mitarbeiter sind bewährte Instrumente der Managementpraxis. Nur, sie sind im Zeitalter der Industrialisierung entstanden, ausgerichtet auf Akkord- und Fließbandarbeit. Errungenschaften aus der Zeit der Dampfmaschine lassen sich nicht so ohne weiteres auf den Umgang mit Wissen in seinen verschiedenen Formen und Formaten übertragen.

Nebenwirkungen durch finanzielle Anreize

In Kindergärten kommt es häufig vor, dass Kinder zu spät abgeholt werden. Das ist unschön, aber wohl schon seit Erfindung des Kindergartens[33] nicht zu vermeiden. Der ökonomischen Theorie folgend, sollte das Verhalten durch entsprechende Anreize in Form von Strafzahlungen steuerbar sein. In einem Experiment wiesen Uri Gneezy und Aldo Rustichini nach, dass diese Annahme ein Trugschluss ist.[34] Es stellte sich heraus, dass sich die Eltern auf die Strafe einstellten und das ursprünglich schlechte Gewissen gegen einen Preis für Verspätung getauscht wurde. Im Psychologenjargon heißt das: Substitution der starken intrinsischen durch eine schwache extrinsische Motivation. Das Normengefüge hat sich verschoben, zu spät kommen war nun akzeptabel, da es durch die Strafe abgegolten ist. Das Ergebnis war, dass signifikant mehr Eltern ihre Kinder später abholten als bisher. Als die Kindergartenleitung ihren Irrtum erkannte, wollte sie auf die ursprünglich soziale Norm zurückstellen. Vergebens. Die Unpünktlichkeit verharrte auf hohem Niveau.

Die Autoren schlussfolgern aus dem Experiment, das finanzielle Anreize, vermischt mit durch soziale Normen geprägtem Verhalten, zu ungewollten Nebenwirkungen führen können.

Die Erkenntnis aus dem Kindergarten steht im krassen Widerspruch zu der in der Mehrzahl der Unternehmen verbreiteten Praktik der Motivation und Leistungssteigerung durch finanzielle Anreize. **Obwohl man im Prinzip weiß, dass monetäre Anreize kaum positive Auswirkungen auf das Innovationsverhalten haben, wird beharrlich daran festgehalten.** Starke intrinsische Motivation wird gegen schwache extrinsische Motivation eingetauscht. Das Ergebnis ist quasi Dienst nach Vorschrift.

Innovation Contests

Noch deutlicher zeigt sich diese fatale Grundeinstellung bei Ideenwettbewerben. Die sind meistens freiwillig und man sucht nach „guten" (was auch immer „gut" hier bedeutet) Ideen. Eine Jury bewertet die Ideen und der oder die Gewinner bekommen Preise – ironischerweise bisher meistens Apple-Produkte – iPad oder iPod, da man ja innovativ ist.

Prozesswelt

Ein guter Mitarbeiter zeichnet sich dadurch aus, dass er die Prozesse einhält und befolgt. Wohin das führen kann, hat Gunter Dueck anschaulich in seinem Buch „Lean Brain Management" geschildert.[35] Seine These: Intelligenz und Denken wird in der Unternehmenswelt überbewertet. Durch Standardisierung der Abläufe, Austauschbarkeit der Bedienung und Routinevorgehen lassen sich „idiotensichere" Systeme gestalten. Diese werden dann von hochintelligenten Wissenschaftlern bedient. Obwohl Dueck es wohl ironisch und sarkastisch überspitzt hat, vergeht einem das Lachen, wenn man – in einem beliebigen Unternehmen – der Diktatur der Prozesse unterworfen wird. Eine Sache, die auch vor kleinen Unternehmen nicht Halt macht.

Kreativität

Obwohl das Phänomen der Kreativität seit mehr als einem halben Jahrhundert von Psychologen erforscht wird, ist die Bilanz unbefriedigend. Es ist ein schillerndes, flüchtiges Phänomen, es ist kaum messbar, nur subjektiv beurteilbar und trotz der vielen Ratgeber kaum trainierbar. Die Abhängigkeit von Situation und Zufall ist bemerkenswert. Das sind die Fakten, und Tatsache ist ebenso, dass Kreativität die schöpferische Fähigkeit und Grundlage ist, um Neues zu erschaffen. Als Kinder waren wir kreativer, aber schon in der Schule wurden wir konditioniert – Aufgaben sollen korrekt und keinesfalls kreativ gelöst werden. **Ungleich schwieriger ist das Verhältnis von Unternehmen zur Kreativität. Es passt so gar nicht zur Ordnung, Struktur, Logik, Steuerung und Stringenz von Organisationen.** Sie wird in Maßen geduldet, solange die (kleinkarierten) Karos überschaubar bleiben und zur bestehenden Strategie passen.

Übrigens steigt laut Shirky das kreative Potential außerhalb von Unternehmen ungleich schneller („Cognitive Surplus"); es stellt somit zunehmend eine Bedrohung für etablierte Organisationen dar.[36] Mit der weiteren Digitalisierung unserer Welt sinken die Hürden für Innovationen und Erneuerungen. Jeder – so Shirky – kann so zum Innovator und Rulebreaker werden. Das passt zu der Feststellung, dass bei Individuen und Organisationen Nichtwissen schneller wächst als Wissen.

Erkenntnis 3

Die Wertschöpfung dominiert und prägt die Wissensschöpfung. Investitionen in Wissensschöpfung sind unternehmensintern legitimiert – und nach Unternehmenssicht nur dann legitimiert, wenn sie eindeutig der zukünftigen Sicherstellung des heutigen Geschäftes dienen.

Gründe für diese sektorale Wissensbeschaffung liegen zum einen im allen Unternehmensaktivitäten zugrunde liegenden und stark ausgeprägten Nutzenkalkül (ich investiere nur in Dinge, die mir berechenbar nutzen) und zum anderen im von Psychologen formulierten Availability-Bias[37] (das aktuelle Geschäft ist bekannt, mögliche zukünftige Geschäfte sind sowieso ungewiss).

Die Grundannahme, dass sich das zukünftige Geschäft nicht fundamental von der derzeitigen Geschäftstätigkeit unterscheidet, ist jedoch Wunsch und Illusion gleichermaßen.

Für Organisationen und deren Fähigkeit zur Anpassung und Entwicklung sind das schlechte Nachrichten.[38] Die Bereiche, die nicht die Wertschöpfung betreffen, unterliegen in den meisten Unternehmensorganisationen einer schockierenden Beliebigkeit. Das Potential zur Verbesserung ist entsprechend hoch.

2.5 Die Schwierigkeit, Wissensschöpfung zu (re)animieren

Die Wertschöpfungsprozesse prägen also die Ausgestaltung von Organisationsstrukturen, Anreizmechanismen, das Führungsverhalten, die Einstellung und die Erwartung der Beteiligten. Man kann daher davon ausgehen, dass große Teile des Wissens von kommerziellen Organisationen brach liegen und die Intelligenz lediglich sektoral ausgebildet ist und autistische Züge aufweist. Der Großteil der Bemühungen wird dem hocheffizienten Bemühen der Wertschaffung untergeordnet.[39]

Systematische Anstrengungen zur Aufnahme von Wissen, in Kombination mit dem Ziel der Bildung von neuem Wissen, von Strukturen, die ein gestaltendes Eingreifen in bestehende Wertschöpfungsketten vorsehen, sind mir weder von Siemens noch von anderen großen, mittleren oder kleinen Unternehmen bekannt.

Es gibt zu viele Mechanismen, um Wissen abzulehnen, und so weicht die Realität (Bild 6) deutlich ab vom weiter vorne gezeigten Idealbild (Bild 3).

In der Praxis, im Betriebsalltag sind Hunderttausende, Millionen von Mitarbeitern mit der Erfüllung von operativen Vorgaben befasst, reduziert auf eine Aufgabe, eine Funktion. Im institutionellen Geist der Organisation vereinsamen ganze Areale, liegen unvernetzt nebeneinander.[40]

Besonders deutlich (und besorgniserregend) stellt sich diese Wissensablehnung bei neuen Mitarbeitern dar. Holger Rust beschreibt das so:

„[Es entsteht ein Widerspruch, wenn ...] junge Geister mit hervorragender und differenzierter Bildung ihre ersten Positionen in Unternehmen antreten, um die Welt aus den Angeln zu stemmen, zunächst aber einmal auf die herrschenden Praktiken des Denkens, auf geschriebene Regeln und ungeschriebene Gesetze eingeschworen und in der Corporate Language der offiziellen Kommunikation geschult werden."[41] Erste Erfahrung mit

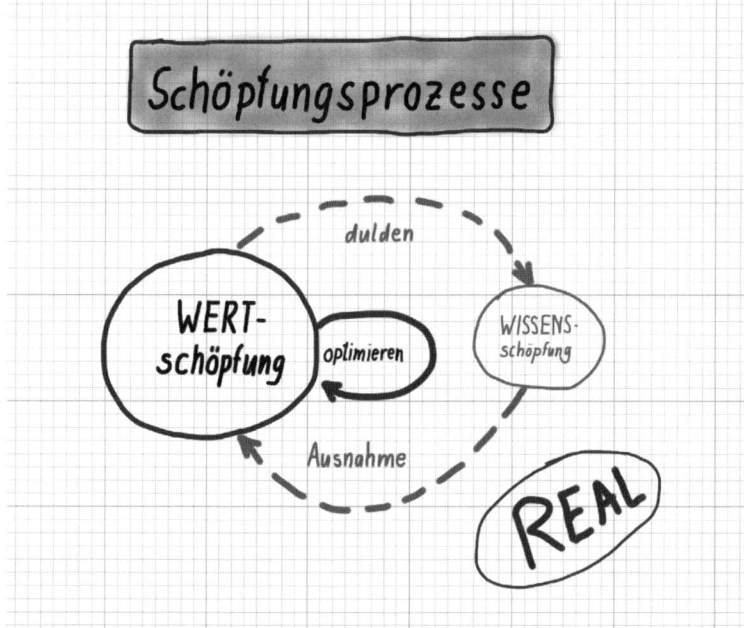

Bild 6 Verkümmerte Wissensschöpfung: die Realität

der Wirklichkeit: Mit Hilfe von Kennzahlensystemen wird die Anpassungsgeschwindigkeit gemessen. Abarbeiten von Routinen … und das Bedienen der unternehmenseigenen Steuer- und Kontrollsysteme. Und weiter: „Nur selten kommt eine Vorgesetzte oder ein Vorgesetzter auf den Gedanken, diese Frische, das andersartige Denken, das zukunftsstürmende Engagement auch wirklich auszunutzen und den Geist des Unternehmens neuen Impulsen auszusetzen."[42]

So wird es wohl auch in Zukunft so sein, dass große Unternehmen zwar die Besten – wohlgemerkt: die „Besten" aus der Perspektive des jeweiligen Unternehmens zum jeweiligen Zeitpunkt – einstellen, die Steve Jobs dieser Welt jedoch nicht einmal auf den Radarschirmen der selbstbewussten Personalabteilungen erscheinen. Diese Personen bemerkt man erst dann wieder, wenn sie als Konkurrenz den Markt „betreten" und etablierten Firmen zeigen, wie zum Beispiel Mobiltelefone gebaut werden, wie man mit hochwertigen Plattenspielern oder japanischen Messern Geld verdient oder wie man soziale Netze aufbaut.

Selbst wenn es gelingt, Wissensschöpfung als festen Bestandteil im Unternehmen zu etablieren und deren Niveau aus der Beliebigkeit zu heben, bleibt die Aufgabe, beide Schöpfungsprozesse miteinander zu verbinden. Viel zu oft mäandern beide Prozesse einander nicht mal ignorierend vor sich hin wie in Bild 6.

Um Mittelmaß zu vermeiden, müssen beide verbunden sein, und zwar so intelligent, dass beide sich gegenseitig treiben und befruchten.

In den folgenden Kapiteln geht es nun darum, wie man Impulse und Irritationen erzeugen, Wissensschöpfungsprozesse gestalten und einbinden, Kreativität zulassen und Organisationen erst einmal dazu bringen kann, Irritationen zuzulassen, um so das betriebliche Innovationsverhalten aus dem embryonalen Stadium heraus zu aktivieren, in dem es sich in den meisten Unternehmen befindet.

3 Innovationen: Vom Mythos und dem Versuch der Bändigung

Der Unternehmenschef ist beunruhigt. Glaubt man den Verkaufszahlen, war das letzte Quartal kein gutes. Aktuell sieht es nicht viel besser aus. Der Absatz des lange so erfolgreichen Produkts geht zurück. Neue Konkurrenz aus Fernost drängt „von unten" in das Marktsegment und ein Startup-Unternehmen aus dem Silicon Valley greift mit einer revolutionären technologischen Neuerung an.

Einfach so weiter wie bisher wird nicht funktionieren. Man besinnt sich wieder auf die lange so stiefmütterlich behandelten Innovationen. Sie gelten ja als Geheimwaffe und nun müssen sie her, und zwar schnell!

Alle Entwicklungsleiter und andere wichtige Entscheider im Unternehmen werden zusammengerufen. Das Ziel ist klar: Es wird eine große Idee gesucht. Eine richtig große Idee muss es diesmal sein – „Out of the Box" ist das Stichwort, und Ressourcen sollen ausreichend bereitgestellt werden.

Ein Kreativ-Workshop wird einberufen und eine Reihe von Ideen wird generiert, bewertet und weiter ausgearbeitet. Nach einer weiteren Selektionsrunde werden die Vorschläge dem Unternehmenschef vorgestellt. Seine spontane Meinung: zu riskant.

Es folgt die nächste Runde. Diesmal erscheinen ihm die Ideen zu aufwendig.

Weitere Runden folgen, deren Ergebnisse alle zurückgewiesen werden: zu wenig am Kunden, zu geringer Wertbeitrag, zu schwierig zu vermarkten …

Durch die Iterationen engt sich die Auswahl immer weiter ein, bis schließlich ein relativ simpler Vorschlag den Weg zum Unternehmenschef findet. Der Chef ist erzürnt: „Ich hatte doch etwas Out-of-the-Box gefordert."

Was wie eine heitere Anekdote klingt, ist in Wahrheit die Realität in Unternehmen:

- Innovationen sind ein neben- und untergeordnetes Thema, jedenfalls solange der Unternehmenserfolg keinen Anlass für Veränderung gibt.
- Das Bild ändert sich dramatisch, sobald der gewohnte Erfolg ausbleibt – dann wird Innovation auf einmal zur Chefsache. Dieser „Kick-and-Rush-Ansatz" basiert auf der Illusion, dass man Innovationen einfordern kann, so ähnlich, wie man feindlich ein anderes Unternehmen übernimmt oder in den Markt eines anderen Landes eintritt.
- Es entsteht eine enorme Erwartungshaltung bezüglich DER IDEE.

- Und es gibt eine verwaschene Vorstellung davon, jedenfalls darf sie sich nicht dramatisch vom alten Produkt unterscheiden; gleichzeitig sollte sie etwas Überraschendes, Differenzierendes haben.

Dieses Verhalten bezüglich Innovationen ist uns allen bekannt. Aber warum ist es so?

Um das zu verstehen, sollten wir einen Schritt zurücktreten, um zu erfahren, wie Organisationen funktionieren und vor allem wie Innovationen entstehen.

3.1 Das Spiel beginnt

Bevor wir uns mit dem Mythos Innovation im Detail befassen, möchte ich die Ausgangsposition beschreiben, um auf dieser Basis Grundannahmen zu treffen und Randbedingungen zu definieren.

Proposition 5

Die Veränderungsgeschwindigkeit in unserer Welt nimmt zu. Diese gefühlte Beschleunigung wird durch den technischen Fortschritt getrieben – neue Technologien erlauben eine immer schnellere Verarbeitung und Übertragung von Informationen und Werten, und das in immer größeren Mengen, überall.

Diese Zustandsänderung lässt sich nicht nur beobachten (Internet, Geldströme, Globalisierung usw.), wir wissen auch, dass sie das Verhalten der beteiligten Akteure beeinflusst.

Proposition 6

Im Bemühen um Wettbewerbsfähigkeit müssen sich Unternehmen und Beteiligte der Veränderungsgeschwindigkeit stellen. Nur wenn es die Akteure schaffen, der Veränderung im Unternehmensumfeld zu folgen und sich zu adaptieren, werden sie sich mittel- und langfristig behaupten können.

Diese Annahme ist so grundlegend, dass sie leicht „übersehen" werden kann. Stellt man sich vor, eine Fluggesellschaft würde heute noch Papiertickets verschicken und keine Möglichkeit zur Online-Buchung anbieten, wären ernsthafte Wettbewerbsprobleme kaum verwunderlich.[43] Verändern müssen sich alle – diejenigen, die die Gestaltung maßgeblich vorantreiben, sind die Trendsetter. Diejenigen, die sich adaptieren müssen, sind die Nachfolger. Doch trotz dieses Zwangs zur Veränderung kann man immer wieder feststellen, dass Mittelmaß sich oft erstaunlich lange am Markt behaupten kann.

Aber wie schaffen es Unternehmen, das Neue zu erkennen und ins Unternehmen zu bringen? Die Suche nach Antworten bringt einige Überraschungen zutage.

3.2 Moderne Unternehmen managen vieles – aber nicht alles

Man kann darüber diskutieren, inwieweit die Bürokratie – so wie wir sie etwa von Kafkas „Prozess" kennen – heute noch besteht, schon überwunden ist oder durch neue Formen der Bürokratie ersetzt wurde.

Christoph Bartmann bezeichnet das Büro von heute als „ein Kulturphänomen", in dem eine eigentümliche Mischung aus Selbstmanagement und Führung durch Instrumente und Systeme existiert.[44] Lassen Sie uns diesen – zugegebenermaßen auf den ersten Blick gewöhnungsbedürftigen – Gedanken aufgreifen und diejenigen Bereiche identifizieren, die durch ähnliche Entscheidungszusammenhänge und -räume auffallen.

Beginnen wir mit *bürokratischen Strukturen*, wirksam mit der Bedingungslosigkeit einer Kettensäge. Sie werden durch ein unüberschaubares Werk an Regeln und Vorschriften gesteuert und sind durch minimalen Entscheidungsspielraum bzw. genaue Entscheidungsvorlagen gekennzeichnet.

Daran schließt sich ein Bereich an, der bewusste Entscheidungen verlangt. Das sind in der Regel *Managemententscheidungen*.

Übrig bleibt ein Bereich, den man auch als Grauzone bezeichnen könnte. Eingeschlossen sind alle Entscheidungen, die *weder durch die Bürokratie noch durch das Management* vorgegeben sind, aber für die betriebene Tätigkeit notwendig erscheinen. Je selbstbestimmter eine Tätigkeit gestaltet werden kann, desto höher ist dieser Anteil. Ich würde ihn als *Intelligenten Freiraum* bezeichnen. Er hat etwas zu tun mit dem in Stellenanzeigen immer wieder geforderten „Selbstständigen Arbeiten", aber wie wir noch sehen werden, kann Selbstständigkeit durchaus den Argwohn des Vorgesetzten wecken.

Interessant ist nun, wie sich die Verbindungen zwischen den drei Bereichen darstellen und wie Organisationen die Übergänge gestalten. Funktionieren Organisationen *trotz* oder *wegen* des Managements? Worin unterscheiden sich wertschöpfende und wissensschöpfende Unternehmensbereiche?

3.2.1 Die Dialektik der Bürokratie

Das Rückgrat der Organisation ist die Bürokratie und die schärfste Waffe ist der Prozess. Wiederkehrende Arbeitsschritte sind durch einen Prozess beschrieben, der strikt einzuhalten ist. Vor fast 100 Jahren sagte Max Weber dazu: „Eine einmal voll durchgeführte Bürokratie gehört zu den am schwersten zu zertrümmernden sozialen Gebilden."[45]

Die Bürokratie war ein großer Fortschritt gegenüber früheren Herrschaftsformen wie Traditionalismus oder Fanatismus. Gerechtigkeit, Neutralität, Effektivität, Rationalität, Sicherheit und Stabilität zählten zu den Vorteilen und sorgten für eine rasche Verbreitung.

Doch heute ist der anfangs positive Eindruck gewichen und Bürokratie in seiner Reinform – dem Bürokratismus – gilt als Indiz für veraltete Strukturen, Langsamkeit, Unselbstständigkeit, Starrheit, Amtsschimmel. Bürokratische Strukturen sehen keine Veränderung vor. Sie sind quasi für die Ewigkeit gemacht. Und so kommt es, dass der Wandel zwar mantraartig gepredigt wird, aber die Bürokratie den Stillstand garantiert.[46]

„Das Phänomen lässt sich auch wieder in der neuen Bürokratie beobachten: Wir leisten, wie unsere Vorfahren, Dienst nach Vorschrift. Nicht weil wir nicht engagiert wären oder sein wollen, sondern weil unser Dienst, ganz unabhängig davon, wie engagiert wir sind, von Vorschriften dominiert ist."[47]

3.2.2 Management als bürokratische Disziplin

Die neue Form des Bürokratismus kann man als Managerismus bezeichnen. Die Unternehmensführung im Sinne von Leitung, Gestaltung, Planung, Steuerung und Kontrolle von Unternehmensvorgängen wird im Sprachgebrauch als Management bezeichnet. Frederick Winslow Taylor prägte 1911 den Begriff des *Scientific Management* und gilt als Begründer der Arbeitsteilung.[48] Durch die Anwendung seiner Methoden konnten erhebliche Produktionsverbesserungen und Effizienzfortschritte erreicht werden. Die eigentliche Revolution seines Vorschlages besteht jedoch darin, Planung und Kontrolle einerseits und die tatsächliche Arbeitsausführung andererseits zu separieren. Mit diesem bis heute noch aktuellen Prinzip bekam die Rolle des Managers einen neuen Stellenwert.

An der von Taylor vorgeschlagenen Teilung von *Denken* und *Handeln* hat sich seit hundert Jahren kaum etwas geändert. Optimierungen werden dabei als eine eigenständige Disziplin betrachtet, aufgeteilt in zwei Sparten:

- Das strategische Management orientiert sich an besserer Planung,
- das operative Management an effizienterer Produktion und Abwicklung.

Neu ist die Unternehmenskommunikation, die sich damit beschäftigt, wie die separaten Unternehmensteile erfolgreich kommunizieren können.

Zur wissenschaftlichen Disziplin entwickelte sich das Feld der strategischen Planung bzw. des strategischen Managements etwa ab Ende der 60er Jahre. Wichtige Beiträge kamen von Penrose, Chandler, Ansoff und

Andrews.[49] Während Penrose die Bedeutung der Ressourcen hervorhebt, diskutiert Chandler den Zusammenhang zwischen Strategie und Struktur („Structure follows Strategy"). Ansoff fokussiert auf die Analyse und entwickelt mit dem SWOT-Ansatz (Ermittlung von Strengths/Weaknesses und Opportunities/Threats und deren schematische Darstellung) ein bis heute weit verbreitetes Instrument. Andrews unterstreicht, dass prinzipiell jedes Unternehmen einer Strategie folgt, entweder explizit durch das Management formuliert oder implizit durch zweckgerichtetes Handeln hervorgebracht. Beherrschte in den 80er Jahren noch die *Market-based View* von Porter die Diskussion,[50] so entwickelte sich die *Resource-based View* Anfang der 90er Jahre als Gegenpol. Mit der *Knowledge-based View* und der *Capability-based View* kamen neue Ansichten und Perspektiven hinzu und es entstanden weitere Managementansätze.

Der kurze Abriss zeigt, wie differenziert das Feld inzwischen ist. Für jede Handlung und Gestaltung lässt sich heute eine theoretische Grundlage finden. Das Management erfährt damit eine nie da gewesene Beliebigkeit.[51]

Unabhängig von der Managementtheorie bleibt ein grundlegendes Problem von Unternehmen bestehen: Die Zukunft ist nicht vorhersehbar, und Unternehmen haben als Teil der Gesellschaft nur begrenzt Einfluss auf Bereiche außerhalb der Unternehmensgrenzen.[52] Daraus lässt sich folgern, dass die Gestaltungsmöglichkeit durch das Management begrenzt ist und auch der Gestaltungsanspruch entsprechend begrenzt sein muss. Dazu gibt es zwei Strategien des Managements:

1. Annahme der Möglichkeit totaler Kontrolle und der synoptischen Totalplanung, losgelöst vom Ist-Zustand[53]

2. Fremdsteuerung und Reagieren („Durchwursteln")[54]

Proposition 7

Das *moderne Management* basiert auf der Taylorschen Teilung von Denken (Management) und Handeln (Mitarbeiter). Der Gestaltungsanspruch bewegt sich im Spannungsfeld zwischen totaler Steuerung (inklusive Planung) und Fremdsteuerung und wird durch Unprognostizierbarkeit, Unüberschaubarkeit, Widersprüchlichkeit, Mehrdeutigkeit, Subjektivität und organisatorische Belange geprägt.

Natürlich bestätigen Ausnahmen die Regel, aber wir wollen uns hier mit dem Normalfall beschäftigen.

Das Thema der steigenden Komplexität und Dynamik in der Unternehmensumwelt und die Auswirkungen auf die Unternehmen in Form sich ändernder Anforderungen an das Management genießt eine steigende Aufmerksamkeit in der Forschungsgemeinschaft. Stacey (1996), Schreyögg

(1999), Axelrod & Cohen (2000), Pfläging (2006) und Jischa (2008) seien hier stellvertretend erwähnt.

Eine schöne Beschreibung liefert Bartmann: „Manager sind Leute, die nicht selbst Hand anlegen, die aber von überlegener Warte aus das reibungslose Funktionieren von „komplexen Prozessen" sicherstellen, nicht zuletzt durch ‚Kommunikation'. ... Der Manager ist also ein, und jetzt kommen alle diese schrecklichen Wörter, ein Facilitator und Erleichterer, ein Enabler und Ermöglicher, ja ein Empowerer und Ermächtiger, man könnte auch sagen ein Ertüchtiger, der nichts will, außer dass anderen die Arbeit leichter von der Hand geht, der sich zwischen uns und unsere Arbeit stellt und uns die schlechte Alternative lässt, entweder selber Manager zu werden oder aber von Managern beherrscht zu werden."[55]

Im modernen Sprachgebrauch heißt es: „Innovationen werden gemanagt" – und zwar von Managern. Und da das Innovationsmanagement in der Regel nicht zum Kerngeschäft eines Unternehmens gehört, bewegt es sich somit automatisch im Spannungsfeld zwischen „Totalplanung" und „Durchwursteln", und der Bereich und die Gestaltung von Innovationen unterliegen durch deren nicht gegebene Selbstverständlichkeit direkt dem Willen und Wollen des Managements.

3.2.3 Intelligente Freiheit: Schwärme und Netzwerke

Während die Bürokratie den Beton der Organisation liefert, sieht sich das Management selber als die Leitplanke und möchte die Streuverluste menschlichen Handelns begrenzen. Aber erst die Menschen in Form von Schwärmen, Netzwerken oder einfach als Individuen bringen Leben in die Bude.

Direkte Kommunikation – inzwischen über Social Media – ist spontan und kann von Unternehmen nicht beherrscht werden. Social Media ist kein Kanal, wie man ihn aus der klassischen Kommunikation via E-Mail, Telefon oder Brief mit Kunden oder mit dem Management kennt. Um die Aktivitäten im Netz effizient und effektiv zu beobachten – egal ob Intranet oder Internet – bräuchte man Kontrolle, die aber nicht vorhanden ist. **Sender-Empfänger-Kanäle werden immer mehr durch Echtzeit-Wolken ersetzt. Ideen, Kreativität und Inspirationen verbreiten sich explosionsartig, viel zu schnell für Bürokratie oder Management.**

Immer öfter wird es dadurch zu Spannungen kommen. Bleibt es dann bei der Aufteilung der Zuständigkeiten zwischen jenen, die managen, und den anderen, die, gestützt auf ihre Fachkenntnisse, die „operative" Arbeit tun, wird eine permanente Nachjustierung die Folge. Und die Bevorzugung von Führung und Steuerung gegenüber dem Fachwissen und den Fachleuten führt zur einer kritischen Entmachtung von Erfahrung und Spezialwissen.

In bottom-up beschleunigten Organisationen wirken obere Hierarchien rasch als Schubumkehr.

Doch sind Schwärme, Netzwerke und Clouds, dieser diffuse Bereich der Organisationen, in der Regel genau der Ursprung von Ideen und der Quell der Erneuerung.

3.2.4 „Wir sind gut aufgestellt." Wirklich?

Organisationen sind immer „gut aufgestellt". Das ist „Management-Sprech" und inzwischen eine Art Überfloskel. Die Erfahrung zeigt, dass Organisationen jedoch nie für alle Zwecke gut aufgestellt sind. Dafür wird das umso mehr behauptet – oft nach Umorganisationen. Ich muss immer schmunzeln, wenn wieder mal berichtet wird, „wir sind gut aufgestellt", weil man ja vorher angeblich auch „gut aufgestellt" war. Bei allem „gut aufgestellt sein" und noch so vielen Umorganisationen wird es wohl so gut wie immer bei der zuvor beschriebenen Art von Organisationsbereichen bleiben, mit Abgrenzung des einen vom anderen Bereich, gefördert auch durch das Controlling, das nur klar abgegrenzte Einheiten, Kundenprojekte usw. controllen kann.

Klar, dieser irgendwie systemimmanente Zustand ist nicht erfreulich, aber worauf ich eigentlich hinaus will, ist der Unterschied des Verhaltens der Firma in den einzelnen Bereichen und die Interaktion zwischen diesen Bereichen. Nehmen wir den Entscheidungsbereich „Intelligente Freiheit": **Die Firma appelliert an die Mitarbeiter, Wissen zu teilen, Ideen einzubringen, engagiert zu sein, motiviert zu sein, zu kooperieren usw.**

Und da steckt der Widerspruch: Auf der einen Seite behandeln Firmen ihre Mitarbeiter als zumindest verdächtig und als Kostenpositionen (Stichwort „Kopfzahl") und sind oft extrem kleinlich bei bürokratischen Angelegenheiten. Auf der anderen Seite erwartet meine Firma altruistisches Verhalten von mir.

Das Verhalten pendelt also zwischen einer Eltern-Kind-Beziehung und einer Erwachsenen-Erwachsenen-Beziehung hin und her.

Unheimlich wird es, wenn man dem Betroffenen die Lage mit „das System" erläutern möchte. Jeder tut eben nur seinen Job, niemand kann eigentlich etwas für den Zustand, der ist auch bedauerlich. Wenn er sich darüber aufregt und Unverständnis bekundet, wird das als naiv eingestuft. Er ist Teil des Systems, und für alle Beteiligten wäre es von Vorteil, wenn er das Spiel einfach so mitspielte.

Mir ist bewusst, dass jede Organisation erst durch Menschen zu dem wird, was sie ist. Im Mikroverhalten kann man menschliche Eigenheiten auch tolerieren und ertragen, die Systematik im Makroverhalten der Unternehmen zu den Mitarbeitern (als Individuen und als Gruppen) empfinde ich als befremdlich und wenig innovationsfreundlich.

Je mehr ich darüber nachdenke, desto mehr Beispiele für dieses mehrfratzige Antlitz fallen mir ein. Zwei typische sind:

- Ich soll kreativ sein, werde aber gleichzeitig mit unsinnigen Reportingtätigkeiten ausgebremst.

- Von mir werden Höchstleistungen erwartet, im Gegenzug kann ich maximal durchschnittliche Anerkennung meiner Leistung erwarten.

Bei so viel Diskrepanz fällt es schwer, Vertrauen aufzubauen, und es wundert in keiner Weise, dass Gallup einen Anteil von über zwei Dritteln der deutschen Mitarbeiter ermittelt, die keine Bindung zu ihrem Unternehmen mehr haben. Das Unternehmen nimmt zu viele Rollen ein, ja kann zu viele Rollen einnehmen, und selten wird man positiv überrascht. Die Rollen passen nicht zusammen, eine Kontinuität ist kaum erkennbar, und wenn man als Mitarbeiter nicht aufpasst, wird man schnell zerrieben zwischen den Rollen und Regeln – kafkaesk eben.

Manager sind enttäuscht, wenn Mitarbeiter nicht die Extrameile gehen, ich denke aber, die Mitarbeiter verlernen es. Schließlich zeigt die Erfahrung: Extrameilen bringen Extraaufwand, aber nicht Extraanerkennung. Damit ist auch nachvollziehbar, warum das Teilen von Wissen so schlecht funktioniert.

Das ganze Innovationswesen steht insofern von Anfang an unter einem schlechten Vorzeichen, die Rahmenbedingungen sind ungünstig und vielerorts herrscht Ratlosigkeit ob der niedrigen Innovationsbereitschaft.

Hypothese 2

Innovationen kann man nicht erzwingen, also bieten weder die Bürokratie noch das klassische Management geeignete Rahmenbedingungen. Man kann sie lediglich fördern bzw. geeignete Bedingungen herstellen und so die Wahrscheinlichkeit der Entstehung erhöhen. Eine Voraussetzung dafür ist intellektuelle Freiheit, deren Anteil in den Bereichen der Wissensschöpfung am größten sein sollte.

3.3 Zwei Welten prallen aufeinander

Innovationen sind kein Instant-Coffee. Erschreckend hoch ist jedoch die Anzahl der Unternehmen, die das Thema Innovationen ignorieren, unterschätzen oder nur unzureichend verstehen. Andere haben Innovationen schon als eine wichtige Quelle für Wachstum und Wettbewerbs-fähigkeit identifiziert, aber zaudern in der Anwendung.[56] In Umfragen gibt ein Großteil von Managern an, unzufrieden mit dem Ergebnis der Innovationsmanagement-Bemühungen zu sein. Die Gründe für die unbe-friedigende Ausbeute sind vielschichtig, zum Teil bekannt oder zumindest erforscht.

Fakt ist, die meisten halten sich für innovativ, und das macht vor dem Hintergrund der mageren Ergebnisse stutzig. In einer Umfrage unter deutschen Kraftfahrern gaben etwa 80 Prozent an, sich für gute Fahrer zu halten, und nur ca. 5 Prozent stufen sich als eher schlechte Verkehrs-teilnehmer ein.[57] Das Phänomen ist kein Einzelfall – eher ein Massen-phänomen. Es lässt sich auf die hohe Diskrepanz zwischen Selbstein-schätzung und Fremdwahrnehmung zurückführen. So ähnlich ist es mit Innovationen. In Interviews sehen sich Manager als innovativer als sie sind. Interview-basierte Untersuchungen sind jedoch in der Regel wenig geeignet, das eigene Verhalten zu analysieren. Oftmals werden in Inter-views Wunschvorstellungen als Antworten gegeben. Es ist so ähnlich wie mit Schrödingers Katze: Die Versuchsanordnung beeinflusst das Unter-suchungsergebnis. Schrödingers Katze ist ein Gedankenexperiment, bei dem eine Katze den Zustand lebend und tot gleichzeitig einnimmt und erst beim Öffnen der Versuchsbox in einen der beiden Zustände – lebend oder tot – fällt.[58]

Die Deutsche Post AG als ehemaliges Staatsunternehmen bzw. die Behörde Deutsche Bundespost besaß bis 2007 Exklusivrechte, welche im sogenannten Postgesetz geregelt waren. Mit diesem Quasimonopol ausgestattet, fällt es der Deutschen Post offenbar immer noch schwer, Veränderungen anzustoßen. Seit Anfang 2008 herrscht quasi freier Wettbewerb. Der Bund hält noch ca. 30 Pro-zent der ehemaligen Behörde, möchte diesen Anteil wohl früher oder später weiter senken, aber bis dahin darf der Briefbeförderer noch die Versüßung der Mehrwertsteuer-Befreiung spüren. Die Deutsche Post AG ist insofern ein exzel-lentes Beispiel für die Trägheit von Unternehmen, weil man sehr gut den Über-gang von einer Behörde zu einem Privatunternehmen verfolgen kann.

Für mich als stillen Beobachter und ab und zu Nutzer am erstaunlichsten an der Entwicklung ist, dass sich für den Nutzer der Service-Dienstleistungen wenig Verbesserungen, aber viele Verschlechterungen ergeben haben.

Wer gedacht hat, mit dem aufkommenden Wettbewerb brennt die Deutsche Post AG nun ein Feuerwerk an Innovationen ab, der reibt sich verwundert die Augen: Es werden Briefkästen abgebaut, das Filialnetz wird stetig verkleinert. Man fragt sich: Wird montags überhaupt noch Post zugestellt? Wie in vielen anderen Unternehmen liegt der Fokus auf Kosteneinsparung, und die fatale Annahme ist, dass – wie in alten Zeiten – der Kunde doch irgendwie auf die Post angewiesen ist.

Aus Anwendersicht ist die Post ein Desaster! Die Idee der Nachrichtenübermittlung per Post stammt aus dem Mittelalter und in der heutigen Form besteht sie seit mindestens 100 Jahren.

Als Nutzer braucht man für die zu übermittelnde Information (Brief oder Karte) eine Briefmarke und einen Briefkasten, dem man die Nachricht anvertraut, in der Hoffnung, dass sie irgendwie den Adressat erreichen möge:

Ich bin in Düsseldorf am Flughafen und überlege, wie es wohl wäre, von hier aus eine Ansichtskarte oder einen Brief (zum Beispiel nach Australien) zu versenden. In der Mitte der Halle steht ein großer Briefkasten (schon mal sehr gut!), aber im ganzen Flughafen gibt es weder Briefmarken noch Ansichtskarten oder einen Briefumschlag zu kaufen. Das ist merkwürdig wo doch die Deutsche Post das nachlassende Briefgeschäft als Hauptgrund des nachlassenden Geschäftes ausgemacht hat.

Briefe- und Kartenschreiben muss EINFACH sein. Es gibt genügend Alternativen. Der Brief steht in Konkurrenz zu Fax, Telefon, SMS und E-Mail. Die Hürde in Düsseldorf ist jedenfalls zu hoch. Nur wenn alle drei Dinge, die zum Versand notwendig sind, EINFACH verfügbar sind – Karte, Briefmarke und Briefkasten, lohnt es sich überhaupt, darüber nachzudenken, der Post meine Informationen anzuvertrauen. Ich gebe nicht auf und recherchiere weiter:

Natürlich gibt es Briefmarken in jeder Post zu kaufen. Aber wer schon mal davon betroffen war, dass Postwertzeichen plötzlich ungültig waren oder der aufgedruckte Betrag plötzlich nicht mit der geforderten Frankierung übereinstimmte, wird sicher keine Vorauskasse mehr eingehen und sich Dutzende Briefmarken zu Hause auf Halde legen. Aber es ist nicht einfach, an eine Briefmarke zu kommen.

Das Angebot von Briefmarken im Internet (zum Selbstausdruck) wäre ein positiver Schritt gewesen. Aber auch hier haben nicht die Anwender/Nutzer, sondern die Post-Technokraten gewonnen. Einfach ist da jedenfalls überhaupt nichts. Um eine Briefmarke zu bekommen, muss man sich zunächst registrieren und entweder über Paypal oder GiroPay oder StampIT erst einmal mindestens 10 Euro überweisen. Für Vielschreiber ist das sicher akzeptabel, für Ab-und-zu-mal-einen-Brief-Schreiber wird es da schon sehr schwierig. Wer denkt sich so etwas aus? Es ist schlicht nicht zu gebrauchen. Weit verbreitet (und inzwischen auch sicher – gefühlt sicher) ist die Bezahlung per Kreditkarte – auch für Kleinstbeträge (beim Essener Verkehrsbetrieb kann man das Ticket per Kreditkarte bezahlen), nicht jedoch bei der Post! Einfach ist das nur für Leute, die mit modernen Medien vertraut sind und kein Misstrauen hegen.

Seit 2010 führt die Deutsche Post nun den E-Postbrief ein. Auch hier bleibt sich die Post treu und macht es für Anwender alles andere als einfach. Statt wie bisher eine E-Mail zu verschicken, soll sie nun „sicher" (aber ohne Einhaltung des Briefgeheimnisses) übertragen werden und kostet dafür dann genauso viel wie ein herkömmlicher Brief. Kein Wunder, dass uns Anfang 2012 die Nachricht erreicht, dass sich der E-Postbrief langsamer als gedacht verbreitet und vielerorts schon das Wort „Flop" zu hören ist.

Das Beispiel zeigt, wie schwierig es mit der Wissensschöpfung ist. Die Wertschöpfung funktioniert sehr gut, es gibt hocheffiziente Verteilzentren und die Postzusteller werden zu immer weiteren Zugeständnissen gedrängt. Nun sinkt das Briefaufkommen, seit es die elektronische Kommunikation gibt, kontinuierlich.

Wir erinnern uns: Seit ca. 1990 gibt es die E-Mail, seit ca. 1820 die Nachrichtenüberbringung per Post. Also ist es nicht so, dass die Ablösung des Postbriefes durch die E-Mail überraschend kam.

Jahr für Jahr wurden mehr E-Mails und weniger Briefe und Karten verschickt – eine schleichende Veränderung. Die Reaktionen der Deutschen Post sind typisch für Unternehmen in schrumpfenden Märkten und veränderten Umwelten. Zunächst kommt reflexartig der Ruf nach höherem Porto, das Briefmonopol wird so lange wie möglich ausgedehnt und Kosten werden gesenkt, indem zum Beispiel die Anzahl der Briefkästen reduziert wurde.

Nun ist es ja nicht so, dass die Deutsche Post nicht erfolgreich wäre. Im Gegenteil, das Geschäft läuft gut und der Gewinn sprudelt. Der Grund liegt jedoch nicht im Innovationsverhalten der Post. Das Internet hat nicht nur die Art und Weise beeinflusst, wie wir heute Briefe schreiben, sondern auch wie wir einkaufen. Fakt ist, der Handel übers Internet boomt und die Zustellung der Waren übernimmt die Post. Die erfolgreiche Paketzustellung kann den leidenden Briefverkehr ausgleichen. Glück gehabt, Post! Andere Unternehmen treffen solche Veränderungen und die schwache Innovationskraft stärker.

Der Ausflug zur Post ist nicht als grundsätzliche Kritik zu verstehen, denn die Sache ist duchaus nachvollziehbar – er sollte vor allem das Dilemma aufzeigen, in dem sich viele Unternehmen befinden. Die Gedankenwelt kreist immer in eingefahrenen Bahnen. Die Stellschrauben der Veränderung sind begrenzt. Die Deutsche Post versteht die veränderten Gesetze des Marktes und des Wettbewerbs wahrscheinlich nicht und zeigt nach außen hin auch wenig Bemühen.

3.3.1 Die Quellen von Innovationen

In der betriebswirtschaftlichen Forschung gibt es für den Begriff der *Innovation*, im Gegensatz zur Invention, sehr unterschiedliche Definitionen. Wörtlich heißt Innovation (lateinisch: innovatio) „die Einführung von etwas Neuem", einer „Neuerung" oder „Erneuerung". **Und natürlich kann es durch die subjektive Auslegung von „neu" zu Missverständnissen und unterschiedlichen Befunden kommen.** In der betriebswirtschaftlichen Diskussion geht die Beschäftigung mit Innovationen auf Schumpeter zurück. Er sieht darin die Ursache für die kreative Erneuerung und Zerstörung. Der Begriff wird jedoch sowohl in der Betriebswirtschaft als auch in der Soziologie uneinheitlich verwendet, und in der Forschung finden sich zum Teil widersprüchliche Definitionen. Einen wertvollen Beitrag zum begrifflichen Verständnis liefert Cumming.[59] Nach Auswertung von zahlreichen Literaturquellen und Definitionen kommt er zu dem Schluss, dass sich die Bedeutung im Laufe der Entwicklung veränderte, und fasst zusammen: „... innovation is: The first successful application of a product or process." Alles davor ist demzufolge die Erfindung.

Weik sagt dazu: „Speziell mit Blick auf die Innovationsproblematik kommt hinzu, dass dieser Begriff momentan im politischen und betriebswirtschaftlichen Bereich eine solche Hochkonjunktur hat, dass es sich die Betriebswirtschaft m.E. nicht leisten kann, so zu tun, als handle es sich um ein vom Menschen unabhängiges Objekt, das man neutral vermessen und beschreiben kann. Innovationen, wie alle anderen betriebswirtschaftlichen Sachverhalte auch, folgen nicht physikalischen, sondern sozialen Gesetzmäßigkeiten. Diese sind diskutier- und aushandelbar."[60]

Es herrscht aber Einigkeit darüber, dass aus einer Invention erst dann eine Innovation wird, wenn es zur Produktion, Markteinführung und Verbreitung im Markt kommt.[61] Sowohl im wirtschaftswissenschaftlichen Kontext als auch in der seriösen politischen Diskussion wird häufig auf die OECD-Definition von Innovation zurückgegriffen – was wohl auch auf die Bekanntheit der Quelle OECD zurückzuführen ist: „An innovation is the implementation of a new or significantly improved product (good or service), or process, a new marketing method, or a new organisational method in business practices, workplace organisation or external relations."[62]

Eine sehr ausführliche Analyse des Innovationsbegriffes unter Einbeziehung von Erscheinungsformen (Objekt, Entscheidung und Handlung) und Abgrenzungskriterien (Veränderung, Konkretisierung und Akzeptanz) stammt von Müller und Schienstock.[63]

Darauf aufbauend, und aus Gründen der Zielorientierung und Handhabbarkeit, wird der Begriff Innovation im Folgenden zweiteilig verwendet.

Proposition 8

Innovation als Produkt: Als Innovation wird ein Produkt bezeichnet, welches erstmalig und erfolgreich zur Anwendung (durch den Kunden) kommt. Es zeichnet sich durch Neuartigkeit aus.

Proposition 9

Innovation als Prozess (synonym auch Vorgang und Verhalten): Als Innovation wird eine neuartige Veränderung bezeichnet, die sich (in der Regel verbessernd) auf einen Prozess (als Vorgang) oder das Verhalten auswirkt.

Die Unterscheidung erscheint sinnvoll, da im ersten Fall die Erstellung eines Produktes oder Services im Mittelpunkt steht, und es im zweiten Fall hauptsächlich um die Produktivität im Produktionsprozess und in der Anwendung geht, wobei – wie später noch vertieft – sich beide bedingen und voneinander abhängen.[64] Obwohl „Innovation" für beide Felder im Sprachgebrauch unspezifisch und synonym verwendet wird und sich die Bedeutung auch verändert,[65] wird im Weiteren auf die beiden Definitionen zurückgegriffen.

Wir müssen aber noch weiter differenzieren; die folgenden Arbeitsdefinitionen dienen zur **Unterscheidung zwischen inkrementellen und radikalen Innovationen.**

Proposition 10

Als *inkrementell* werden Innovationen bezeichnet, die in ihrer Erneuerung auf existierenden Technologien aufsetzen und weder in der Anwendung und im Nutzerverhalten, noch während der Neuentwicklung von Produkten Veränderungen bestehender Organisationsstrukturen und Abläufe erfordern.

Proposition 11

Als *radikal* werden Innovationen bezeichnet, die durch grundlegende Änderungen bzw. Neuerungen sowohl in der Technologie, als auch im Markt gekennzeichnet sind. Diese auch als Sprünge empfundenen Veränderungen erfordern in der Entwicklung und in der Anwendung ein Neulernen bzw. einen Paradigmenwechsel, was mit einer hohen Unsicherheit für den Erfolg verbunden ist.

Prozesse zwingen zur Planung, und Unternehmen streben Planungssicherheit an. Dennoch gibt es, wie im letzten Kapitel schon angesprochen, eine Reihe von Faktoren, die sich der betrieblichen Planung für gewöhnlich entziehen. Die Realität bewegt sich zwischen Erwartungen und Befürchtungen. „The fact that the future can never be known with accuracy means that the planning of business firms is based on expectations about the future which are held with varying degrees of confidence; [...]. ‚Uncertainty' refers to the entrepreneur's confidence in his estimates or expectations; ‚risk', on the other hand, refers to the possible outcomes of action, specifically to the loss that might be incurred if a given action is taken."[66]

Die Quelle und die Entstehung von Innovationen sind für Forscher von großem Interesse, da man sich mit dem Verständnis einen unmittelbaren Nutzen für das Innovationsmanagement verspricht.[67] Jede Innovation und damit Idee hat ihren Ursprung in einem ersten Gedanken, der von einem Individuum gedacht wird: „Almost by definition, any genuinely high-tech product is the result of at least one idea that had never been thought before."[68] Gedankengänge lassen sich genauso wenig planen[69] wie die Aufnahme und die weitere Entwicklung der Ideen in einer Organisation. „What makes one individual more creative than another? Why are some groups more innovative? Why are some organizations more innovative?"[70]

Das Individuum als Quelle von Innovationen

In einer Befragung unter Innovatoren stellt Rossmann schon 1931 fest, dass der größte Antrieb für Erfinder aus der Freude am Erfinden und der Passion erwächst (Tabelle 4).

Diese Erkenntnis wurde durch Kirton bestätigt. In einer Reihe von Studien untersuchte er den Einfluss und das Verhalten von unternehmensinternen Erfindungen und kam zu dem Ergebnis: „They [innovators] are less concerned with ‚doing things better' than with ‚doing things differently'."[71]

Tabelle 4 Was motiviert Erfinder? Befragung von 710 Erfindern[72]

Was motiviert Erfinder zu ihrer schöpferischen Tätigkeit?	
Passion und Freude am Erfinden	193
Verlangen nach Verbesserung	183
Finanzielle Vorteile	167
Notwendigkeit oder Bedürfnis	118
Streben nach Verbesserung	73
Teil der Arbeit	59
Prestige	27
Altruistische Gründe	22
Faulheit	6
Keine Antwort	33

3.3.2 Innovationsmanagement als Managementdisziplin

Unter Innovationsmanagement kann man die „bewusste Gestaltung des Innovationssystems"[73] verstehen. Erste Arbeiten zum Innovationsmanagement sind von Schumpeter bereits in den 1910er Jahren veröffentlicht worden,[74] wobei er den Begriff Innovation erst 1939 verwendete.[75] Seit den 60er Jahren gewann das Thema Innovation immer mehr an Bedeutung; bis Ende der 80er Jahre blieb die Anzahl der jährlichen Veröffentlichungen auf diesem Gebiet auf einem nahezu konstanten Niveau. Systematisch wurde das Innovationsmanagement – als bewusste Gestaltung des Innovationssystems – jedoch erst zu Beginn der 80er Jahre aufgegriffen, und erst Anfang der 90er setzte eine quantitative Veröffentlichungs-Explosion zum Innovationsmanagement ein.[76]

Proposition 12

Innovationsmanagement im engeren Sinn umfasst alle innerbetrieblichen Funktionen und Maßnahmen zur Förderung und Realisierung von Innovationsvorhaben.

Im Unterschied dazu schließt *Innovationsmanagement im erweiterten Sinn* die Teilbereiche Technologiemanagement und Diffusionsmanagement mit ein. Wissensmanagement wird hier nicht genannt, da davon auszugehen ist, dass Wissen die Grundlage jeglicher Innovation und Erneuerung ist.

Funktionen des Innovationsmanagements

Innovationsmanagement umfasst die folgenden Teilfunktionen:[77]

- Formulierung und Verfolgung von Innovationsstrategien, Innovationszielen und Stellgrößen
- Strategische und organisatorische Ausrichtung des Unternehmens auf Innovationen
- Treffen von Entscheidungen zur Durchführung von Innovationen
- Gestaltung und Aufrechterhaltung eines Informationssystems zum Austausch von Informationen im Innovationsprozess
- Beherrschung und Koordination der für die Umsetzung der Innovationen notwendigen Prozesse
- Aufbau einer innovationsfördernden Unternehmenskultur

Hier ist anzumerken, dass Innovationen und deren Management nicht unmittelbar eine Kernfunktion eines Unternehmens darstellen. Sie leisten keinen unmittelbaren Wertbeitrag und gelten demzufolge in der Regel als Sekundärprozess. Alle genannten Aufgaben und Funktionen unterliegen der Einschätzung durch das Management, besitzen einen normativen Charakter und werden eben wegen der Geringschätzung durch das Management oft als Wunsch formuliert. Erneuerung und Innovationen sind weder im Grundverständnis von Unternehmen vorgesehen, noch durch die vorherrschenden Strukturen abgebildet. Der traditionelle (Taylorsche) Ansatz – der Manager denkt und der Mitarbeiter handelt – hilft bei Innovationen nicht weiter. In der Regel entstehen Innovationen irgendwo im Unternehmen und werden dann in das beschriebene Schema „gepresst"; Christensen nennt das „Cramming".[78]

Was genau wird gemanagt?

Wie zuvor schon beschrieben, ergibt sich für das Innovationsmanagement (im engeren Sinn) zwar eine grobe Zielvorstellung, jedoch kein eindeutig und klar umrissenes Aufgabenspektrum. Zwar lassen sich eine Reihe von Teilaufgaben und Funktionen in der Organisation in ihrer Gesamtheit dem Innovationsmanagement zuordnen. Die genaue Ausgestaltung jedoch – immer mit dem Ziel, die Innovationskraft zu steigern oder das Innovationsverhalten zu verbessern – ist Teil der andauernden wissenschaftlichen Diskussion und unterliegt letztlich auch der Experimentierfreude der Unternehmen. Erschwerend kommt hinzu, dass sich empirisch lediglich der Innovation förderliche, aber keine zwingenden Faktoren ermitteln lassen.[79]

Im engeren Sinn bezieht sich die fördernde Komponente des Innovationsmanagements auf die Innovationskultur, die Entstehungsbedingungen und vor allem die Koordination von Ressourcen mit vielversprechenden Ideen. Unter diesem Aspekt ist zu entscheiden: **Welche Vision oder Idee mit Potential wird durch ausreichend Ressourcen und Unterstützung zu einem Produkt oder einer Lösung weiterentwickelt?** Die notwendigen Voraussetzungen zu Beginn der Entstehung – neben dem entsprechenden Kontext – sind demzufolge Ideen *und* die entsprechenden Ressourcen in der richtigen Kombination. Nur in dieser – vereinfacht dargestellten – Kombination entstehen erfolgreiche Innovationen.

In der Praxis ergeben sich aus diesem Anfangszusammenhang verschiedene Konstellationen und Idealtypen. Bildet man einen Raum mit den Koordinaten Visionen und Ressourcen, ergeben sich vier Möglichkeiten (Bild 7):

- *Startup (zum Beispiel WhatsUp)*
  Verfolgen in der Regel eine Vision und sind auf der Suche nach finanzieller Unterstützung.

- *Innovationsführer (zum Beispiel Apple)*
  Die Visionen und der Zugriff auf die Ressourcen liegen in der Regel sehr nah beieinander und müssen nicht im Wettbewerb entschieden werden. Verfügt ein visionärer Kopf über ausreichend Ressourcen, kann dies explosive Innovationskraft bedeuten.

- *Follower (zum Beispiel Microsoft)*
  Mit hohem Ressourcenaufwand und dem Einfluss der Marktmacht wird versucht, die Position am Markt zu halten.

- *Innovationsmanagement (zum Beispiel Deutsche Telekom)*
  Müssen eine Anzahl von Visionen und Ideen um ein begrenztes F&E-Budget wetteifern, entstehen in der Regel Mechanismen, die

eine Auswahl und Förderung entsprechend den Vorgaben oder einer Strategie vorsehen. Viele große und mittelständische Unternehmen verfolgen diesen Ansatz.

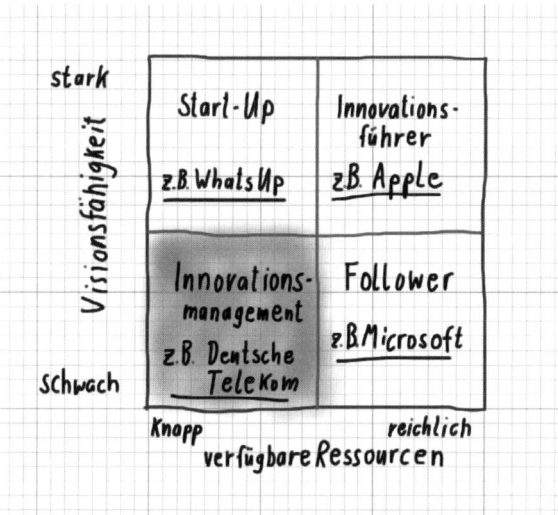

Bild 7 Innovationsmanagement als Spezialfall[80]

An dieser Stelle sei an die im Einführungskapitel vorgestellten Antriebe für erfolgreiche Innovationen erinnert: Die Besessenheit kann man im Feld „Innovationsführer" verorten und die Systematik lässt sich dem Feld „Innovationsmanagement" zuordnen (Bild 7). Nicht ganz so einfach ist es mit dem Zufall, da der prinzipiell überall auftreten kann – unabhängig von Ressourcen und Visionsfähigkeit. Gerade weil Zufall eben Zufall ist und dieser über ein Überraschungsmoment das Management herausfordert, können derartig entstandene Situationen und gewonnene Erkenntnisse nicht gemanagt werden, jedenfalls nicht nach den üblichen Entscheidungsprämissen im Management.

Schauen wir uns nun – mit dem Wissen um die idealtypischen Organisationsformen im Innovationsmanagement – noch einmal den Vergleich zwischen SIMPad und iPad an. Zur Erinnerung: Siemens erfindet den Tablet-Computer, ist jedoch nicht in der Lage, diesen im Markt zu etablieren. Etwa 10 Jahre später gelingt das der Firma Apple mit dem iPad sehr überzeugend. Der nur mit diesem einen Gerät erwirtschaftete Gewinn ist pro Quartal höher als der Gewinn der Medizintechnik-Sparte von Siemens im ganzen Jahr.

Versuchen wir nun, uns die Situation in der jeweiligen Organisation zur Zeit der Entwicklung vorzustellen:

Siemens 2001: Die Idee ist zwar im Unternehmen angekommen, aber nicht alle sind vom Konzept und vom Kundennutzen überzeugt. Es gibt einen Prototypen und im Moment geht es um die Bewilligung von Investitionen, um die Serienreife zu erlangen, die Fertigung größerer Stückzahlen sicherzustellen und die Markteinführung zu unterstützen. Der Entscheidungsträger muss überzeugt werden, was jedoch nicht vollständig gelingt. Es kommt nicht so gut an. (Anmerkung: „Gut ankommen" – oder eben nicht – ist eines der Schein-Erfolgskriterien in Organisationen mit fatalen Folgen, da Sinnhaftigkeit im Tun durch das Hinarbeiten auf das „Ankommen" im Management ersetzt wird.) Dennoch werden einige Gelder freigegeben, unter bestimmten Auflagen. Die Kostenposition muss verbessert und der Businessplan zugunsten der Fertigungszahlen optimiert werden. Das Gerät wird auf diese Art und Weise zu einem Kompromiss zerredet. So zumindest könnte es gewesen sein.

Auf der anderen Seite die Situation bei Apple:

Ein Besessener ist davon überzeugt, mit dem iPad ein neues Nutzerverhalten prägen und neue Bedürfnisse bei Anwendern wecken zu können. Als Chef hat er alle Fäden in der Hand und Zugriff auf alle Funktionen und Ressourcen im Unternehmen. Als Perfektionist möchte er das perfekte Erlebnis beim Kunden gestalten. Es soll das beste Gerät werden, und so bringt er selber leidenschaftlich seine Vorstellungen ins Gerät ein. Bis hin zur Materialauswahl für das Gerät und das Gehäusedesign legt er selbst mit Hand an. Zahlreiche Designstudien entstehen und werden vom Chef persönlich ausgewertet. Er, der Visionär, ist ebenso Gestalter.

Aus dem Vergleich kann man ableiten, warum das iPad so erfolgreich vom Markt aufgenommen wurde. Bürokraten, Controller und zu viele Kompromisse und Abstimmungen mussten das SIMPad in den bestehenden Strukturen floppen lassen – und sie alle sind am Ergebnis persönlich irgendwie unschuldig. Leidenschaft und Besessenheit sind insbesondere bei radikalen Ideen notwendig.

> **Erkenntnis 4**
>
> Vor allem für den Erfolg von radikalen Innovationen braucht man Leidenschaft und Besessenheit für die Idee. Oder anders formuliert: Wenn die Arbeit von Visionären durch die von Bürokraten ersetzt wird, sind Erfolge von Innovationen im Markt fast ausgeschlossen. Fehlende Visionen und fehlende Leidenschaft lassen sich nicht durch Überzeugung von Entscheidungsträgern substituieren.

Auffällig ist, dass der strategische Rahmen in zwei von vier Fällen durch eine Mangelsituation charakterisiert ist: Im Startup-Fall fehlen in der Regel notwendige Ressourcen für eine Weiterführung und im Follower-Fall sind die Ideen und Visionen knapp. Dieser Mangel bestimmt und treibt das Innovationsmanagement und prägt die Innovationsstrategie. **Zweifelsfrei liegt ein Idealfall vor, wenn eine Vision oder eine Idee nicht um Unterstützung kämpfen muss. Das ist typischerweise der Fall, wenn Visionäre unmittelbar Zugriff auf die notwendigen Ressourcen haben.** Damit ergeben sich extrem günstige Voraussetzungen für die Entwicklung von Innovationen, wenn auch wie in allen anderen Fällen keine Garantie für einen Erfolg gegeben ist.

In allen bisher erwähnten Fällen war das Innovationsmanagement auf ein Minimum reduziert – und so ist es auch durchaus normal, da in der Regel nicht viele Innovationsideen vorliegen – dann muss man auch nicht viel managen.

Ganz anders ist es, wenn Ideen, Visionen und Ressourcen vorliegen und die Orientierung nicht durch Mangel oder Eindeutigkeit vorgegeben ist. Genau dann, wenn es mehrere Ideen gibt (also nicht bei Startup-Unternehmen) und nur begrenzte F&E-Budgets zur Verfügung stehen (also nicht bei Followern), kommen vorzugsweise Ansätze des Innovationsmanagements zur Anwendung. Streng genommen stellen die Unternehmen, bei denen Innovationsmanagement eingesetzt werden könnte, die Ausnahme, den Spezialfall dar – bei dem aus Kapazitätsgründen nicht alle Ideen und Visionen verfolgt werden können und eine Selektion erfolgen muss.

3.3.3 Einflussmöglichkeiten des Managements

Analog zu den Ausführungen zum allgemeinen Management geht man bei der Betrachtung des Innovationsmanagements in der Regel von der Annahme aus, dass die Innovationstätigkeit steuerbar ist. **Der Begriff „Innovationsmanagement" ist eines jener Kunstwörter, die im Grunde einen Widerspruch darstellen.** „Management" bedeutet bewusstes Steuern, Führen, Gestalten, in die richtige Richtung lenken und Vorantreiben. Es vermittelt den Eindruck der möglichen Einflussnahme. Schon 1962 kamen Jewkes, Sawers und Stillermann zu der Erkenntnis, dass es gewaltige Unterschiede zwischen Wunsch und Wirklichkeit bezüglich der geplanten Einflussnahme gibt: „There is, for instance, a strong propensity to simplify and to idealise stories, to present them as a steady and logical march towards a final goal, to interpret them as a result of deliberate planning. Whereas the reality is more often a series of stops and starts, of desperate frustration and backtrackings, of logical steps intermixed with blind shots and of final success when it seems the most unlikely and the least hoped for."[81]

Als „Innovationen" werden jedoch Erfindungen, Ideen und Neuerungen bezeichnet, die sich erst noch zu einem erfolgreichen Geschäft entwickeln sollen (vgl. Proposition 8, S. 48). Der Erfolg von Innovationen wird letztlich im Markt entschieden, also in einem Bereich, der sich dem Einfluss der Manager zum großen Teil entzieht. Es gleicht demzufolge eher einem Blindflug denn einer Managementfunktion, etwas Neues und Unbekanntes für einen unkontrollierbaren Markt und einen geheimnisvollen Kunden zu entwickeln. Dennoch geben sich, in der stillschweigenden Annahme der Einflussnahme und Macht, viele Innovationsmanager der Illusion hin, mit entsprechender Systematik und den richtigen Werkzeugen lasse sich der Prozess lenken.[82]

Man sollte zunächst jedoch akzeptieren, dass erfolgreiche Innovationen lediglich zu einem Teil planbar sind.

Wie Unternehmensleitungen tatsächlich auf das Innovationsgeschehen Einfluss nehmen, haben Gluck und Foster empirisch untersucht.[83] Während Unternehmensleitungen vor allem während der Produktion und im Marketing aktiv sind, wäre stattdessen die Einflussnahme insbesondere zu Beginn (in Vorstudie und Entwicklung) wirksamer. Weitere Untersuchungen bestätigen diesen Zusammenhang einer ungünstigen Einflussnahme des Managements auf den Innovationserfolg.[84]

Bei der aktiven Einflussnahme bevorzugen und wertschätzen Manager dann weniger die radikalen Neuerungen als die, die auf der bekannten Wertschöpfung aufbauen. Eine empirische Untersuchung von Berth über 432 Innovationsprojekte in 32 Branchen in Deutschland[85] bestätigt, dass Manager Durchbruchsinnovationen und visionären Innovationen mit einer geringen bis ablehnenden Wertschätzung gegenüberstehen und ihren strategischen Schwerpunkt eher auf die Weiterentwicklung eines bestehenden Produktportfolios legen. Verbesserungsinnovationen dagegen wird eine hohe Wertschätzung entgegengebracht und von diesen wird, im Gegensatz zu den Durchbruchsinnovationen und visionären Bestrebungen, eine deutlich höhere Rendite erwartet. Dadurch ist der durchschnittliche Anteil an hochinnovativen Projekten im F&E-Budget deutlich unterrepräsentiert (Tabelle 5). Auffällig ist, dass lediglich 12% des F&E-Budgets in visionäre Entwicklungen und Durchbrüche fließen (letzte Spalte: 5+7), jedoch dadurch die höchsten Renditen erzielt werden (14,7% bei Durchbruch und 19,9% bei Vision/Mission). Die höchsten F&E-Budgets werden für Produktpflege, Altprodukte und Verbesserungen ausgegeben (zusammen 72% des gesamten F&E-Budgets). Gegenüber der Erwartung hinsichtlich des Rendite-Beitrages besteht eine Diskrepanz zur tatsächlich erzielten Rendite. Das zeigt: Erneuerungen – radikale Innovationen – haben es schwer, sich innerhalb des Unternehmens durchzusetzen und notwendige Ressourcen zu allokieren.

Tabelle 5 Innovationen aus Sicht der Manager (nach Berth) [86]

Innovations-art	Wertschät-zung der Manager	Rendite-erwartung der Manager (%)	Tatsächlich erzielte Rendite (%)	Floprate (%)	Durchschnitt-licher Anteil am Budget für F&E (%)
Altprodukte	hoch	7,3	5,2	–	19
Produktpflege	mittel	6,8	3,7	–	31
Verbesserung	hoch	14,9	6,9	69	22
Erneuerung	mittel	15,1	11,8	67	16
Durchbruch	gering	9,1	14,7	61	7
Vision/ Mission	ablehnend	3,2	19,9	64	5

Es gibt verschiedene Erklärungsversuche zu dem Befund. So sieht Hamel beispielsweise den Grund in der ablehnenden Haltung gegenüber der Erneuerung in der Bedrohung des funktionierenden, etablierten Geschäftes: „Innovation is fine so long as it doesn't disrupt a company's finely honed operational model." [87] Nach dem Aufbau eines funktionierenden Geschäftsmodells tendieren große Unternehmen dazu, sich nicht auf den Aufbau von neuen Chancen, sondern auf den Schutz von bestehenden Geschäftstätigkeiten zu konzentrieren. [88] Dieses weltweit verbreitete Phänomen wird u.a. von Paap und Katz als *Tyranny of Success* bezeichnet. Sie erkennen ein Muster insofern, als dass Gewinner oft zu Verlierern werden und ihre Innovationskraft nachlässt. [89]

Diese Ausführungen verdeutlichen, dass die Etablierung von radikalen Innovationsprojekten eine große Herausforderung darstellt. In Unternehmen sind häufig vielfältige Konzepte und Ideen vorhanden, ein massives Problem ist jedoch die Realisierung und der erfolgreiche Aufbau von neuen Geschäftstätigkeiten. [90]

Gemäß Heideloff reduziert die Orientierung an Produkten und Prozessen als Gegenstandsbereich von Innovationen die interessante Frage nach der Entstehung und Durchsetzung von Innovationen auf das Management von Innovationen im Sinne der Neuproduktentwicklung. [91] Die Perspektive wird insofern schon frühzeitig ziemlich eingeengt. **In einem Spannungsfeld zwischen unbeherrschbarem Neuland und steuer- und kontrollierbarem Tätigkeitsfeld bekommt die größte Kontrollmöglichkeit bewusst oder unbewusst den Vorzug. Damit lässt sich ganz klar konstatieren, dass Organisationen systembedingt radikale Innovationen vermeiden.**

3.3.4 Der Innovationsprozess als strukturgebende Größe

Ein Prozess ist die inhaltlich abgeschlossene, zeitliche und sachlogische Folge von Aktivitäten, die zur Bearbeitung eines betriebswirtschaftlich relevanten Objekts notwendig sind.[92] Im betriebswirtschaftlichen Kontext spricht man auch von Geschäftsprozessen. Ziel eines Prozesses ist es, aus klar definierten Eingangsgrößen ebenso klar definierte Ausgangsgrößen zu erzeugen. In der Unternehmenspraxis werden Prozesse – man vermutet es bereits – gemanagt. Prozessmanagement (Business Process Management) beschäftigt sich mit dem Herausfinden, Gestalten, Dokumentieren und Verbessern von Geschäftsprozessen. Die Grundannahme ist dabei wohl, dass man Unzulänglichkeiten durch Methoden, Instrumente und Planung überwinden kann.

Innovationen sind jedoch Zufälligkeiten ausgesetzt. Ähnlich der Evolution sind sie von Versuchen, Hindernissen, Unterbrechungen, Neuanfängen und Abbrüchen gekennzeichnet. Diesen aus unternehmerischer Sicht unbefriedigenden Zustand versucht man seit den 60er Jahren durch Prozessmodelle mit mehr Systematik im Vorgehen zu überwinden.[93]

Implizit verbindet sich mit dem Begriff *Prozess* ein in Prozessschritten organisierter Routineablauf. Die Schritte werden für sich wiederholende Tätigkeiten definiert. Das reduziert Handlungsspielräume und die Fehleranfälligkeit. Voreingestellte Formate und Instrumente lenken unser Tun und unsere kognitiven Bahnen, Ausstiege sind nicht vorgesehen.

Im Idealfall liegt ein deterministischer Prozess vor, bei dem jeder Zustand kausal von anderen, vorherigen Zuständen abhängig ist und von diesen bestimmt wird. Unbekannte Prozesszustände können zu stochastischen Prozessen (Zufallsprozesse, bei denen ein Zustand aus anderen Zuständen nur mit einer gewissen Wahrscheinlichkeit folgt) oder chaotischen Prozessen (Zustände sind unbestimmt und können auch nicht durch Wahrscheinlichkeiten ermittelt werden) führen.

Der Innovationsprozess wird in der Literatur unterschiedlich weit gefasst und die einzelnen Stufen in einem Innovationsprozess werden nicht immer identisch bezeichnet und abgegrenzt.[94] Teilweise wird er als iterativer Prozess beschrieben,[95] zum Teil werden auch andere Formen angeführt. Braun-Thürmann beispielsweise spricht auch von Ketten-, Rugby- und Feuerwerkmodellen.[96]

Proposition 13

Innovationsprozesse sind der Versuch, Innovationsvorhaben eine Richtung zu geben, sie zu formalisieren und zu systematisieren. Insbesondere die modellartige Systematik baut sehr stark auf Prozesse.

Der idealtypische Innovationsprozess

Ein entscheidender Schritt in Richtung Standardisierung des Innovationsmanagements wurde durch die Einführung von Innovationsprozessen getan. Der Innovationsprozess umfasst alle Aktivitäten, die notwendig sind, um von einer Idee, einem Vorschlag oder einer Entdeckung bis hin zur Realisierung und Einführung am Markt zu kommen. Aus der Literatur und der betrieblichen Praxis sind zahlreiche Ansätze bekannt.[97] Einen guten Überblick dazu geben Vahs und Burmester.[98]

In der Regel drei- oder vierstufig aufgebaut, folgen die Prozesse einer linearen Logik, einige zeichnen sich durch Bewertungsstufen und Rückkopplungen aus.[99] Vahs und Burmester versuchen, verschiedene Ansätze zu einem „Grundkonzept des Innovationsprozesses" zu verdichten (Bild 8).

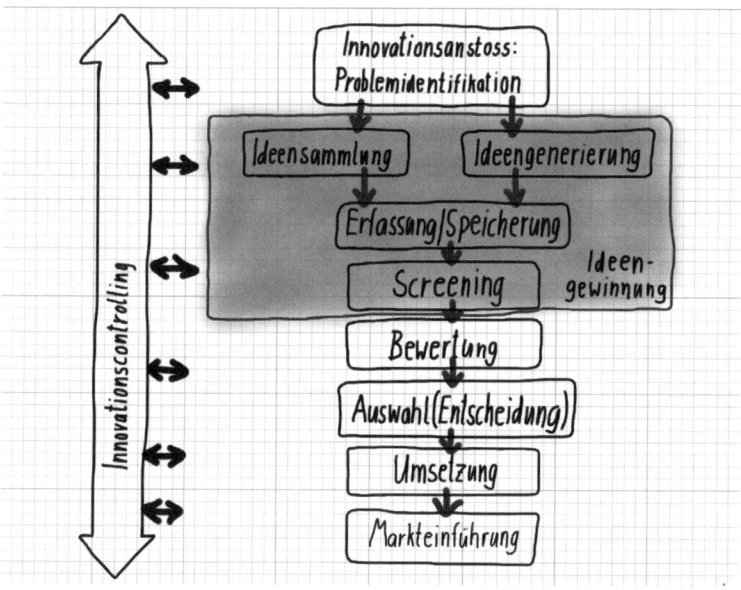

Bild 8 Grundkonzept des Innovationsprozesses[100]

Deutlich erkennbar in der Darstellung sind die lineare, aufeinander aufbauende Logik und die parallele Steuerung durch das Innovationscontrolling. Der Block „Ideengewinnung" (grau) besteht aus mehreren Schritten.

Kritisch zu beurteilen ist zum einen der Startpunkt „Innovationsanstoß: Situationsanalyse/Problemidentifikation". Als Ausgangspunkt für Innovationen wird also grundsätzlich ein Problem gesehen oder die aktuelle Situation. Damit werden Ideen, die nicht auf einem Problem oder einer

Situation fußen, sondern einfach so entstehen, nicht berücksichtigt. Der Innovationsprozess erfährt damit eine Vereinfachung und Systematisierung, die nur einen Bruchteil der Quellen von Innovationen berücksichtigt. Für die einzelnen Prozessschritte lassen sich in der Literatur weitere Unterprozesse und Strukturen finden, zum Beispiel für den Schritt der Umsetzung bei Rogers[101] oder für die Ideengenerierung bei Wahren[102]. Auffällig ist, dass über das Innovationscontrolling die Steuerung aller Prozessschritte – von der Ideengewinnung bis zur Markteinführung – angestrebt wird.

Innovationen haben jedoch viele Quellen und folgen nur in Ausnahmen dem dargestellten linearen Innovationsmodell. Trotz der Popularität und der weiten Verbreitung des linearen, idealisierten Modells des Innovationsprozesses gibt es zunehmend Kritik. Hauptkritikpunkte sind die simplifizierte Rolle der Technologie und die Nichtbeachtung nichtwissenschaftlicher Quellen für Innovationen: „… there is growing criticism of the linear model. … As a theory of knowledge production, the linear model ignores the role of technology in shaping the aims, methods, and productivity of science and neglects the non-scientific origins of many technological developments."[103]

Laut Nightingale sind lineare Modelle für akademische Ansätze ausreichend,[104] für praktische Überlegungen sind sie jedoch keine Unterstützung. Rosenberg ist da deutlicher: „The linear model of innovation is dead."[105]

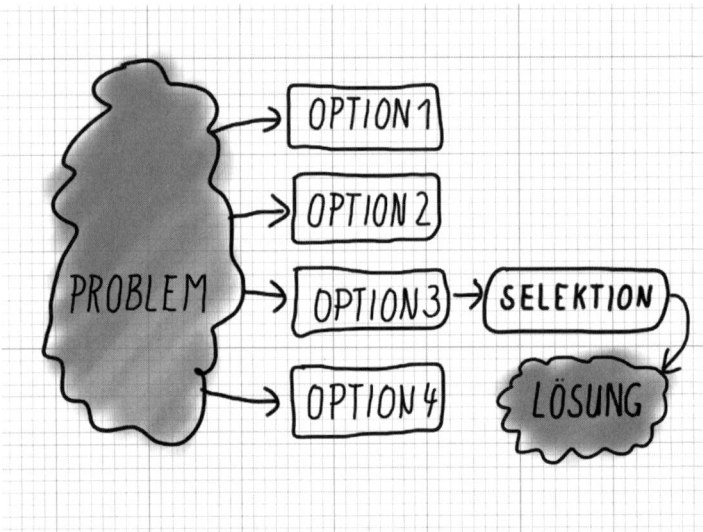

Bild 9 Der klassische Problemlösungs-Ansatz

Eindimensionale Betrachtungen

Es ist erwiesen, dass wir Menschen beim Lösen von Aufgaben und Problemen gerne auf bewährte Algorithmen zurückgreifen. Der typische Ablauf ist: Problem – Optionen – Selektion (Bild 9).

Zur Lösung des Problems werden Optionen gesucht und eine geeignet erscheinende Lösung ausgewählt. Auf diesem simplen Prinzip aufsetzend haben sich (fatalerweise) zwei Konzepte im Innovationsmanagement „eingeschlichen". Beide folgen der Annahme, dass Probleme sich in Teilprobleme zerlegen und diese sich sequentiell lösen lassen. Das Vorgehen ist zwar recht populär, **aber wie wir wissen, gibt es keine Kausalität zwischen Popularität und einem Anspruch an Wirksamkeit, Genialität und Richtigkeit.** Das wird zum Beispiel deutlich, wenn man einen Blick auf die Bestsellerlisten des Buchhandels wirft, egal ob bei Sach- und Fachbüchern oder Belletristik.

Lassen Sie uns nun mit diesem Vorwissen einige anerkannte Modelle des Innovationsmanagements kritisch betrachten!

Das Trichtermodell

Das Trichtermodell nach Wheelwright & Clark (1995) berücksichtigt neben dem chronologischen Aspekt noch die Menge der Innovationsvorhaben und sieht in der Metapher des Trichters die Verdichtung auf die vermeintlich vielversprechenden Projekte (Bild 10).

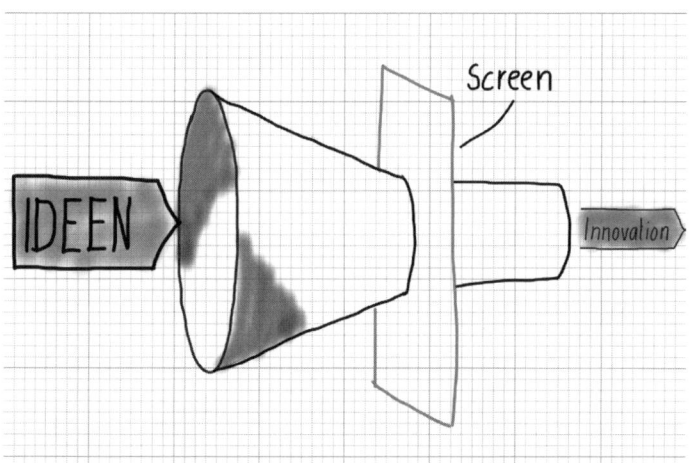

Bild 10 Trichtermodell nach Wheelwright & Clark [106]

Ganz viele Ideen werden wie in einem Trichter „kanalisiert" und dann einzeln nach bestimmten Kriterien bewertet. Am Ende, so die Annahme, setzen sich die besten Ideen durch. **Dieses Konzept basiert jedoch auf einer gleichartigen Bewertungsstrategie für alle Ideen.**

Hauptkritikpunkt an diesem Modell ist die verfolgte Fischstäbchen-Strategie.

Proposition 14

Als *Fischstäbchen-Strategie* bezeichnet man das häufig praktizierte Vorgehen, alle Ideen, Vorschläge oder Konzepte (in der Regel durch Templates) in vergleichbare Formate – eben wie Fischstäbchen – zu überführen. So wie zwischen Fisch, wie er in der Natur vorkommt, und Fisch, als Fischstäbchen verarbeitet, erhebliche Unterschiede bestehen, sind Templates zwar miteinander vergleichbar, die Konzepte und Ideen jedoch nicht. Der Informationsverlust ist riesig. Auf diese Weise sortiert man gute Ideen aus.

Es geht aber noch einen Schritt „systematischer":

Der Stage-Gate-Prozess nach Cooper

Formalisierte Innovationsprozesse orientieren sich an optimalen Abläufen unter Idealbedingungen bzw. mit definierten Zuständen. Viele Großunternehmen entwickeln eigene Prozessmodelle, um ihre Innovationsaktivitäten zu standardisieren.

Cooper stellte in den 90er Jahren eine Weiterentwicklung des linearen Modells vor, indem er die Prozessschritte mit Bewertungsschritten (auch Tore oder Gates genannt) kombinierte (Bild 11).

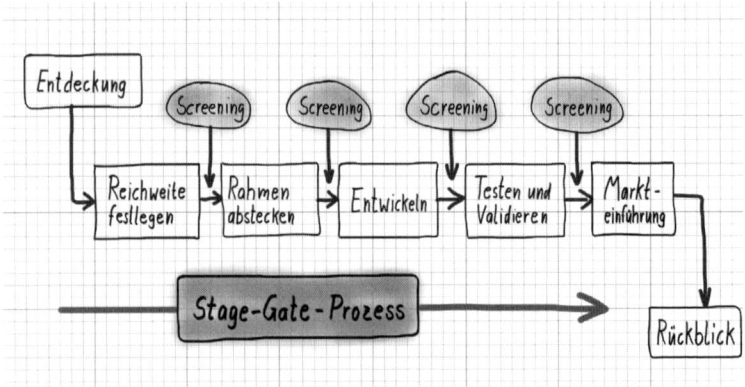

Bild 11 Der Stage-Gate-Prozess nach Cooper[107]

Mit dem sogenannten Stage-Gate-Modell wurde eine weitere Systematisierung ermöglicht, da an jedem Tor die Menge der verbliebenen Innovationsvorschläge durch festgelegte Bewertungskriterien gefiltert und damit reduziert wird. Durch den Versuch, mit einem standardisierten Ablauf den Umgang mit Innovationen in einem Prozess abzubilden, wird der Umgang mit Unsicherheiten auf die Bewertungsschritte im Prozessablauf reduziert. Dass dabei Ungewissheiten ausgeblendet und ignoriert werden bzw. oftmals durch Abschätzungen und Bauchgefühl Berücksichtigung finden, liegt auf der Hand. **Ideen, die als Ganzes vielversprechend erscheinen, können so leicht an einem Tor scheitern.** Die Kriterien an den Gates sind in der Regel so ausgelegt, dass sie das (finanzielle) Verlustrisiko minimieren und so auch hochinnovative Vorschläge stoppen. Damit fördert die Befolgung des Stage-Gate-Prozesses die schon im letzten Abschnitt angesprochene Inkrementalisierung der Innovationsbemühungen von Unternehmen. Diesem Argument folgend, bezieht sich die Kritik an Coopers Stage-Gate-Modell auf die Orientierung am Gewinn und die damit einhergehenden Fehleinschätzungen: „Many marketers and engineers regard the stage-gate development process with disdain. Why? Because the key decision criteria at each gate are the size of projected revenues and profits from the product and the associated risks. Revenues from products that incrementally improve upon those the company is currently selling can be credibly quantified. But proposals to create growth by exploiting potentially disruptive technologies, products, or business models can't be bolstered by hard numbers."[108]

Ebenso kritisch wird die Bewertung im Rahmen des Stage-Gate-Prozesses durch die „konsensbasierte Entscheidungssituation" und den damit erzielten „Fortschritt nur auf Basis des kleinsten gemeinsamen Nenners" gesehen.[109] **Dadurch ist ausgeschlossen, dass im Rahmen von formalisierten Prozessen radikale Innovationen entstehen. Innovative Ideen werden „weichgespült".**

Hypothese 3

Formalisierte Innovationsprozesse sind im Wesentlichen für inkrementelle Innovationen ausgelegt. Die Entstehung von radikalen Innovationen ist durch das zugrunde liegende Bewertungsschema und die schrittweise Qualifizierung nahezu ausgeschlossen.

Der idealtypische Innovationsprozess als „Heilige Kuh"

Es zeigt sich weiter, dass Innovationsprozesse, die sich am linearen Modell orientieren, für die Erklärung des Phänomens Innovation zu einfach sind, und damit wichtige Erkenntnisse nicht berücksichtigt werden. **Um die wachsende Unsicherheit im Innovationsprozess erfassen zu können, sind komplexere Modelle notwendig.**

Ideen haben viele Quellen, werden in einer unvorhersehbaren Art und Weise weiterentwickelt und „reifen", um dann irgendwann realisiert zu werden. Die Entstehung verläuft viel komplexer und komplizierter als in dem verbreiteten linearen Modell: „Examinations of industrial innovation have revealed a much more complex pattern of knowledge creation, transfer and utilization than suggested by the linear model."[110] Der oftmals chaotische, unvorhersehbare Weg ist in den ersten beiden Phasen Entdeckung und Erfindung besonders ausgeprägt. „Contrary to linear, incremental innovation process, such as the stage-gate concepts [...], disruptive innovation is more like a spiral or circular development process of continuous fast feed-forward and feed-back loops."[111]

Für die Planung, Projektierung und Organisation von Innovationen orientiert man sich in der Regel am idealtypischen Ablauf (Bild 12). Als Quell neuer Erkenntnisse betrachtet man dabei die Wissenschaft. Es folgt das „Fuzzy Front End", wie man die Aktivitäten bezeichnet, die zu Entdeckungen und Erfindungen führen.[113] Daran schließt sich die Entwicklung von Produkten, Dienstleistungen, Geschäftsmodellen oder Projekten an. Im Rahmen der „Diffusion" werden die Innovationen dann in Richtung Kunde und Markt „verbreitet".[114]

Dieser idealtypische Ablauf – beginnend mit der Erkenntnis, bis zum vermarktbaren Produkt – sitzt ganz, ganz tief in den Köpfen der Innova-

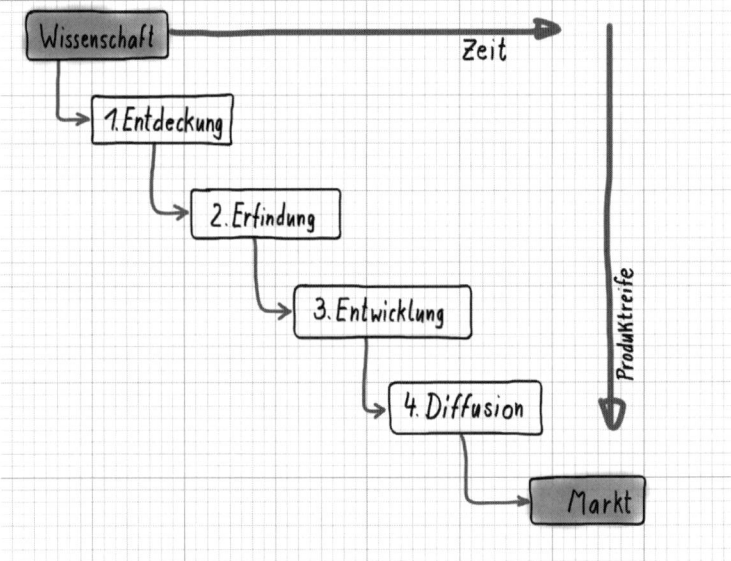

Bild 12 Der idealtypische Ablauf von Innovationen[112]

tionsmanager.[115] **Aus der Perspektive der Verwaltung von Innovationen erscheint diese Stringenz und Linearität auch recht sinnvoll.** Es erscheint jedoch absurd, dass Systematiken zur Förderung von Innovationen wieder und wieder von den Verwaltern – mit dem Ziel der einfachen Verwaltung – gestaltet werden. Nur in Ausnahmefällen dient die Realität als Vorbild und die „Betroffenen" – Innovatoren und Erfinder – werden befragt (siehe Bild 13).

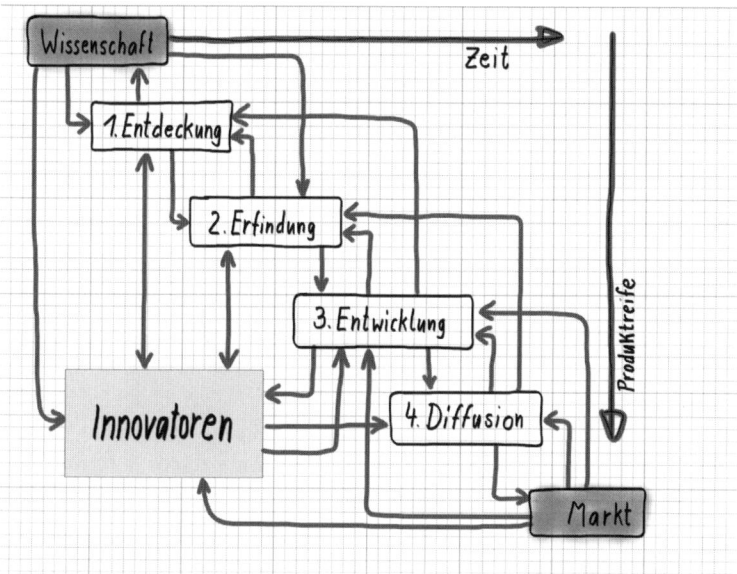

Bild 13 Wie Innovationen tatsächlich entstehen[118]

Stellen sich die Innovationserfolge nicht so ein wie erhofft, wird der Prozess lieber optimiert als in Frage gestellt: „Es gibt Optimierungsprozesse und Prozessoptimierungen, bei denen darauf geachtet wird, dass die Prozesse ‚sauber aufgesetzt' werden, wobei das ‚sauber Aufsetzen' selbst ein Prozess ist und die Analyse der Sauberkeit des Aufsetzens wieder ein anderer."[116]

Es gibt einfach viel zu viele Prozesse. Prozesse vermitteln zwar das Gefühl eines klaren Ablaufes und der Kontrolle, aber man muss sich auch darüber im Klaren sein, dass durch den Prozess einfach ein Großteil möglicher Innovationen durchs Raster fällt. **Bei der Festschreibung von Innovationsprozessen sollte vor allem die Entstehung von Innovationen als Orientierung dienen.** Ich stelle aber immer wieder fest, dass man im

Innovationsmanagement lieber davon ausgeht, dass sich alle Innovationsaktivitäten an den Prozessen orientieren. Diese technokratische Einstellung ist so weit verbreitet, dass sie kaum noch auffällt, obwohl sie, wenn man genau darüber nachdenkt, absolut unsinnig ist. Die Existenz von Innovationsprozessen ist weder Garant noch Voraussetzung für gute Innovationen, Leidenschaft schon.

Hypothese 4

Im Bestreben, die Innovationsfähigkeit zu erhöhen, greifen Unternehmen reflexartig zur Systematik. Trotz belegbarer Erfolglosigkeit wird das Instrumentarium geschärft und die Prozesse werden „neu aufgesetzt". Auf dem Millimeterpapier der Bürokratie werden Innovationssysteme in der Regel nicht von den Innovatoren, sondern von den Verwaltern entworfen und entsprechend nach verwaltungstechnischen Belangen optimiert. Ich möchte hier ganz deutlich darauf hinweisen: Die Leidenschaft, die für Innovationen essentiell ist, kann man weder durch Systematik noch durch Bürokratie substituieren.

Tatsächlich ist alles mit allem verknüpft

Im Vergleich dazu ist in Bild 13 dargestellt, wie vielfältig Innovationen tatsächlich entstehen können. Der idealtypische Ablauf nach Bild 12 stellt insofern einen Sonderfall dar. Bessant und Tidd[117] bezeichnen die tatsächliche Entstehung von Innovationen analog Bild 13 als Spagetti-Modell. **Jede Stufe ist irgendwie mit jeder anderen Stufe durch Kommunikation und Interaktion verbunden.**

Wie überhaupt alle Quellen für Innovationen aufgrund der Neuerung schwer planbar sind, so ist auch der Übergang zwischen Grundlagenforschung und Anwendungsforschung eine schwer zu kalkulierende Komponente. Impulse für Entdeckungen und Erfindungen (Stufen 1 und 2 in Bild 12 und Bild 13) kommen sowohl aus der Wissenschaft und Forschung, als auch vom Markt sowie aus vielen weiteren Quellen.

Während der Entwicklung kommt es beispielsweise zu Einflüssen aus angrenzenden Bereichen – per Erfindung oder Diffusion (also über bewussten oder unbewussten Transfer). In der Regel werden Entwicklungsprojekte mit Methoden des Projektmanagements organisiert. Abhängig vom Komplexitätsgrad kann es im Verlauf von Entwicklungsprojekten zu erheblichen Abweichungen vom Plan kommen, was sich in Verzögerungen und nicht eingehaltenen Entwicklungsbudgets auswirkt. Die Entwicklung des Großraumflugzeuges A380 und die Einführung des Mautsystems Toll-Collect illustrieren diesen Sachverhalt. Die Phase der Markteinführung ist schließlich durch die großen Unbekannten gekennzeichnet: Kunde und Markt. „Je komplexer die Umwelt wird, in der Organisationen bestehen müssen, desto wahrscheinlicher werden sie mit Überraschungen konfrontiert werden."[119]

Es bleibt festzuhalten, dass die Entstehung von Innovationen sowohl vielfältig als auch komplex verlaufen kann. Mit der Einführung von Innovationsprozessen verspricht man sich eine Systematisierung im Vorgehen, nimmt aber in Kauf, dass die Vielfalt verloren geht, da der Innovationsprozess lediglich einen einzigen Verlauf abbildet.

Wer keine Fehler macht, ist nicht innovativ genug!

In den letzten Jahren ist immer deutlicher geworden, dass Unternehmensgröße allein kein Garant für Erfolg ist. Im Gegenteil, im Zeitalter des Internet sind es die neu gegründeten Unternehmen, die mit radikalen Ideen erfolgreich neue Märkte kreieren und für Innovationsdynamik sorgen. Einmal mehr wird damit klar, dass die Methoden von gestern für die Innovationen von morgen unzureichend sind.

Inzwischen hat sich zwar herumgesprochen, dass Innovationen von heute den Geschäftserfolg von morgen bestimmen, jedoch: Man kann keine besseren Ergebnisse erwarten, wenn man immer das Gleiche tut. **Die traditionellen Modelle im Innovationsmanagement haben mit Innovationen – insbesondere radikalen Innovationen – nicht mehr viel zu tun.** Oftmals geht es um die reine Verwaltung.

Warum der Geist in der Flasche bleibt

„Das gehört nicht zu unserem Kerngeschäft, und eine Möglichkeit, damit Geld zu verdienen, ist auch nicht erkennbar." So etwa war die Begründung für den Abbruch des Forschungsprojektes „Neue Suchalgorithmen", das in den 90er Jahren in der Forschungsabteilung eines großen deutschen Unternehmens durchgeführt wurde.

Zur gleichen Zeit schicken sich zwei Studenten aus Stanford an, mit einer neuen Suchlogik – den Pageranks – die Suche im Internet zu revolutionieren und damit den Grundstein für die größte und erfolgreichste Suchmaschine der Welt zu entwickeln – Google.

Die Ausgangssituation war in beiden Fällen ähnlich. Es gab eine Idee oder eine Sammlung von Fragmenten und Puzzlesteinen. Eine konkrete Vorstellung von einer Lösung bzw. der Innovation konnte jedoch weder in der zentralen Forschungseinrichtung des Unternehmens noch bei den Studenten vorhanden sein. Wie konnte es also geschehen, dass aus fast identischen Ausgangssituationen so unterschiedliche Entwicklungen resultieren?

Da der geschilderte Fall keine Einzelerscheinung darstellt (vgl. SIMPad/iPad), ist zu vermuten, dass sich hierin ein Grundproblem großer Unternehmen hinsichtlich ihrer Innovationsbemühungen zeigt. Die Idee ist das Eine, entscheidend für die Entstehung einer Innovation ist jedoch der Umgang mit der Idee – in diesem Aspekt könnten beide Fälle nicht unterschiedlicher sein:

Da sind zum einen die Studenten mit ihrer Idee und ihrer Leidenschaft. Sie haben wenig zu verlieren und sind getrieben von der Vorstellung, etwas fundamental Besseres zu erschaffen. Für sie stellt sich die Frage so nicht, nach dem „ob" oder „ob nicht". Nur das Wie und die Finanzierung spielen eine Rolle. Natürlich, und das sollte nicht vergessen werden, ist auch Glück am Erfolg beteiligt.[120] Gedankliche Freiheit prägt das Handeln.

Extrem anders stellt sich die Situation in den unternehmenseigenen Forschungsabteilungen dar. In der Regel gibt es nicht nur eine, sondern zahlreiche Ideen und einen begrenzten Forschungsetat. Das erfordert eine Selektion, und die Auswahl der Innovationsprojekte prägt das Innovationsverhalten. Im Wettbewerb der Ideen setzen sich die offensichtlichen in der Regel durch. Das sind die Ideen, deren Beitrag zur Geschäftsentwicklung konkret beziffert werden kann, und insofern sind sie die vermeintlich besseren Alternativen zu den vagen, nebulösen, in Vermutungen und Thesen formulierten – als riskant eingestuften – Ideenkonstrukten. Der Geist kann auf die Weise nie die Flasche verlassen. Das Innovationsverhalten wird begrenzt durch den Kontrollanspruch im Unternehmensumfeld. Danach sind Ideen, die durch Eigendynamik und Unsicherheit die Planungs- und Steuerungsinstrumente des Unternehmens an seine Grenzen bringen, schlechte Ideen. Lieber eine Mini-Idee, die sich steuern lässt, als eine revolutionäre Idee, die wie ein Flaschengeist die Flasche verlässt und nicht kontrolliert werden kann. Das Unternehmen steht sich mit der Selektion der Innovationsvorhaben insofern selber im Weg, und wie noch zu zeigen sein wird, wird dadurch die Erneuerung verhindert.

Erkenntnis 5

Gerne würde man Innovationen – nach dem Vorbild einer Fabrik mit klaren Abläufen – managen können. Es wird auch viel gemanagt, keine Frage. Doch die Entstehung von Innovationen passt überwiegend nicht zum Angebot des Managements: Innovationen entstehen trotz des Eingriffs und der Fürsorge des Managements.

3.3.5 Über Risiko und Unsicherheiten

Neuheiten und Neuigkeiten bringen immer auch Unsicherheit mit sich.[121] Diese zeichnet sich vor allem durch unklare und unbekannte Zustände und Situationen aus. Im Gegensatz dazu ordnet Risiko bekannten Zuständen Wahrscheinlichkeiten zu. Die Ungewissheit hat verschiedene Ursachen: Unbestimmtheit der technologischen Weiterentwicklung, Kunden und ihre Unberechenbarkeit, Wettbewerber und deren strategische Überlegungen, politisch motivierte Überraschungen und vieles mehr.

Ein bedeutendes Forschungsfeld, das durch Unsicherheit gekennzeichnet ist, ist die Diffusionsforschung, die sich mit der Ausbreitung von Innovationen und Neuerungen beschäftigt. Als Standardwerk gilt hier „Diffusion of Innovations" von Everett Rogers.[122]

Weit weniger erforscht ist der Bereich der Entstehung von Innovationen unter dem Blickwinkel von Unsicherheit. Die Innovationsforschung geht bisher davon aus, Risiko und Unsicherheiten zu begrenzen und damit den Erfolg von Innovationsvorhaben garantieren zu können.[123] Dass Unsicherheit eine entscheidende Quelle für Innovationen ist, wird jedoch nur in Ausnahmefällen thematisiert: „We continue to look for Newtonian precision in a Heisenberg world of quantum uncertainties."[124] Paul Schoemaker argumentiert beispielsweise, dass Unsicherheit viele Chancen bietet und nur den Ängstlichen Sorgen bereitet. Anstatt zu versuchen, die komplexe, zunehmend unsichere Welt in die eigene Gedankenwelt zu pressen, sollte man die Welt als gegeben ansehen und damit zu leben lernen. Das erfordert eine neue Interpretation von „Unsicherheit". Eine der wichtigsten Aussagen Schoemakers ist, dass man Unsicherheit nicht mit den analytischen Methoden begegnen kann: „We don't really have very good tools yet to manage chaos and ignorance. Without a clear structure and good data, it is hard to tackle the problem analytically."[125]

Einen weiteren wichtigen Beitrag zum Thema Unsicherheit liefert van Asselt.[126] Meines Wissens ist es die umfangreichste und fundierteste Zusammenstellung. Unsicherheit entsteht insbesondere aus begrenztem Wissen: „In sum, uncertainty can be defined as the entire set of beliefs or doubts that stems from our limited knowledge of the past and the present (esp. uncertainty due to lack of knowledge) and our inability to predict future events, outcomes and consequences (esp. uncertainty due to variability)."[127]

Bezogen auf das Innovationsmanagement bedeutet das eine Erweiterung des bestehenden Innovationsmanagements und eine Neubewertung der Systematik – auf dem Weg von der Idee bis zur erfolgreichen Innovation ergeben sich eine Reihe von Unsicherheiten, Risiken, Entscheidungs- und Steuerungsmöglichkeiten. Anders als in der zuvor gezeigten Interpretation von Unsicherheit als zu vermeidende Störgröße liegt im Zweifel – und damit einer Form von Unsicherheit – die Quelle von Innovationen. Nachfolgend werden Facetten, Befunde, Beobachtungen und Theoriefragmente zu einem Theorieentwurf zusammengetragen.

Eine weitere Dimension ist der Zufall, der in der Innovationsforschung auch unter Serendipity Einzug fand: „Serendipity is an important trigger for innovation, but only if the conditions exist to help it emerge."[128] Damit werden Ereignisse bezeichnet, die überraschend ein- und auftreten, jedoch grundsätzlich positiv zu bewerten sind. Die Schwierigkeit besteht darin, das darin liegende Potential zu erkennen. Louis Pasteur formulierte diesbezüglich „Chance favours only the prepared mind" und brachte zum Ausdruck, dass der eigentliche Zufall im Erkennen liegt.[129]

In der vorliegenden Literatur habe ich, trotz umfangreicher praktischer Befundung,[130] keine theoretische Abhandlung zum Thema Serendipity bzw. Zufall im Innovationsmanagement gefunden. Ein weiterführender Beitrag stammt von Cunha.[131] Er untersucht die Frage, warum einige Firmen mehr Glück zu haben scheinen als andere, und kann Pasteurs These stützen, dass der Zufall vor allem im Erkennen und damit in einer großen Wissensbasis liegt.

Proposition 15

Unsicherheit ist eine wichtige Voraussetzung für innovative Tätigkeit. Wäre alles eindeutig, gäbe es keinen Anreiz für Forschung und auch keine Neuerung. Eindeutigkeit ist demzufolge eine ungünstige Voraussetzung für Erneuerung und Innovation.

Die Quelle und die Entstehung von Innovationen sind für Forscher von großem Interesse, da man sich mit dem Verständnis einen unmittelbaren Nutzen für das Innovationsmanagement verspricht.[132] Jede Innovation und damit Idee hat ihren Ursprung in einem ersten Gedanken, der von einem Individuum gedacht wird: „Almost by definition, any genuinely high-tech product is the result of at least one idea that had never been thought before."[133] Gedankengänge lassen sich genauso wenig planen[134] wie die Aufnahme und die weitere Entwicklung der Ideen in einer Organisation. „What makes one individual more creative than another? Why are some groups more innovative? Why are some organizations more innovative?"[135]

Das Konzept der Ungewissheit

Unvorstellbarkeit und Unwissen wird als Ungewissheit bezeichnet: „Ungewissheit beschreibt eine Situation, in der man keine Vorstellung über das entwickeln kann, was möglicherweise passiert. Solche Situationen sind denkbar; notwendige Entscheidungen in dieser Situation entziehen sich aber definitionsgemäß jeglicher Logik, so dass Rationalität hier unmöglich ist und somit eine ökonomische Betrachtungsweise nicht definiert werden kann."[136] Ungewissheit ist die höchste Form des Nichtwissens. Die Menge des Nichtwissens gilt als unspezifisch und unendlich, was die Unvorhersehbarkeit zukünftiger Wissenschaften erklärt.[137]

Das Konzept der Unsicherheit

Obwohl Unsicherheit häufig als Umschreibung für alle Zustände ohne absolute Klar- und Sicherheit gebraucht wird, ist eine Differenzierung möglich. Generell gibt es zwei Aspekte:[138] Informationsunsicherheit und Ressourcenunsicherheit.

Beide betreffen eine Entscheidung als Ziel; die Herbeiführung dieser Entscheidung wird zum einen durch fehlenden Zugriff auf Ressourcen, zum anderen durch eine nicht ausreichende Informationslage erschwert.

Im Gegensatz zur Ungewissheit sind bei Unsicherheit mögliche Eintrittsoptionen bekannt: „Unsicherheit beschreibt im traditionellen Sinne eine Situation, in der man zwar abschätzen kann, was passieren kann, nicht jedoch, welche Wahrscheinlichkeit den einzelnen möglichen Situationen zukommt."[139]

Kann man nicht beurteilen, ob eine Situation wahrscheinlicher eintreten wird als eine andere, erscheint es konsequent (und so wird es der Einfachheit halber praktiziert), von einer identischen Wahrscheinlichkeit auszugehen. Damit ist jedoch ein Wahrscheinlichkeitsurteil gefällt. In allen anderen Fällen hat man implizit zugestanden, dass man zumindest ein „mehr" oder ein „weniger" an Wahrscheinlichkeit zuordnen kann. „Eine solche qualitative, subjektive Information geht aber ebenfalls über die prinzipielle Annahme einer Unsicherheitssituation hinaus."[140] Damit kann man unterstellen, dass in der Regel zumindest qualitative, subjektive Vorstellungen über die Eintreffwahrscheinlichkeiten existieren.

Das Konzept „Risiko" als Verlustgefahr

Die Unterscheidung zwischen Unsicherheit und Risiko ergibt sich aus der möglichen Zuordnung von Eintrittswahrscheinlichkeiten. Eine subjektive Zuordnung bedeutet, es handelt sich um Unsicherheiten. Die Wahrscheinlichkeitsverteilung, die man einem Ereignis zuordnet, ist die Folge einer subjektiven Informationsverwertung.[141] Risiko dagegen liegt vor, wenn die Eintrittswahrscheinlichkeiten objektiv angegeben werden können.[142] Risiko ist kalkulierbar und versicherbar: „Unter dem Begriff Risiko wurden Situationen bezeichnet, für die sowohl die möglichen Ergebnisse als auch die zugehörigen Eintreffwahrscheinlichkeiten bekannt waren."[143]

Proposition 18

Risiko stellt die kalkulierbare Form von Unsicherheit dar. Für den Eintritt lassen sich Wahrscheinlichkeiten ermitteln; damit ist Risiko in der Regel versicherbar.

An dieser Stelle sei schon angemerkt, dass bis heute keine Versicherungsart bekannt ist, die für oder gegen Innovationen versichert. Das lässt den Schluss zu, dass Innovationen stets im Bereich Unsicherheit/Ungewissheit angesiedelt sind.

Aus materieller Sicht betrachtet, beinhaltet Risiko immer die Möglichkeit des Verlustes bzw. den Eintritt eines ungünstigen oder unerwünschten Ereignisses. Insofern kann man Risiko auch mit Verlustgefahr gleichsetzen.

Die Einschätzung von Eintrittswahrscheinlichkeiten für zukünftige Ereignisse gilt als Herausforderung. Streng genommen kann es keine objektiven Eintrittswahrscheinlichkeiten geben. Aussagen über zukünftige Entwicklungen und Ereignisse können nie ganz zweifelsfrei und damit objektiv getroffen werden. Die angenommene Eintrittswahrscheinlichkeit hängt stets vom persönlichen Wissen des Betrachters und der darauf basierenden Einschätzung ab. Die Einführung des *Konzeptes des wahrgenommenen Risikos* ist nur folgerichtig.[144] Das Modell sieht eine Phase der Meinungsbildung vor, was wiederum bedeutet, dass das festgestellte Risiko nie eine feste Größe sein kann, sondern entsprechend den Gegebenheiten und Einschätzungen Schwankungen unterliegt.

Jede Firma muss in der einen oder anderen Form mit Risiko, Unsicherheit und auch Ungewissheit umgehen: „Every firm deals with uncertainty in one way or another. Uncertainty is not often addressed very well in competitive strategy formulation, however."[145] Aber egal ob Risiko oder Unsicherheit: Beides sind in der Regel in unserer Gesellschaft negativ belegte Begriffe, die es zu vermeiden gilt.[146]

Unternehmen haben im Umgang mit den aufgezeigten Risiko- und Unsicherheitsstufen bewusst oder unbewusst Konzepte und Methoden entwickelt und wenden sie auch an, immer mit dem Ziel, Schaden vom Unternehmen und den Abläufen fern zu halten.[147] Die wohl am meisten verbreitetsten Vorgehensweisen sind unter dem Konzept des Risikomanagements zusammengefasst. Zum Umgang mit Unsicherheit in Unternehmen gibt es jedoch wenige übereinstimmende Befunde: „However, there is little consensus in how to define uncertainty, what its characteristics are, and how we should relate these characteristics to the appropriate treatment or management of uncertainty."[148]

3.3.6 Innovation zwischen Zufall und Planung

Seit den frühen Arbeiten von Schumpeter zur Entstehung von Innovationen zum Anfang des letzten Jahrhunderts[149] und den Beiträgen aus den 60er Jahren von Burns & Stalker und Lawrence & Lorsch zur Erzeugung von Innovationen im Zusammenhang mit bereits Bestehendem und deren Integration in bestehende Prozesse[150] hat das Innovationsmanagement zweifellos einen hohen Stellenwert in der theoretischen und praxisorientierten Managementliteratur. Im immer breiter werdenden Themenspektrum zum Stichwort „Innovation"[151] und der unüberschaubaren Literatur dazu[152] ist die Bemühung auszumachen, die Verbindung zwischen technischer bzw. technologischer Innovation einerseits und den gesellschaftlichen Einflüssen bezüglich ihrer Diffusion und Verbreitung andererseits besser erklären zu können. Außerdem zielt ein großer Teil der Forschung darauf, die Möglichkeiten zu einer dauerhaften Steigerung der Innovationskraft zu verstehen und als Modell theoretisch abbilden zu können – quasi als Blaupause für ein ideales Vorgehen zur Innovation.

Angenommen, es würde gelingen, diese alles-erklärende Innovationstheorie zu entwerfen, so könnte man davon ausgehen, dass das Innovationsmanagement eine „Viel-Wenig-Stellgröße" im Unternehmen annähme – ähnlich der Fertigungskapazität – die man über Angebots-Nachfrage-Parameter programmieren und steuern kann. Abhängig von der Situation im Unternehmen könnte man damit zeitnah Innovationen steigern (wie auch immer, in Form von neuen Produkten oder Ideen oder beidem) oder die Bemühungen drosseln. Aus Managementsicht und den damit verbundenen Balanced-Scorecard-Träumen wäre das sicher optimal. Wie im vorangegangenen Abschnitt jedoch gezeigt, ist das Thema Innovation durch eine Reihe von Dilemmata, Widersprüchen und Unsicherheiten gekennzeichnet. Die sorgen wiederum für eine situationsabhängige Interpretation der Lage und der daraus resultierenden Wettbewerbsvorteile eines Unternehmens. **Wären alle Akteure gleich innovativ – oder in der Lage dazu, wäre die Innovationsleistung und damit der Erneuerungs-**

grad jedes Unternehmens absehbar, also planbar. Genau zu dem Punkt besteht jedoch weitestgehend Einigkeit: Der technische Fortschritt und die gesellschaftliche Entwicklung ist zwar gestaltbar, jedoch nicht determiniert.[153] „However, proponents maintain that an all-embracing model of innovation management simply does not exist yet."[154]

Die Entwicklung einer Innovationstheorie ist also aufgrund der schwachen kausalen Zusammenhänge eine nie endende Aufgabe, die sich einem noch festzulegenden Ziel möglicherweise annähert, ohne es jedoch jemals erreichen zu können.

Überraschend ist, dass neben der enormen Aufmerksamkeit, die der Erklärung von Innovation und dem Innovationsmanagement entgegengebracht wird, dem Phänomen „Zufall" im Innovationsmanagement wissenschaftlich kaum Beachtung zuteil wird. Erst durch Talebs Schwarze Schwäne – die es ebenfalls viel öfter gibt, als wir denken – rückten zufällige Ereignisse verstärkt ins Bewusstsein.[155]

Proposition 19

Als *Zufall* bezeichnen wir Ereignisse, die nicht mit unserer Erwartung übereinstimmen. Mit der begrifflichen Benennung geht eine Wertung der Nichterkennbarkeit einher. Zufälle können als Glück (positiv) oder Pech (negativ) auftreten. Auch wenn sie nicht immer leicht zu erkennen sind, so sind beide Formen feste Bestandteile unseres Lebens.

„Anscheinend versuchen nicht nur Berater, sondern auch Wissenschaftler, die Unwägbarkeiten bei Innovationen herunterzuspielen; besonders von ihnen erwartet man ja, dass sie wissen, wovon der Innovationserfolg abhängt. Dabei sollte die prinzipielle Unsicherheit gerade bei der Planung von Innovation eigentlich leicht einsehbar sein."[156]

Schaut man sich rückblickend für die Menschheit wichtige Entdeckungen und Innovationen an, erkennt man jedoch, dass der Zufall eine weit größere Rolle spielt, als wir uns in unserer heilen Innovationswelt eingestehen wollen und können.[157] Es sei zwar, so Lemberg, „sogar der Zufall planbar",[158] aber, wie nachfolgend dargestellt, sind viele Entdeckungen zufällig entstanden.[159]

Zufällige Innovationen (Serendipity)

Der Zufall zeigt sich im Innovationsmanagement in Form der vielen zufälligen Entdeckungen, Erfindungen und Innovationen. In der Literatur hat sich dafür die Bezeichnung Serendipity – als „glücklicher Zufall, der zur Entdeckung führte" – durchgesetzt.[160] Selbst die Entdeckung Amerikas gilt als zufälliges Ereignis – quasi als Beiprodukt auf dem Weg nach Indien, und auch ein Saurier (Dinosaurier Serendipaceratops) wurde nach der Zufälligkeit des Fundes eines Ellenknochens in Australien so benannt – Knochen ähnlicher Saurier fand man nämlich außer einem einzigen Fall in Argentinien nur auf der Nordhalbkugel.

Doch die Entdeckung allein sorgt noch nicht für Innovation: Obwohl die Röntgenstrahlung schon seit 1881 bekannt ist (Johann Poluj) und erzeugt wurde,[161] war es erst Wilhelm Conrad Röntgen, der den Effekt beschrieb und den Nutzen erkannte. Dafür wurde er 1901 mit dem ersten Nobelpreis für Physik geehrt.

In Tabelle 6 sind einige beispielhaft ausgewählte Entdeckungen gelistet, von deren Art es mit Sicherheit wesentlich mehr gibt.

Auffällig ist, dass in der Regel nach etwas anderem gesucht wurde – nach Gold (Porzellan), einem Super-Kleber (Post-It), einem Herzmittel (Viagra) oder einem Mittel gegen Geschwüre (Aspartam), und man während der Suche auf unbekannte Effekte stieß, die die wissenschaftliche Neugier anregten.[162] Der entscheidende Punkt ist hierbei das bewusste Erkennen des neuen Effektes und die Erkenntnis, etwas Neues, Sinnvolles und eventuell Verwertbares entdeckt zu haben. Denn zweifellos wird tagtäglich viel entdeckt – siehe das Beispiel Röntgen –, ohne dass man immer den Wert erkennt.

Tabelle 6 Innovationen, die auf Zufall beruhen[163]

Entdeckung	Innovation	Entdecker/Entwickler
Röntgenstrahlung	Diagnosemöglichkeit	Wilhelm Conrad Röntgen (1895)
Penicillin	Antibiotika	Alexander Fleming (1928)
Porzellan	Material für Geschirr usw.	Johann Friedrich Böttger (1708)
NO-Signalwirkung	Viagra	Robert Furchgott (1980)
Teflon	Antihaft-Beschichtung	Roy Plunkett (1938)
Polymer-Kleber	Post-It-Notizkleber	Art Frey/Spencer Silver (1974)
Aspartam	Künstlicher Süßstoff	James M. Schlatter (1965)
Bodenbelag aus Leinen und Öl	Linoleum	Frederick Edward Walton (1863)
Lösbare Stoff-Verbindung	Klettverschluss	Georges de Mestral (1951)
Transport von Tee	Teebeutel	Thomas Sullivan (1904)
Nylon	Nylon-Strümpfe	Wallace Hume Carothers (1935)
Halluzinogene Wirkung	LSD	Albert Hofmann (1943)

Dem gegenüber stehen die vorbereiteten und geplanten Innovationen.

Geplante Innovationen

Betrachtet man die Liste mit den rein „geplanten" Innovationen (Tabelle 7), fällt auf, dass bei Letzteren den Innovationen immer eine klare Vorstellung vom Endergebnis vorausgeht. Eine Innovation ergibt sich hier daraus, dass ein Problem formuliert werden kann, das im Rahmen eines Innovationsprojektes zielgerichtet gelöst wird. Typische geplante Innovationen sind in der Regel große Infrastrukturprojekte, bei denen die Ingenieurskunst nicht unwesentlich zur Lösung des Problems beiträgt.

Tabelle 7 Innovationen, die auf Planung beruhen

Entdeckung	Innovation	Entdecker/Entwickler
Hochbau	Hochhaus-Architektur	Leroy S. Buffington (1885)
Satellitennavigation	GPS (Global-Positioning-System)[164]	US-Militär (1980)
Bemannte Raumfahrt	Mondlandung	NASA (1969)
Waschmaschine	Elektrische Waschmaschine	Alva J. Fisher (1901)

Neben diesen beiden Extrempositionen der geplanten Innovation und der zufälligen Entdeckung gibt es noch die Mischform der sich entwickelnden Innovationen.

Sich entwickelnde Innovationen

In diesem Fall existiert in der Regel eine Technologie bzw. ein Verfahren, aber die Vorstellung von einer nützlichen Anwendung ist noch sehr vage. Bei der Fotografie beispielsweise existierte bereits ein Verfahren, was zwar sehr aufwendig war (jedes Foto war ein Unikat), aber den Nutzen erkennen ließ (Tabelle 8). Erst mit der Entwicklung des Positiv-Negativ-Verfahrens entstanden neue Möglichkeiten in der Anwendung, aber auch neue Probleme bzw. Fragestellungen (Kamera). Hier, wie bei vielen anderen

Innovationen, lassen sich regelrechte Kaskaden von Problem → Lösung → Neues Problem usw. beobachten. Fortschritte oder Rückschläge in einzelnen Phasen sowie Erfolg oder Misserfolg der Innovation insgesamt werden offensichtlich stark beeinflusst von unvorhergesehenen, chaotisch anmutenden und zum Teil auch unvorhersehbaren Ereignissen.

Tabelle 8 Innovationen, die teils auf Planung, teils auf Zufall beruhen

Entdeckung	Innovation	Entdecker/Entwickler
Vernetzte Rechner	Internet/www	US-Militär (1969), Tim Berners-Lee (1989)
Fotoverfahren	Fotografie/Kopie	Joseph Nicéphore Nièpce (1926)
Laser	Datenübertragung, optische Laufwerke	Theodore Maiman (1960)
Supraleitung	Magnetschwebebahn	Heike Kammerlingh Onnes (1911)
Prinzip des Tauchens	U-Boot	Robert Fulton (1801)
Flugprinzip „leichter als Luft"	Motor-/Segelflugzeuge	Gebr. Wright (1903), O. Lilienthal (1895)

Eine vergleichende, empirische Untersuchung möchte ich an dieser Stelle bewusst vermeiden, da die Aussagekraft ob der schwierigen Vergleichbarkeit der Beispiele gering wäre. Klar lässt sich jedoch feststellen, dass in der Vergangenheit viele Entdeckungen auf rein zufälligen Begebenheiten beruhen – und trotzdem, wie schon ausgeführt, konzentriert sich die wissenschaftliche Forschung fast ausschließlich auf die planerische Komponente.

Wie die in den Tabellen aufgeführten Beispiele zeigen, können durch zufällig entstandene Innovationen sehr erfolgreiche Geschäfte entstehen. Eigentlich sollte deren Erfolg zum Perspektivwechsel auffordern.

Doch obwohl es aus der Geschichte großer Erfindungen völlig vertraut ist, wird das Phänomen geringer Planbarkeit von Innovationen in der Literatur kaum wirklich ernst genommen. „Solche Zufälle und irregulären Ereignisse werden dabei meist in Form von Anekdoten und Histörchen dargeboten, als nette Garnierungen, die das Wundervolle an Innovationen nur noch strahlender glänzen lassen. Probleme der Planbarkeit tauchen allenfalls im ‚Rückspiegel' auf, nämlich wenn man von dem riesigen Angebot an Planungshilfen, Checklisten und Managementkonzepten für das Gelingen von Innovationen zurückschließt auf die offensichtlich weniger rosige Realität."[165]

In dem Glauben, nichts dem Zufall überlassen zu können, werden Innovationen von Unternehmen systematisch verfolgt. „Innovationsmanagementsystem" heißt das Zauberwort.[166] **Es stellt sich jedoch generell die Frage, ob ein formales Innovationsmanagement tatsächlich die Innovationskraft steigert oder lediglich die Verwaltung von Innovationsprojekten verbessert.** Mit der Ausblendung der zufälligen Entdeckungen, Erfindungen und Innovationen wird unbewusst oder bewusst und freiwillig auf einen großen Teil der technischen Erneuerung im Rahmen der betrieblichen Innovation verzichtet. Gleichzeitig weisen Forscher kritisch auf die dramatische Änderung im Unternehmensumfeld bei kaum veränderten Innovationsprozessen hin.[167]

Unsicherheit ist das verknüpfende Element zwischen Planung und Zufall, aber sie besitzt zwei unterschiedliche Ausprägungen: Einerseits bedeutet der Zufall hohe Unsicherheit für eine detaillierte Planung, andererseits bedeutet der starre Planungsprozess ebenso Unsicherheit für die Wirkung von Zufall.

3.4 Tendenzen im Innovationsmanagement

Für diesen Abschnitt habe ich einiges zur Dialektik von Innovationen zusammengetragen. Einerseits geht es um die Faszination im Zusammenhang mit dem technischen Fortschritt und den Innovationen als „schöpferische Zerstörung", andererseits um die Ohnmacht und Fassungslosigkeit vor der Erkenntnis, dass man Innovationen NIE erzwingen kann. Etwas lediglich fördern zu können – ohne direkte Einflussnahme – entspricht eigentlich nicht dem Selbstverständnis vom Management (wohl aber von Führung, doch das ist hier nicht relevant – denn Innovationen will man schließlich managen, nicht führen!). Eine kritische Position gegenüber dem traditionellen Verständnis des Innovationsmanagements ist also durchaus angebracht. Aber leider sind Entwicklungen und Tendenzen erkennbar, die nicht unbedingt auf eine Verbesserung der Lage und des Verständnisses hoffen lassen!

Produktneuentwicklung

Ich stelle immer wieder fest, dass es schon beim Begriff Innovation zu Missverständnissen kommt. Trotzdem ist der Bezug zur Produktentwicklung (oder Neuproduktentwicklung) relativ klar. Wenn man von der Definition ausgeht, umfasst der Begriff Innovation den Weg von der Idee bis zur Markteinführung, schließt also die Entwicklung mit ein. **Die span-**

nendste Frage im Innovationsmanagement bezieht sich jedoch auf das sogenannte Fuzzy-Front-End. Das ist der Bereich der höchsten Unsicherheit von der Formulierung der Idee oder Erfindung bis zum möglichen Start eines Entwicklungsprojektes. Es ist auch der Bereich, der sich kaum systematisieren lässt und bei dem viele Vorhaben scheitern.

Sorry, es gibt keine Kennzahlen!

Im Gegensatz zu den meisten anderen Teilgebieten der Betriebswirtschaftslehre, die ihren Fokus auf der Rationalisierung des Bestehenden und der Optimierung von Routinen hat, arbeiten Innovationsmanagement und Innovationsforschung mit dem außergewöhnlichen Fall: dem Nicht-Beständigen und der Entstehung von Neuem.[168] Die Schwierigkeit dessen wird insbesondere in Bezug auf die Messbarkeit der Innovationsfähigkeit deutlich. Noch in der Entstehung begriffene Dinge lassen sich schwerlich bewerten oder messen. Gäbe es entsprechende Kennzahlen, würden wir unsere dienstliche Aufmerksamkeit künftig verstärkt auf diesen Ausschnitt des „Innovationsgeschäfts" lenken, in dem Kennzahlen erhoben werden. Man würde sich der Kennzahlenkosmetik widmen und die so geschönte Wirklichkeit als Performance ausgeben. Zu dumm, es gibt diese Kennzahl nicht! In einem System, welches nach Kennzahlen gesteuert wird, gelten Bereiche, die nicht durch Kennzahlen erfasst werden können, als unsteuerbar oder als nicht (system)relevant. Damit sind es automatisch innovationsferne Schichten.[169]

Den Spruch „Erst müssen die Zahlen stimmen, dann können wir auch innovativ sein" musste ich mir schon oft anhören. Nach dieser Logik sind Innovationen ein Luxus, den man sich erst verdienen muss. Wen wundert es da, wenn Innovationsprojekte (wie das SIMPad) scheitern? Insofern sind Innovationen in der Managementpraxis eher als Fremdkörper zu betrachten. In der Wechselwirkung zwischen Unternehmen und möglichen Innovationen prägen unternehmensinterne Vorgänge die Art und Weise, wie innoviert wird, und damit auch die Ergebnisse. Es passiert das bereits erwähnte „Cramming".[170] Innovationen, die in ihrer Entstehung Veränderungen im Verhalten und der Struktur des Unternehmens erfordern, haben es in der Durchsetzung ungleich schwerer als solche, die durch eine unveränderte Organisation vorangetrieben werden.

Problemorientierung

Zum Forschungsgebiet Innovations- und Technologiemanagement existieren zahlreiche wissenschaftliche Beiträge. Doch nur in Ausnahmefällen finden sich Untersuchungen, die beschreiben und analysieren, wie in Unternehmen tatsächlich mit Innovationen umgegangen wird. Da das

Innovationsmanagement strategischen Charakter besitzt, ist es schwer bis unmöglich, an Daten und Informationen – quasi aus erster Hand von der Innovationsfront – zu gelangen.

Neben dem Prinzip des Zerlegens von Problemen in Teilprobleme prägt diesen Forschungszweig die Annahme, dass für Innovationen immer ein Problem vorhanden sein muss. Die Konzentration auf Anwendungsforschung und der Rückzug der Industrie aus der Grundlagenforschung[171] sind ein Indiz für diese Entwicklung. Aus Sicht des Problemlösens ist die Zerlegung eines Problems in Teilprobleme schlüssig. Bei Innovationen mit (noch) vielen Unbekannten und Unsicherheiten führt dieses Vorgehen aber zur Begrenzung der Innovationskraft auf bekannte und bewertbare Informationen. **Was war zuerst da: die Idee oder das Problem? Traditionelle Innovationsansätze sehen das Problemlösen als treibende Kraft. Ideen, die neue Bedürfnisse wecken, sollten aber ebenfalls als Innovationstreiber berücksichtigt werden.**

Best-Practice-Ansätze

Ein weit verbreiteter Irrtum in der betriebswirtschaftlichen Praxis besteht in der Annahme, dass die Ergebnisse bzw. Erkenntnisse einer Untersuchung recht einfach übertragbar sind, so wie es die wissenschaftliche Forschung vorsieht.[172] Hoher Popularität erfreuten sich in den achtziger und neunziger Jahren zum Beispiel die Untersuchungen von Collins & Porras und Peters & Waterman,[173] die den Erfolg von Unternehmen jeweils an einer Hand von Indikatoren festmachen wollten und selbige im Streben nach Erfolg als nachahmenswert empfahlen. Einige der als „exzellent" eingestuften Unternehmen existierten jedoch schon einige Jahre später nicht mehr.[174] Die zugrundeliegende Logik dieser Untersuchungen – „identifizierte Erfolgsfaktoren aus der Vergangenheit lassen sich auf die Zukunft übertragen" – ist falsch.[175] Folglich ist auch eine statistisch untermauerte Untersuchung mit entsprechenden Erkenntnissen für das Innovationsverhalten keine Garantie für den Innovationserfolg. Lineare Ursache-Wirkungs-Zusammenhänge gelten nur bedingt, und empirische Untersuchungen zeigen, wie schwierig es ist, aus gesamtwirtschaftlichen Statistiken oder über Branchenumfragen objektive Indikatoren zur Innovationstätigkeit abzuleiten.[176] Zusammenhänge lassen sich in der Regel nur mikroökonomisch begründen, was zu geringer Signifikanz führt.[177]

Genau hier gilt es anzusetzen, wenn man das Entstehen von Innovationen differenziert und objektiver betrachten will: Welche Rolle spielen Unsicherheiten im Innovationsverlauf im Spannungsfeld zwischen Planung und Zufall?

Automatisierung und IT-Unterstützung als Entscheidungshilfe

Innovationen sind ursprünglich eine typische Managementdisziplin bzw. bedeutender Teil unternehmerischen Handelns. Unsicherheiten wurden früher oder bisher durch unternehmerisches Gespür und Risikobereitschaft aufgelöst – oder eben nicht.

Neuere Tendenzen zeigen jedoch in eine andere Richtung: Im Management wird zunehmend versucht, Komplexität in Entscheidungsvorlagen zu verdichten und ureigenste Managementfähigkeiten und Unternehmerqualitäten „auszulagern". Immer ausgefeiltere Instrumente, Algorithmen und Beraterkonzepte sollen bei der Entscheidungsfindung helfen – eine Tendenz, die man insbesondere auf Innovationskonferenzen wie der ISPIM beobachten kann. Bevor man selber nachdenkt, verlässt man sich anscheinend lieber auf die Analyse großer Datensätze oder Algorithmen, die Verhalten im Netz analysieren. Anhand einiger verengter Kriterien werden dann Entscheidungen getroffen, ohne dass man jedoch das große Ganze betrachtet hat.

Wird das unternehmerische Handeln auf diese Art und Weise gerade verlernt?

Innovationsmanagement durch Anfänger

Jeder praktizierende Arzt braucht einen Nachweis über den erfolgreichen Abschluss der Ausbildung. Niemand würde eine Herz-OP riskieren, die von einem Wikipedia-geschultem Mediziner durchgeführt wird. Im Innovationsmanagement passiert genau das. Viele Ahnungslose und Kleingeister fühlen sich berufen und halten sich für innovativ. Fakt ist, Innovationen und die Innovationsfähigkeit von Unternehmen sind mit das Wichtigste für die Zukunft und um die Zukunft zu sichern.

Zehnder-Deutschland Chef Bernd Wieczorek stellt verwundert fest: „Schon klagen Großkonzerne, dass durch ihre mühsam aufgebauten Talentmanagement-Programme immer der gleiche Typ nach oben gespült wird – der brillante Opportunist. Wer das Test- und Fördersystem am besten durchschaut (durchschauen will), kommt auch eher gut durch. Aber das sind nicht diejenigen, die in einer dynamischen Realität nachhaltig die besten Ergebnisse bringen. Es fehlen die Toptalente mit Querdenkerqualität."[178]

Wieso werden so entscheidende Positionen in Unternehmen mit Alibipersonen besetzt, mit Leuten, für die man – etwa aufgrund von Organisationsveränderungen – im Wertschöpfungsprozess keine Verwendung mehr hat? Nicht selten geschieht so etwas in großen Unternehmen: Zentrale Positionen werden mit „ausrangierten" Managern aus den operativen Sektoren besetzt – Verwaltung statt Vision – und dabei meint man, etwas Gutes zu tun, weil diese Manager eine Menge Erfahrung mitbringen. Aber halt nicht unbedingt die richtige – zu viele fühlen sich berufen und zu wenige verstehen tatsächlich etwas von Innovationen bzw. deren Management. Dadurch wird meines Erachtens ein großer Teil der Innovationsfähigkeit in Organisationen zerstört bzw. liegen zu viele innovative Areale einfach brach. Weil an wichtigen Positionen Verwalter „kleben" anstatt dass sie von Visionären zur Gestaltung genutzt werden können.

Ohne hier die Diskussion vorwegnehmen zu wollen, muss man doch feststellen, dass es kaum Erwartungen oder Anforderungsprofile für Innovationsmanager gibt, eigentlich – wie schon erwähnt – ist jeder/jede irgendwie berufen. Das bestätigt auch XING: Interessanterweise ist hier die Gruppe „Querdenker" die mitgliederstärkste. **Die meisten halten sich also für Querdenker. Das ist irritierend und wohl reines Wunschdenken, wenn man sich die vielen Innovationsbürokraten und Verhinderer in den Betrieben anschaut. Der Beliebigkeit sind kaum Grenzen gesetzt. Visionäre, unbequeme Querdenker könnten für Irritationen sorgen. Aber zu viele Innovationen können auch schnell anstrengend und richtig unbequem werden.**

Oder sollte es gar der Plan sein, die Sache mit den Innovationen ja nicht zu übertreiben? Man kann nur mutmaßen! Sutton empfiehlt jedenfalls: Inaktivität bezüglich Innovationen ist zu bestrafen und dafür sind Aktivitäten (Erfolg oder Nichterfolg) und die Ermunterung zu Ungehorsam zu fördern.[179]

Darstellung und Sichtbarkeit von Leistungen

Wir alle werden zu Selbstdarstellern „erzogen". Wir und unsere Projekte müssen sichtbar sein. Wenn es beim Marketing im Internet um Aufmerksamkeit geht, dann geht es in Organisationen immer weniger um die Sache, sondern darum, jede Gelegenheit zu nutzen, um die Gunst der Oberen zu erlangen. Ständig soll man überzeugen – es muss immer „gut ankommen" – und kann kaum erwarten, dass unser Gegenüber sich um selbstständiges Denken bemüht. Nur wer sichtbar ist, ist auch da. Auch hier gilt man schnell als naiv oder arrogant, will man sich diesem Sog zur Prostitution entziehen. Laufend folgen wir Berichts- oder Nachweispflichten, müssen Systeme füttern und uns rechtfertigen für unser Wollen. Das ist insofern absurd, als dass doch die besten Experten eingestellt wurden, denen man nun aber nicht vertraut. Fachwissen (gern auch mit dem Sammelbegriff „Inhalt" bezeichnet) tritt zunehmend in den Hintergrund und man kann ohne weiteres auf einer Metaebene – einer Art Steuerungs- und Controllebene für das Management – operieren. Es kann schon auch mal passieren, dass Fachwissen als akademisch abgetan wird. Als professionell gilt in der Regel, wer Prozesse erfolgreich managt. „Leistung ist nur, was gerade ,auf dem Schirm' ist, und dort am besten als Chart, also darstellbar."[180]

Für das Innovationsverhalten wäre eine höhere Sachbezogenheit hilfreicher, statt die Orientierung und seine Selbstachtung in dem zu finden, was im Management auch „gut ankommt".

Innovation by Powerpoint

Was wären Organisationen ohne Powerpoint? Können sie ohne dieses allmächtige Monster noch existieren? Längst ist die Software zur sozialen Form unseres Wissens geworden. Das Wissen wird in Dokumenten gespeichert, und nur dann gilt es als „Wissen". Selbst banale Dinge werden „gepowerpointet". Auch hier gilt, die Folien müssen überzeugen, managementtauglich sein, und es werden wahnsinnige Aufwände betrieben, um dem Präsentationskult zu genügen und zu frönen.

Wenn man heute einen Vorschlag für eine Innovation vorbringt, kann es passieren, dass man erst einmal einen PP-Foliensatz erstellen muss, auf dem die Idee dann so ausgearbeitet sein sollte, damit sie auch das kleinste Karo im Unternehmen versteht.

All diese Tendenzen bringen uns in Sachen Innovation kaum weiter, wir brauchen also andere Ansätze.

3.5 Innovation als unordentliche Wissenschaft

Diese Überschrift geht zurück auf das Buch „Liebe. Ein unordentliches Gefühl" von Richard David Precht. Precht zeigt sehr anschaulich, dass zwar die meisten rege – vom Begriff und der Sache (Liebe) an sich – Gebrauch machen, sie sich aber einer genauen Beschreibung entzieht. Die Parallelen zur Innovation sind nicht unbeträchtlich. Wissenschaft per se tut sich schwer mit Innovationen, weshalb ich die Innovation gerne als unordentliche Wissenschaft bezeichne.[181] Wie stimmig diese Betrachtung ist, äußert sich zum einen darin, wie Wissenschaft mit dem Thema umgeht, und zum anderen, wie (wenig) wertvoll deren Beiträge zum Verständnis und der Anwendung sind.

3.5.1 Innovation als Wissenschaft zwischen den Disziplinen

Wissenschaftlich-formal betrachtet gehört die Disziplin des Innovationsmanagements zur Betriebswirtschaft. So richtig glücklich kann man damit freilich nicht sein.

Die Betriebswirtschaftslehre gilt als Realwissenschaft, die sich durch die Beschäftigung mit realen Phänomenen auszeichnet und sich dadurch von den Formalwissenschaften unterscheidet. Letztere beschäftigen sich vorzugsweise mit Methoden – zum Beispiel der Logik.[182]

Die Betriebswirtschaft befasst sich mit den „Erfahrungsobjekten":

1. dem „Betrieb als Wirtschaftseinheit"

2. dem „Umgang mit knappen Gütern"

Die Zuordnung des Innovationsmanagements zur Betriebswirtschaftlehre erscheint jedoch lediglich bezüglich des ersten der genannten Erfahrungsobjekte – dem *Betrieb als Wirtschaftseinheit* – sinnvoll, da Innovationen und Innovationsmanagement ein fester Bestandteil der Unternehmensaktivität sind. Der *Umgang mit knappen Gütern* und das damit verbundene Maximierungspostulat können weder Ursprung noch Verlauf von Innovationen erklären. Innovationen gehen aus einer Vielzahl von Einzelprozessen hervor, die einen im Voraus nicht vorhersehbaren Verlauf nehmen. Eine Beeinflussung oder gar Steuerung der Einzelprozesse verschärft die Erklärungshürde zusätzlich.[183] Die Deutungshoheit der BWL ist, vorsichtig ausgedrückt, wenig hilfreich und, kritisch formuliert, kontraproduktiv für das Innovationsverhalten.

Innovationen sind vielmehr als vielschichtiges Phänomen zu sehen, sie bewegen sich auf mehreren Ebenen und eröffnen so unterschiedliche theoretische Zugänge:

Psychologisch verstanden ist Innovation das kreative und potentiell erfolgreiche Ergebnis kompetenten Handelns von Akteuren. *Soziologisch* betrachtet geht es nicht um ökonomische Effizienz, sondern um die Bedingungen der gesellschaftlichen Rationalität. Der inhaltliche Unterschied zwischen beiden Disziplinen zur Betriebswirtschaftslehre beruht demnach auf der Stellung des Menschen. Obwohl Innovationen immer ihren Ursprung in individueller Kreativität und in Ideen haben, können sie sich erst in einem aufnehmenden und reflektierenden Kontext entfalten. Csikszentmihalyi lieferte hierzu mit seinem Person-Feld-Domain-Modell („The Systems Model") eine plausible Erklärung.[184]

Die lernende Organisation, ein Idealkonstrukt der Betriebswirtschaft, die sich permanent und nachhaltig weiterentwickelt, ist im Moment noch ein Wunschbild. Unstrittig ist jedoch, dass Wissen, Kreativität, Lernbereitschaft und Lernwille Grundvoraussetzung für langfristigen wirtschaftlichen Erfolg im Wettbewerb darstellen. Insofern ist es die *Pädagogik*, die als verbindendes Element zwischen den Handlungsebenen Individuum, Organisation und Gesellschaft vermittelt.

Eine bewusst interdisziplinär ausgelegte Betrachtung, die Theorien und Konzepte verschiedener Fachrichtungen einschließt, erscheint

insofern wesentlich zielführender als die derzeitige Meinungshoheit durch die Betriebswirtschaft.

3.5.2 Modelle und Theorien erklären die Welt

Wir Menschen lieben Modelle. In der ohnehin viel zu komplizierten Welt geben sie uns Orientierung. Wissenschaftlich betrachtet sind Modelle die „vereinfachte Darstellung eines Ausschnittes der Wirklichkeit". Praktisch gesehen helfen sie uns, das Leben zu meistern.

Jede Menge dieser Modelle haben sich in unseren Alltag „geschlichen". Der Globus ist so ein Modell. Er gibt uns einen Überblick über unsere Erde und erlaubt uns, selbst so exotische Länder wie Österreich oder Dänemark darauf ausfindig zu machen. Vor der Erfindung des Globus nahm man noch an, dass wir auf einer Scheibe leben; das zeigt recht deutlich die Bedeutung von Modellen. Sie entstehen aufgrund von Annahmen und Randbedingungen. Sobald sich diese ändern, hat das Auswirkungen auf die verwendeten Modelle. Jedes Modell ist in der Anwendung begrenzt. So ist ein Globus ein starres Gebilde und kann zum Beispiel dynamische Vorgänge wie die Strömungen der Weltmeere oder klimatische Besonderheiten nicht darstellen. Für den ursprünglichen Zweck des Überblicks über unsere Erde ist das Modell dennoch genial. Übrigens sind auch Bauernregeln in gewisser Weise Modelle. Bauern haben über längere Zeiträume Wetterphänomene beobachtet und Regelmäßigkeiten in Regeln gefasst. „Hat der November einen weißen Bart, wird der Winter lang und hart." Niemand wird sich voll darauf verlassen, aber für viele Menschen sind sie auch heute noch ein Hinweis für mögliche Entwicklungen.

Eine Wissenschaftsdisziplin, die ihre Daseinsberechtigung eng an Modelle geknüpft hat, ist die *Volkswirtschaft*. Ihre Modelle sind mathematische Gleichungssysteme, die die Volkswirtschaft oder Teilbereiche davon beschreiben sollen, etwa den Arbeitsmarkt oder das Konsumverhalten. Die Grundannahme dabei ist, dass man mit den Daten der Vergangenheit zu Aussagen über die Zukunft kommt. Das ist so ähnlich wie bei den Bauernregeln, nur wird es viel ernster betrieben und die Bauernregeln treffen wohl häufiger zu. Der Glaube an die Richtigkeit der Modelle ist bei den Volkswirtschaftlern so stark ausgeprägt, dass eher die Realität in Zweifel gezogen wird als das Modell. Formulierungen wie: „Die Konsumenten waren zurückhaltender als in unserem Modell vorhergesagt" zeigen den Realitätsverlust – eigentlich müsste es, überspitzt formuliert, heißen: „Unser Modell hat nicht dazu getaugt, das Konsumverhalten richtig vorherzusagen." **Das Gefährliche daran ist, dass die Ergebnisse von Modellberechnungen – obwohl sie nachweislich nicht die Aussagekraft von Bauernregeln haben – als Grundlage für politische und gesellschaftliche Entscheidungen dienen, und übertragen auf inner-**

betriebliche Fragestellungen ebenso für Geschäftsentscheidungen. **Wen wundert es da noch, dass sich Finanz- oder Wirtschaftskrisen und eben auch Unternehmenskrisen auf falsche Modelle zurückführen lassen?**

Die Nähe und Zugehörigkeit von Innovationsmanagement zur Betriebswirtschaftslehre hat insofern Auswirkungen auf die Innovationstheorien, als deren wissenschaftliches Fundament als „wirtschaftswissenschaftlich" zu bezeichnen ist. Und wie wir wissen, vermögen existierende Theorien den Gang der Innovationen nicht vollständig zu erklären. Da Innovationen an sich auch kein reines Thema der Betriebswirtschaft sind, liegt es nahe, sich aus anderen Wissenschaften Unterstützung zur Entwicklung einer Innovationstheorie zu holen. Ansätze, gerade in Bezug auf Unsicherheit und Zufall, finden sich in der Chaostheorie, der Evolutionstheorie oder beispielsweise auch dem Wissensmanagement. Aber was genau ist eine Innovationstheorie?

Im Fokus von Innovationstheorien stehen Fragestellungen des Innovationsmanagements, der Innovationsprozesse und von Innovation allgemein als Wachstumsmotor. Aspekte aus dem aus diesen drei Dimensionen aufgespannten Betrachtungsraum werden beschrieben und erklärt. Ausgerichtet auf das Ziel, die Innovationsfähigkeit zu erhöhen, geben Innovationstheorien Hinweise darauf, wie auf Innovationen Einfluss genommen werden kann. So erlauben sie Prognosen für den weiteren Verlauf der Innovationstätigkeit.

Genau wie Personen als unterschiedlich innovativ einzustufen sind, gilt das auch für Gruppen und Organisationen. Warum sind einige Firmen innovativer als andere? In den letzten Jahren gab es eine Vielzahl von Veröffentlichungen und Versuchen, diese Frage zu beantworten. Zwei „Grundphilosophien" bezüglich des Innovationsmanagements sind zu beobachten:

1. **Innovationsmanagement**
   in Form einer systematischen Planung und Steuerung
   Ein Großteil der Texte basiert auf der These, dass der Erfolg von Innovationen vor allem vom gutem Management – dem Innovations- und Technologiemanagement – abhängt. Erfolgreiche Innovationen sind im Wesentlichen eine Frage des systematischen und strukturierten Managements. Im Zentrum steht die Genialität im Entscheidungsverhalten des Managements. Planung, Steuerung und Kontrolle sind die Erfolgsfaktoren, und es gibt jede Menge Tipps und Ratgeber dazu.[185]

2. **Innovationsmanagement**
   als komplexes, interdisziplinäres Unterfangen
   Die zweite Gruppe verfolgt einen mehr analytischen Weg. Beobachtungen und Untersuchungen wurden zu Theorien verallgemeinert.[186]

Hier werden Innovationen als ein wesentlich komplexeres Phänomen mit vielen Facetten gesehen.

Die Mehrzahl der Veröffentlichungen orientiert sich an der Frage, wie die Innovationskraft zu steigern ist, und sieht hier insbesondere in der Systematik aus Steuerung und Kontrolle ein zentrales Hauptinstrument. Im Zentrum stehen dabei die Effizienz im Innovationsmanagement und die positive Beeinflussung des Innovationsverhaltens.

Beiden „Philosophien" gleich ist der feste Glaube an eine Systematik und die Rationalität der Organisation. Mit den richtigen Informationen und der richtigen Entscheidungskompetenz kann man – so die These – Innovationen erfolgreich managen. Scholl sagt, ein „Teil der Innovations- und Managementliteratur verfährt immer noch nach der Maxime der organisatorischen Rationalität, so als ginge es allen immer nur um das Beste für die Organisation."[187] Wie jedoch bereits deutlich dargestellt, spielt der Zufall – in welcher Form auch immer – im betrieblichen, technischen und gesellschaftlichen Fortschritt eine größere Rolle, als sich aufgrund der übermächtigen und dominierenden Strategie- und Planungsdiskussion vermuten lässt.

Eine ebenso einfache wie plausible Erklärung für die organisatorische Realität liefert Dueck (wenn auch in einem anderen Zusammenhang): „Das moderne Management erreicht also Ziele nicht mehr effizient, sondern es sucht sich Ziele, die effizient zu erreichen sind." Innovationen scheinen nicht zu der Kategorie „effizient zu erreichen" zu gehören. „Richtige Manager als solche fühlen sich selbst nur richtig pudelwohl, wenn der neue Zustand B etwa mit ‚derselbe wie A, aber 10% mehr' beschrieben werden kann."[188]

Die bisherigen Versuche der Strukturierung sind jedoch kaum hilfreich. Eine Auswahl relevanter Theorien im Zusammenhang mit Innovationen zeigt Tabelle 9, allerdings ohne Anspruch auf Vollständigkeit. Dazu ist die Situation zu differenziert und zu unübersichtlich.[189] Es gibt einige Versuche, die verschiedenen Modelle in einen Zusammenhang zu stellen bzw. zu strukturieren. Während Ettlie einige Modelle lediglich listet,[190] nimmt Afuah eine Unterscheidung in statische und dynamische Modelle vor[191] und Ford stellt die Situation in den Mittelpunkt.[192] Eine Unterscheidung in Life-Cycle-Theorie, Teleological Theorie, Dialektische Theorie und Evolutions-Theorie liefern Conway & Steward.[193]

Auffällig sind die unterschiedlichen Perspektiven und Auffassungen. Die Unübersichtlichkeit erschwert eine Strukturierung, und so liefert die Liste wohl den besten Beweis für die theoretische Zerfaserung. Neue Konzepte finden kaum Anschlusspunkte. Beispielsweise hatte man in den letzten Jahren viel Hoffnung in *Open Innovation* gesetzt[194] – ein sehr populäres Konzept, sowohl im Management als auch in der Forschungsgemeinde.

Tabelle 9 Relevante Innovationstheorien im Überblick

Nr.	Name	Kurzbeschreibung	Perspektive	Quelle
1	Generationen-modell	1. Generation: Technologie treibt Innovationen 2. Generation: Nachfrage des Marktes 3. Generation: Kopplung zwischen Phasen 4. Generation: Interaktives Modell 5. Generation: Netzwerk und Integration	Veränderter Verlauf von Innovationen	Rothwell (1984)
2	Lead-User-Theorie	Einige besonders innovative Anwender sind gute Quellen für Innovationen	Quellen von Innovationen	Hippel (1988)
3	Innovation Funnel	Viele Ideen verdichten sich zu einigen Innovationen (Trichter)	Innovations-prozess	Wheelwright & Clark (1992)
4	Stage-Gate-Modell	Innovationen lassen sich zerlegen und scheibchenweise bearbeiten	Innovations-prozess	Cooper (2001)
5	Open Innovation	Unterscheidung zwischen Open und Closed Innovation, wobei die Unternehmensgrenze den Unterschied ausmacht. Interaktion und Zusammenarbeit über die Unternehmensgrenze hinweg	Quellen und Verlauf von Innovationen	Chesbrough (1996)
6	Promotoren-modell	Überwindung von Widerständen im innerbetrieblichen Innovationsprozess durch den Einsatz von Fach-, Macht- und Prozessmoderatoren	Organisation von Innovationen im Unternehmen	Hauschildt (2001)
7	Principle-Agent-Theorie	Handlungen und Abhängigkeiten von Akteuren in einer hierarchischen Organisation	Verhalten in Organisationen	Wiliamson (1975)
8	Innovation Value Chain	Der Innovationsprozess wird als Wertschöpfungskette betrachtet	Controlling	Hansen & Birkenshaw (2007)
9	Innovation Scorecard	Steuerung der Innovationstätigkeit über ein Set von Kriterien	Controlling	Davila et al. (2005)
10	Produkt- vs. Prozess-innovation	In der Regel folgt auf eine Produktinnovation die Herausbildung eines „dominanten Designs", gefolgt von Innovationen, die sich auf den Prozess beziehen	Erklärung von Innovations-verhalten	Utterback (1994)
11	S-Kurven-Modell	Technologien entwickeln sich ähnlich einer S-Kurve und werden von der nächsten Technologiegeneration (einer anderen S-Kurve) abgelöst.	Technologie-entwicklung	Foster (2006)
12	Marktnischen-modell nach Christensen (1997)	Unterscheidung zwischen „Sustaining Technologies" und „Disruptive Technologies" und die Beobachtung, dass etablierte Unternehmen wenig Anreize haben, in Nischenmärkten zu investieren. Das wird als ein Grund für nachlassende Innovationskraft gesehen.	Quellen und Verlauf von Innovationen	Christensen (1997)
13	Contingency Theory	Es gibt keinen besten Weg	Innovations-strategie	Lam (2005)
14	Systems Thinking	Das System dient als Grundlage für Erklärungen	System und Organisation	Senge (1990)

Der Begriff Open Innovation stammt von Chesbrough, die dahinter stehende Grundidee ist relativ einfach: Verglichen mit der gesamten Industrie und Forschungskapazität sind die F&E-Möglichkeiten eines Unternehmens recht begrenzt. Das Konzept zielt darauf ab, die Ressourcen außerhalb des Unternehmens viel stärker zu nutzen und so das Unternehmensforschungspotential zu erhöhen. „You win by making the best use of internal and external knowledge in a timely way ..."[195] **Während Chesbrough darauf setzt, das externe Ideenpotential besser zu nutzen, bleibt dennoch die Frage, wie sich Ideen – ob sie innerhalb oder außerhalb entstehen, sei dahingestellt – unternehmensintern zu Innovationen entwickeln, die den Wettbewerbsvorteil des Unternehmens in Zukunft sichern sollen.**

Hypothese 6

Es gibt kaum Belege dafür, dass das analytisch-strategische Innovationsmanagement zu mehr, besseren oder erfolgreicheren Innovationen führt. Es ist an der Zeit, dieses Paradigma der Systematik in Frage zu stellen. Selbstorganisation in Kombination mit Leidenschaft,[196] Besessenheit und Zufall erscheint wesentlich vielversprechender. Eine weitere – dritte – Philosophie des Innovationsmanagements könnte sich auf das Innovationsprojekt und dessen bestmögliche Förderung als zentralen Punkt konzentrieren.

Vielleicht muss man Innovationen auch als Kunst verstehen, um zu begreifen, dass das normale Handwerkszeug für einen durchschnittlichen Künstler hinreichend ist. Doch erst die Genialität macht den Unterschied der Ausnahmekünstler gegenüber den „Handwerkern" und erklärt dann auch, warum das iPad so erfolgreich ist und das SIMPad floppte.

3.5.3 Wie interpretiert man ein sprechendes Schwein?

Wenn man, wie bisher argumentiert, Innovationstätigkeit als mehrdimensionales Phänomen versteht, muss man akzeptieren, dass die Untersuchung von Allgemeingültigkeiten auf Grundlage eindimensionaler Abhängigkeiten zu uneindeutigen Befunden führt.[197] Das erschwert die Erforschung von Innovationsverhalten.

Da Beobachtungen in der Realität keine ausreichende Möglichkeit bieten, um allgemeine Aussagen abzuleiten (= Induktion) oder zu bestätigen (= Verifikation), fordert Popper, dass wissenschaftliche Aussagen so zu formulieren sind, dass sie im Versuch und der Realität scheitern können.[198] Wissenschaftler schlagen nach diesem Prinzip falsifizierbare Hypothesen zur Lösung von Problemen und Fragestellungen vor. Die Hypothesen werden kritisch überprüft und mit der Anzahl überstandener Falsifikationsversuche steigt der Wert des Wissens.[199]

Dieser Wert besteht darin, neue Handlungen und neues Denken zu ermöglichen. Im Unterschied zum Rationalismus, für den die Wissenschaft „hartes" Wissen zu generieren und als „richtig" zu speichern hat, geht es im Konstruktivismus darum, Neues zu generieren, zukünftig Mögliches zu beschreiben, Wissen anzuwenden und Probleme zu lösen.[200]

Geht man nun davon aus, dass die Mehrzahl der Innovationen Einzelphänomene sind, so muss man folgern, dass ein Falsifikationsversuch im Sinne der zuvor dargelegten rationalistischen Tradition keine neuen Erkenntnisse erbringen kann bzw. zu Erkenntnissen ohne Relevanz führt.[201] Schließlich zeichnen sich (radikale) Innovationen durch Einzigartigkeit und Neuheit aus und eine angestrebte Allgemeingültigkeit und empirische Überprüfbarkeit anhand großzahliger Mengen ist somit ausgeschlossen. Die Heterogenität der Untersuchungsobjekte (siehe Fischstäbchentheorie) würde durch die auf homogenen Wertepaaren basierende Methodik zu Informationsverlusten führen, die eine wertfreie Aussage als Ergebnis zur Folge hätte.

Zur Veranschaulichung dieses Dilemmas schildert Siggelkow den (hypothetischen) Fall eines sprechenden Schweins und stellt überzeugend dar, dass der Fall durchaus wissenschaftlich interessant wäre, sich aber der wissenschaftlichen Akzeptanz aufgrund des Einzelfalls als nichtrepräsentativ entziehen würde. Denn, wie Siggelkow argumentiert: „A single case can be a very powerful example."[202] Trotzdem führen erforschte Einzelfälle, etwa wie in der Neurologie (Hirnverletzungen) oder der Physik (Kugelblitz), oft zu neuem Wissen und Erkenntnissen in der weiteren Forschung.[203]

Bemerkenswert ist, dass sich beim Innovationsmanagement ein ähnlicher Entwicklungsverlauf abzeichnet, wie er aus angrenzenden Forschungsfeldern der Betriebswirtschaft und der Organisationsentwicklung bekannt ist: Manager, Anwender und Praktiker fragen im Zweifel immer seltener bei den zuständigen Wissenschaften nach, sondern tendieren entweder zur Eigeninitiative oder lassen sich gegebenenfalls beraten.[204]

Am Beispiel der Erfolgsfaktorenforschung zeigt Kieser, wie schwierig und unüberwindbar die Kluft zwischen Wissenschaftlichkeit und Praxistauglichkeit inzwischen geworden ist: In der Erfolgsfaktorenforschung wird versucht, Faktoren, die als Ursachen des Erfolges identifiziert werden können, zu isolieren und für zukünftige Erfolge zu empfehlen. Obwohl nun schon seit Jahrzehnten fieberhaft nach „kritischen Erfolgsfaktoren" geforscht wird, kann, so Kieser, nicht die Rede von einem „kumulativen Erkenntnisgewinn" sein. Im Gegenteil, die Welt stellt sich unklarer und widersprüchlicher dar, und nicht einmal ein Grundzusammenhang zwischen strategischer Planung und Leistungsfähigkeit von Unternehmen lässt sich feststellen. Interessanterweise – und auch hier lassen sich Parallelen insofern ziehen, als die Wissenschaft betreibt, was zwar wissenschaftlich anerkannt, aber praktisch irrelevant und unbrauchbar ist – wird eine Kritik an der Erfolgsfaktorenforschung mit der Notwendigkeit der Schärfung des Instrumentariums erwidert.[205]

3.5.4 Verwissenschaftlichungstendenzen

Die Sozial- und Wirtschaftswissenschaften zählen – anders als etwa die Mathematik – nicht zu den exakten Wissenschaften. Ergebnisse und Meinungen sind eher verhandelbar als präzise und stehen damit im Gegensatz zur Klarheit, die durch Zahlen und Logik vermittelt wird. Die Verherrlichung der Zahlen als kompromisslose Kommunikationsverdichter treibt indes seltsame Blüten:

In Form von Quantifizierung und Empirisierung wurden sie beliebte Begleiter der Wissenschaft. Sie ermöglichen es, dass noch so vage, banale oder nebulöse Aussagen wissenschaftlich erscheinen. Hauptsache n (Stichprobengröße) ist möglichst großzahlig, α (Signifikanzniveau) ist möglichst klein (1 %) und das Konfidenzintervall ($[q\text{-}k; q\text{+}k]$) passt irgendwie dazu – dann klappt es auch mit der Hypothese H_1. Der eigentlich angestrebte Erkenntnisgewinn kann so schon leicht mal zur Randerscheinung werden.

Mathematische Prognoseverfahren sind weit verbreitet und erfreuen sich größter Beliebtheit, weil die Ergebnisse so schön überzeugend exakt dargestellt werden können und es kaum andere Möglichkeiten zur Prognose gibt. Die meisten der Verfahren basieren auf der Zeitstabilitätshypothese als Grundannahme. Das bedeutet, alle möglichen Einflussfaktoren – neben dem betrachteten Phänomen – werden als nicht veränderlich angesehen und können vernachlässigt werden (oder vielleicht vermittelt der Determinismus einfach die Illusion, dass es so ist). Das ist etwa so, als ob das Leben unter Laborbedingungen stattfände und sich immer nur eine Variable ändern würde und die anderen konstant blieben. Die auf diese Art und Weise praktizierte Realitätsferne wird kaum thematisiert; wer stellt schon gerne Fragen bei prognostizierten Werten, die vielleicht sogar – wissenschaftlich unsinnig, aber aus mangelndem Verständnis so präsentiert – noch 1 oder 2 Stellen nach dem Komma aufweisen?

Erkenntnis 6

Der Stand der Wissenschaft und der angestrebte Erkenntnisfortschritt, ebenso wie das Methodenrepertoire sind wenig hilfreich, um das Phänomen Innovation zu entschlüsseln.

3.6 Raum für Reflektionen

Das Dilemma des Innovationsmanagements resultiert also aus der prinzipiellen Nichtplanbarkeit von Neuem und der damit verbundenen geringen Möglichkeit zur Einflussnahme. Existierende Innovationstheorien können nur teilweise die Entstehung, den Verlauf und den möglichen Erfolg von Innovationen erklären.

Die Unfähigkeit von Organisationen, sich selber zu beobachten und neutral zu beurteilen, führt über kurz oder lang zu Anpassungsproblemen – ein Effekt, der sich mittels der Systemtheorie erklären lässt.[206] Durch den Vergleich mit der biologischen Evolution gelangt man zu der Erkenntnis, dass für wirkliche Erneuerung eine Unbefangenheit in der Betrachtung erforderlich ist, die aufgrund der betriebswirtschaftlichen Zwänge im Unternehmen oft nicht möglich ist. Die Natur hilft sich durch Zufallskombinationen in der Fortpflanzung, wobei durch Gen-Drift und Mutation die Möglichkeit gegeben ist, Neues zu erschaffen. Analog dazu lässt sich auch Innovationsverhalten nicht durch lineare, sequentielle Prozesse beschreiben.

Damit stellt sich fast zwingend die Frage, welche Prozesse und Barrieren in Ihrer Organisation, in Ihrem Unternehmen Änderungen verhindern. Nutzen Sie Bild 14, um Ihre Ideen festzuhalten – ein Ansatz zur Innovation.

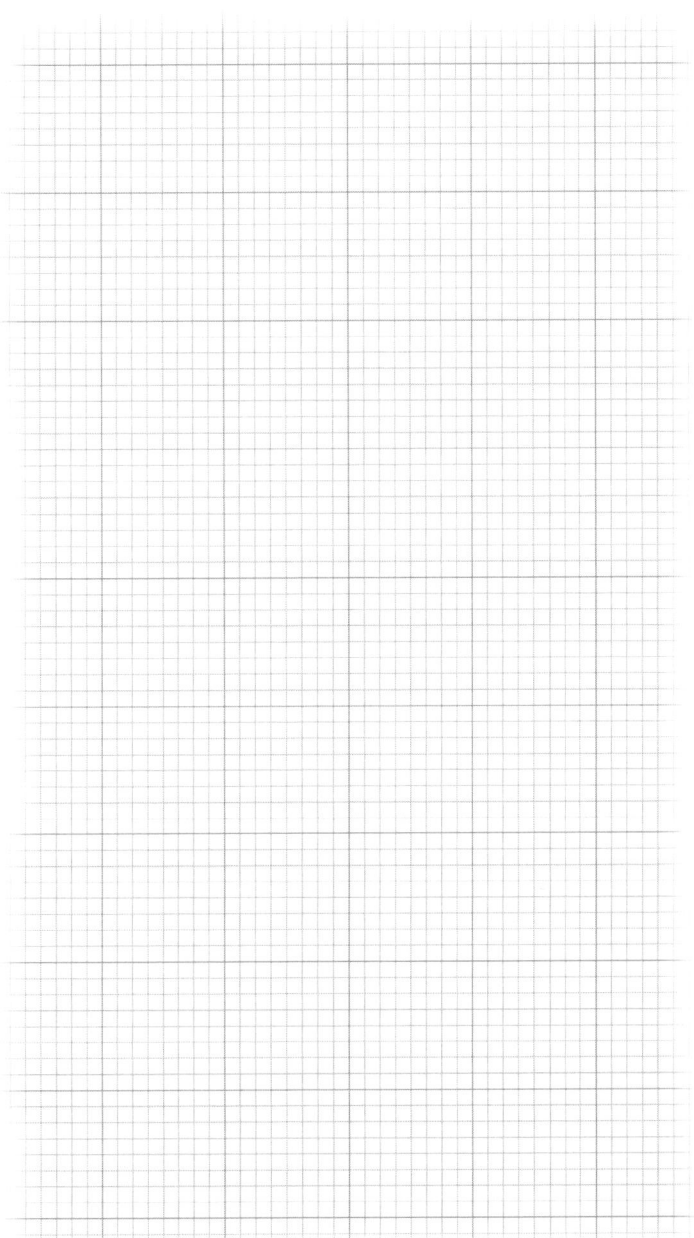

Bild 14 Platz für Ideen: Was würden Sie in Ihrem Unternehmen gerne ändern?

4 Anamnese: 100 Jahre Innovationsmanagement

Seit mehr als hundert Jahren versuchen Unternehmen zu verstehen, wie Innovationen entstehen und wie man das möglichst gewinnbringend umsetzt. Sie sind getrieben von der Sehnsucht, irgendwie einen magischen Automatismus zu entdecken, der Innovationserfolge reproduzierbar macht. Doch, gäbe es tatsächlich mal sowas wie einen Automatismus, wäre er veraltet, sobald er begänne wirksam zu werden.

4.1 Innovationsfähigkeit, Industriedynamik und Unternehmenserfolg

Der Zusammenhang zwischen den Innovationsbemühungen des Unternehmens und der Veränderungsdynamik im Unternehmensumfeld ist gekennzeichnet von einer wechselseitigen proaktiven und/oder reaktiven Beeinflussung.

Eine Vielzahl von Autoren hat sich der Frage gewidmet, welche Umweltbedingungen stimulierend auf die Innovationsbereitschaft wirken. Ein umfangreiches Review der Literatur ist bei Kamien & Schwarz zu finden.[207] Einig sind sich die Forscher, dass sowohl der Grad des Wettbewerbes, als auch die Dynamik der Technologieentwicklung im Industriesektor das Interesse an Innovationen beeinflussen.

Unternehmen, die unter Anpassungs- und Erneuerungsdruck stehen und auf der Suche nach Alternativen zu bestehenden Produkten und Lösungen sind, spüren den steigenden Wettbewerb. Leibenstein spricht von starkem Druck für Manager, hervorgerufen durch die Suche nach Lösungen.[208] **Insbesondere treibt die Abnahme von Marktanteilen und eine nachlassende Wettbewerbsfähigkeit Unternehmen zu erhöhten Anstrengungen hinsichtlich Innovationen.**[209]

Andererseits können Unternehmen die Dynamik in ihrem Wettbewerbsumfeld selbst beeinflussen, zum Beispiel durch außergewöhnliche Erfindungen, Innovationen und technologische Leistungen.

Sobald die Innovationsleistung eines Unternehmens hinter der Dynamik in dem vom Unternehmen adressierten Industriesektor zurück bleibt, wird es früher oder später die Wettbewerbsfähigkeit verlieren. **Der Zusam-**

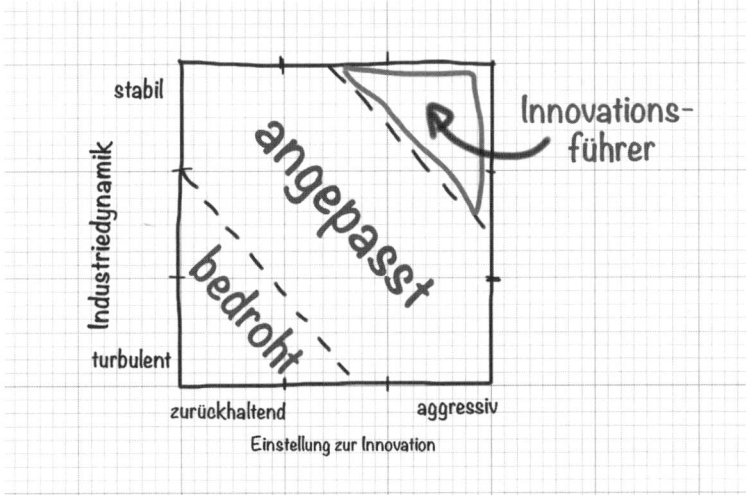

Bild 15 Korrelation zwischen Industriedynamik und Innovationsfähigkeit

menhang geht auf das „Fit-Konzept" von Miles & Snow[210] zurück und ist in der Matrix in Bild 15 dargestellt. Der Bereich „angepasst" ist der optimale, quasi entspannte Zustand: Die Innovationskraft entspricht der Industriedynamik. Operiert hingegen ein innovationsschwaches Unternehmen in einem turbulenten Umfeld bzw. wird es von der Dynamik „überrollt", ist es „bedroht". Innovationsführer wiederum schaffen es, die Innovationsdynamik in einem Markt zu erhöhen, was zur Bezeichnung „Innovationsführer" führt.

Proposition 20
Von Anpassung kann man sprechen, wenn die Innovationsanstrengungen des *Unternehmens* hinsichtlich Umfang, Dynamik und Veränderungsmöglichkeit und -fähigkeit denen der *Industrie* (also der „Industriedynamik") entsprechen.

Betrachten wir die beiden Koordinaten im Bild ein wenig genauer:

„Industriedynamik"

Hier geht es um den Grad der Veränderungsdynamik in der Unternehmensumwelt. Veränderungen in der Umwelt lassen sich in einem Kontinuum von „nicht veränderlich/stabil" bis zu „chaotisch" darstellen (Tabelle 10). Chaos bedeutet in diesem Zusammenhang Veränderung ohne erkennbare Muster, zusammenhanglos und unvorhersehbar.[211] Die Dynamik wird durch die Häufigkeit und Intensität von Änderungen bestimmt. Die Ursachen von Veränderungen können technischer, gesellschaftlicher, politischer oder wirtschaftlicher Art sein. Solche Veränderungen können auch indirekt einwirken, zum Beispiel infolge von Abhängigkeiten von Zulieferern.

Eine Einschätzung der Situation kann anhand der Kriterien in Tabelle 10 erfolgen. Über Ähnlichkeiten von Ereignissen und die Geschwindigkeit von Veränderungen, aber auch die geschätzte Prognostizierbarkeit zukünftiger Entwicklungen lässt sich der Grad der Dynamik in der Unternehmensumwelt festlegen.

Mit der Zunahme an verfügbaren Informationen (zum Beispiel online) steigt die Anzahl möglicher Interaktionen zwischen Akteuren, was wiederum zu einer steigenden Komplexität führt.[212] Insofern kann man ganz allgemein davon ausgehen, dass die Komplexität und die Turbulenzgrade in der Unternehmensumwelt permanent steigen.

Tabelle 10 Kriterien zur Bestimmung der Industriedynamik [213]

Umweltturbulenz	stabil	stetig/ ausbreitend	dynamisch/ verändernd	turbulent	chaotisch/ überraschend
Komplexität	wenige Elemente, bekannte Abhängigkeiten		viele Elemente mit absehbaren, sich verändernden Abhängigkeiten		unbekannte Anzahl von Elementen mit unbekannten Zusammenhängen
Ähnlichkeit von Ereignissen	ähnlich	extrapolierbar		unstetig	unstetig, neu
Geschwindigkeit der Veränderung	langsamer als Reaktion		ähnlich der Reaktion		schneller als Reaktion
Sichtbarkeit der Zukunft	periodisch, wiederkehrend	vorhersehbar	prognostizierbar	teilweise prognostizierbar	nicht prognostizierbar
Strategische Aggressivität	stabil	reaktiv	antizipatorisch	unternehmerisch	kreativ, unstetig

„Einstellung zur Innovation"

Diese Koordinate charakterisiert die Innovationsfähigkeit und das Innovationsverständnis des Unternehmens. Unternehmen unterscheiden sich allgemein in ihrer Innovationstätigkeit.[214] Ein Extrem stellen Unternehmen dar, die kaum in der Lage sind, Innovationen zu generieren, und die lediglich (langsam) auf Änderungen reagieren. Das andere Extrem sind solche Unternehmen, die permanent mit Neuerungen und Innovationen den Markt erobern, sich nicht von Rückschlägen entmutigen lassen und auch und vor allem neue Märkte erobern und generieren.

Tabelle 11 Kriterien zur Einschätzung der Innovationsfähigkeit

Innovationsfähigkeit	Selektiv/ begrenzt	Standard	Aggressiv
Produktspektrum	konstant		dynamisch/ veränderlich
Verhalten	reaktiv		aktiv
Innovationstempo	langsam/träge	durchschnittlich	schnell bis rasant

Die Bestimmung der Innovationsfähigkeit eines Unternehmens ist in der Regel eine Einschätzung, die analog Tabelle 11 anhand vieler – beobachtbarer – Faktoren und dem Agieren im Markt vorgenommen werden kann.

Erkenntnis 7

Unter relativ stabilen Umweltbedingungen (geringe Industriedynamik) sind die Anforderungen hinsichtlich Anpassung und Innovationsverhalten im Sinne der Wettbewerbsfähigkeit niedrig – nach dem Konzept der Trägheit ist sogar davon auszugehen, dass Unternehmen dann eher überleben, wenn sie nichts verändern.[215] Um jedoch unter dynamisch-chaotischen Industrieverhältnissen wettbewerbsfähig zu bleiben, muss die Anpassungsfähigkeit der Organisation deutlich entwickelt sein und das Innovationsverhalten muss sich stärker an Erneuerung orientieren.

4.2 Der Lebenszyklus von Industrien

Das Innovationsverhalten von Unternehmen ändert sich also in Abhängigkeit von der jeweiligen Reife der Industrie. Abernathy und Utterback formulieren aus dieser Erkenntnis das Produkt- und Prozesslebenszyklus-Modell (Bild 16).

Dieses Modell geht von drei Innovationsphasen aus:

Chaotische Phase („Fluid Phase")

Durch die Einführung neuartiger Produkte entsteht eine neue Industrie. Diese Phase ist gekennzeichnet durch viele Experimente, sowohl auf Seiten der Hersteller, als auch auf Kundenseite. In der Regel existieren zu diesem Zeitpunkt eine Vielzahl von Herstellern und kaum Industriestandards. Der Schwerpunkt der Innovationen liegt auf Produktinnovation, Produktentwicklung und Produktdesign.

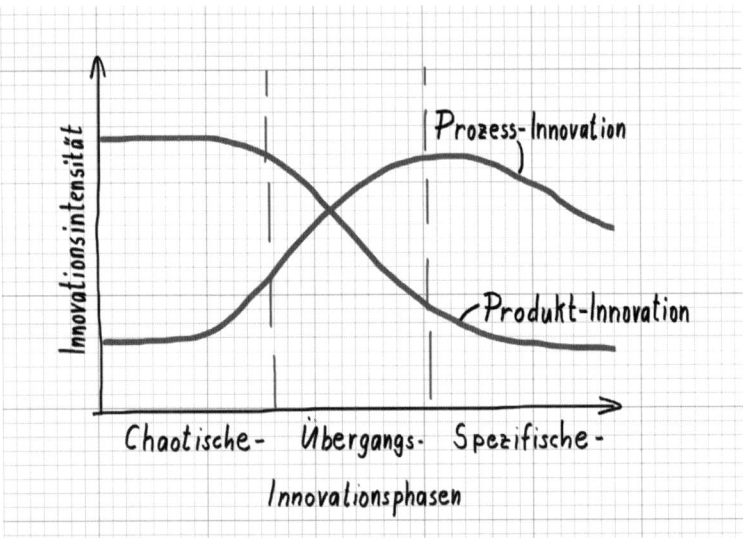

Bild 16 Das Produkt-/Prozesslebenszyklus-Modell[216]

Übergangsphase („Transitional Phase")

Im Zuge des Wettbewerbs und der vielen Experimente entsteht ein dominantes Design. Damit wird das in der Anwendung akzeptierte Produktformat bezeichnet. Es ist das Ergebnis eines iterativen Prozesses des Probierens und Experimentierens. Weder die Art des Designs, noch der Zeitpunkt des Herauskristallisierens ist prognostizierbar. „But no matter how a dominant design is determined, it is doubtful that it can be recognized except in retrospect."[217] Sobald das dominante Design entstanden ist, verändert sich die Wettbewerbssituation radikal. „Once the dominant design emerges, the basis of competition changes radically, and firms are put to tests that very few will pass."[218] Die Aufmerksamkeit verschiebt sich nun von der Produktinnovation zur Prozessinnovation. Durch das dominante Design wurden Verhaltens- und Handhabungsprinzipien festgelegt. Damit ist die Verbreitung im Massenmarkt möglich. Das bedeutet aber auch, dass ab diesem Moment der Wettbewerb im Wesentlichen über den Produktpreis entschieden wird und nicht mehr über Produktmerkmale.

Spezifische Phase („Specific Phase")

Das dominante Design hat sich durchgesetzt. Hersteller und Anwender haben sich auf ein bevorzugtes Geräteformat „geeinigt". In dieser Phase entscheidet die Wettbewerbssituation über die Effizienz in Herstellung, Logistik, Verkauf sowie über das Marketing. Neue Produktmerkmale

4 Anamnese: 100 Jahre Innovationsmanagement

haben es schwer, sich durchzusetzen. Die Prozesse sind inzwischen so eng an das Produkt gekoppelt, dass sich ein Eingriff auf das gesamte System auswirkt. Die Durchsetzung von Industriestandards stabilisiert das System zusätzlich, was jedoch dazu führt, dass Unternehmen an Flexibilität einbüßen.

Tabelle 12 Beispiele von Studien zu turbulenten Industriesektoren

Produkt/Industrie	Studie	Erkenntnis
Schreibmaschine	Engler (1970)	Schreibmaschine wurde nicht von der elektrischen Schreibmaschine, sondern vom PC abgelöst.
Automobilindustrie	Utterback (1987)	Von mehr als 100 Herstellern in den USA sind weniger als 10 übrig geblieben.
Fernsehen/ TV-Röhren	Utterback und Suarez (1993)	Dominant Design ändert den Wettbewerb.
Transistoren	Braun und MacDonald (1978)	Die Röhren wurden durch Transistoren abgelöst.
Elektrischer Taschenrechner	Majumdar (1977)	Mit dem dominanten Design begann der Preiswettkampf.
Chipindustrie	Utterback (1994)	Bei Massenprodukten wie Speicherchips ergab sich ein drastischer Preisverfall.
Diskettenlaufwerke	Christensen (1997)	Jede Generation von Disketten hat neue Technologieführer.
Supercomputer	Christensen (1997)	„Entering early is the most viable strategy."
Airlines	Vlaar, de Vries und Willenborg (2005)	Organisationale Blockade verhindert Neuorientierung.
Segelschiffe	Foster und Kaplan (2001)	Dampfschiffe lösen Segelschiffe ab.
Musikindustrie	Harris (2002)	Digitales Geschäftsmodell löst CD/DVD ab.
Fotokopierer	Ellis (2006)	Durch Innovationen entkommt man dem Preiswettkampf.
Armbanduhr/ Quarzuhr	Tushman und O'Reilly (1997)	Innovationen können ganze Industrien verändern oder auslöschen.
Telekommunikation	Christensen, Anthony und Roth (2004)	IP-Revolution kreiert neue Spielregeln in der Telekommunikation.

Nach dem Modell ändern sich die Innovationstätigkeiten im Rahmen des Verlaufes. Während am Anfang das Produkt im Mittelpunkt steht, verschiebt sich der Fokus nach und nach zu den Prozessinnovationen.

Gerade bei radikalen Innovationen geht es zunächst darum, – wenn sowohl die Kunden als auch die Hersteller am Anfang an der Durchsetzung von geeigneten Anwendungskonzepten mitwirken – das Produkt zu optimieren. Erst wenn klar ist, welches Design von Kunden akzeptiert wird, geht es darum, die Herstellungsprozesse zu optimieren. Der entscheidende Wendepunkt ist die Akzeptanz des „Dominant Designs".

Dieser Zusammenhang lässt sich an einer ganzen Reihe von Industrien belegen; prominente Beispiele sind in Tabelle 12 aufgeführt.

Das Muster bei den aufgeführten Beispielen ist stets ähnlich. Die Stabilisierung in der dritten Phase durch die Einführung der Massenproduktion führt zur Abnahme der Anzahl der Wettbewerber und des Wettbewerbs. Zahl und Ausmaß von Produktinnovationen nehmen weiter ab. Christensen[219] formulierte daraus das ...

Dilemma der Innovatoren

Es besagt, dass die Orientierung am Kunden kurzfristig sinnvoll ist, dass sie langfristig jedoch schadet, da Innovationsbemühungen aus der direkten Ausrichtung auf den Kunden zu keiner darüber hinaus gehenden Erneuerung fähig sind und von Entwicklungen außerhalb dieser Kundenbeziehung leicht überrascht werden. Christensen belegt diese These am Beispiel von Festplatten-Herstellern.

Richard Foster und Sarah Kaplan untersuchten 1000 Unternehmen in 15 Branchen über einen Zeitraum von 36 Jahren und stellten fest, dass die kreative Zerstörung zum überwiegenden Teil vom Markt ausgeht und zwischen Unternehmen stattfindet. Etablierte Untenehmen treiben Innovationen zu einem geringen Anteil, im Wesentlichen als inkrementelle Innovationen, voran. Zu einer kreativen Zerstörung im Sinne Schumpeters sind sie nur in Ausnahmefällen in der Lage.[220]

Hypothese 7

Mit zunehmender Produkt- und Industriereife tendieren Unternehmen dazu, nur noch inkrementelle Innovationen im Bereich der Prozessverbesserung vorzunehmen, obwohl vom Markt weiterhin Produktinnovationen getrieben und so zur Bedrohung werden können.

4.3 Fallstudien als Grundlage der Theoriebildung

Für die Forschungsarbeit, auf der dieses Buch basiert, wurden Fallstudien verwendet. Diese Vorgehensweise beruht darauf, dass radikale Innovationsvorhaben jeweils eine Einzigartigkeit aufweisen; damit ist der Einsatz empirischer Methoden äußerst schwierig.

Fallstudien helfen, den Prozess des Entdeckens zu strukturieren.[221] Und Fallstudien, historische Analysen und Experimente helfen auch bei der Bearbeitung explorativer Forschungsfragen, die häufig nach dem *Wie* und *Warum* fragen.[222]

Die Idee, Erkenntnisse von erfolgreichen Innovationsprojekten für Entscheidungen im konkreten Anwendungsfall zu nutzen, erscheint hingegen nur bedingt sinnvoll. Insbesondere bei radikalen Innovationen ist der Anteil des Neuen unbekannt und die Wirkzusammenhänge und Abhängigkeiten sind erst im Entstehen. Insofern besteht die Gefahr der so genannten „teleologischen Trugschlüsse", bei denen (fälschlicherweise) von Ergebnissen auf Ursachen geschlossen wird, obwohl der Zusammenhang nicht belegbar ist.[223]

Hypothese 8

Unter der Annahme, dass radikale Innovationen als *Einzelphänomene* zu behandeln sind, erscheint ein auf Statistik ausgelegtes Untersuchungsdesign wenig zielführend. Ebenso ist die Erwartungshaltung, mit monokausalen Zusammenhängen – „wenn man XYZ tut, gelangt man zu radikalen Innovationen mit Erfolgsgarantie" – zu Erkenntnissen zu gelangen, als naiv zu bezeichnen (auch wenn es so praktiziert wird, etwa mithilfe der Key Performance Indicators).

Vielversprechend erscheint der Ansatz, anhand von *Fallstudien* zu untersuchen, welches Verhalten und welche Strukturen (radikale) Innovationen unterstützen bzw. blockieren. Damit muss jede Organisation für sich ihren eigenen Weg finden.

Für die Auswahl der zehn Fallstudien war zum einen ausschlaggebend, dass diese Fälle gut dokumentiert sind, zum anderen, dass tatsächlich eine deutliche Verhaltensänderung der Unternehmen stattgefunden hat. Bewusst sind die Fälle nicht auf eine Branche oder ein Industriesegment beschränkt – durchaus in dem Wissen, dass damit eine Vergleichbarkeit nicht gegeben ist. Ich bin der festen Überzeugung, dass alle Unternehmen in irgendeiner Form Innovationsbemühungen verfolgen – unabhängig von der Branche. Unterschiede gibt es lediglich in der Dynamik und im Grad der Veränderung. Veränderungen in der Unternehmensumwelt passieren zwar nicht gerade selten, *tiefgreifende* Veränderungen und Brüche, ebenso wie radikale Innovationen sind aber weder Dauerzustände noch

Tabelle 13 Die zehn in diesem Buch verwendeten Fallstudien

Firma/Fall	Innovationsimpulse	Quelle(n)
1 Texas Instruments	Fast keine; Verwaltungs-struktur	Mintzberg (1994); Jelinek & Schoonhoven (1990); Jelinek (1979)
2 Polaroid	Einmalige Innovation; danach lediglich Schutz	Quinn, Mintzberg & James; (1988, S. 376-397); Tripsas & Gavetti (2000)
3 Semco	Fast chaotisch; nicht geplant; selbstorganisiert	Quinn, Mintzberg & James (1988, S. 800-825); Fisher (2005); Semler (1995); Malcher (2010)
4 Siemens Mobile Phones	Zentral gesteuert und verwaltet; kundenorientiert	Hennersdorf (2005, S. 37-42); Seith (2005); Bauer (2005)
5 Microsoft	Kaum eigene Impulse; Follower-Strategie für die meisten Segmente	Dotzler (2002); Brass (2010); Laube (2010); Chapman (2006)
6 Google	Eigeninitiative; Pflicht zur Innovation; intrinsische Motivation	Salter (2008); Iyer & Davenport (2008); Mattos (2008); Jarvis (2009)
7 PARC Xerox	Wissen, Expertise und Austausch; hohes Inno-vationsmomentum, aber keine Anschlussfähigkeit	Hiltzik (1999); Ellis (2006); Stillich (2008); Rogers (2003, S. 153f.)
8 3M	Vielfältige Möglichkeiten; individuelle Freiheit	Stevens (2004, S. 3-5); Nicholson (1998); Mitchell (1991); Trott (2008, S. 542f.); Shaw, Brown & Bromiley (1998); Figueroa & Conceicao (2000)
9 Edison/GE	Permanente Informa-tionsaufnahme und -verarbeitung; visionär	Hargadon (2003); Hughes (1999)
10 Firestone	Extrem eingegrenztes Innovationsfeld; dadurch quasi blockiert bei fremd-induzierten Innovationen	Sull (1999); Gehani (2007)

Massenphänomene. Die Innovationsaktivität von Branchen ist keine Konstante, sie ist das Resultat – quasi die Summe oder das Produkt – der Innovationsaktivitäten der Unternehmen. Aufgrund dieser Heterogenität erscheint eine vergleichende Untersuchung nicht zielführender als die im Folgenden vorgenommene Deutung von Innovationsprozessen auf der Basis der Fallbeispiele als dokumentierte Vorgänge mit Ereignischarakter.

Die untersuchten Firmen unterscheiden sich sowohl hinsichtlich des Produktportfolios, der Unternehmensgröße, des Alters der Unternehmen als auch der Firmenstrategie erheblich. Auch wenn dadurch die Generalisierbarkeit der Forschungsergebnisse nur eingeschränkt möglich ist, wurde die Auswahl, trotz der Unterschiede, bewusst getroffen.

Um es noch einmal ganz deutlich zu machen: Es geht im Folgenden nicht darum, einen allgemeingültigen Rahmen für bessere Innovationsaktivitäten (wie auch immer) zu erstellen. Ich möchte bewusst vermeiden, in die Verallgemeinerungsfalle zu laufen, in der sich schon genügend Unternehmen und Wissenschaftler befinden. Es kommt mir darauf an, Wege aufzuzeigen, wie man die Erneuerung zulassen kann, statt einen einmal erreichten Stand einzufrieren. Das Revolutionäre ist das Abweichen von klassischen Managementstrukturen – auch wenn ich bisher lediglich Indizien für Handlungsempfehlungen und Richtlinien geben kann.

Natürlich gibt es schon eine ganze Reihe von Untersuchungen und Fallbeschreibungen zum Thema „Innovationsverhalten und Innovationen". Drei Beispiele möchte ich hier besonders erwähnen. Braunschmidt stellt 23 Fallstudien vor und weist nach, dass die Initiative für Innovationen nicht ausschließlich auf Kundenbedürfnisse zurückzuführen ist.[224] Fünf Fallstudien sind in der Arbeit von Krieger zu finden (zwei davon behandeln Abteilungen von Siemens).[225] Als besonders wertvoller Beitrag sind die 42 „Innovationsfälle" aus 16 Unternehmen von Scholl anzusehen.[226] Schwerpunkt dabei ist die Rolle von Informationen und Unsicherheiten im Innovationsprozess.

In Tabelle 13 sind die zehn Fallstudien im Überblick dargestellt. Bei den meisten handelt es sich um bekannte Firmen. Mehrere zeigen sich in ihrem Innovationsverhalten sehr erfolgreich, andere recht erfolglos, was sogar zum Ende der Eigenständigkeit führte. In Kapitel 8 sind die Fallstudien genauer beschrieben.

Aus der Entwicklung der Unternehmen lassen sich Muster erkennen, die im Folgenden ausgearbeitet werden.

4.4 Zuordnung der Fallstudien und Identifikation von Mustern

Was fällt bei der Betrachtung der Fallstudien auf?

Proposition 21

Auf Grundlage der Fallstudien werden Ähnlichkeiten und Muster im Verhalten der untersuchten Organisationen identifiziert. Im Rahmen des Buches bezeichnen wir diese „Auffälligkeiten" als *Effekte*.

Rufen wir uns dazu noch einmal das Modell der Schöpfungsprozesse (Bild 3 auf S. 17) und Hypothese 1 (S. 28) in Erinnerung. Für den nachhaltigen Erfolg von Unternehmen ist die Verknüpfung von Wert- und Wissensschöpfungsprozessen zwingend notwendig. Die Unterscheidung der Wissensgeneration in Umweltwissen (Proposition 3, S. 27) und Innovationswissen (Proposition 4, S. 27) erweist sich bei der Analyse der Fallstudien als hilfreich.

Sowohl Polaroid (Fallstudie 2) als auch Firestone (Fallstudie 10) und zu einem großen Teil auch Microsoft (Fallstudie 5) versäum(t)en es, sich ausreichend mit ihrem Unternehmensumfeld auseinanderzusetzen. Die Folge ist in jedem der drei Fälle das Unvermögen der Organisation, auf sich verändernde Rahmenbedingungen zu reagieren. Dieses beobachtbare Verhalten wollen wir *Dornröschen-Effekt* nennen – die Dinge werden quasi „verschlafen". Bekannte weitere Fälle sind Kodak und Quelle, der Dornröschen-Effekt ist weit verbreitet. Eine detaillierte Beschreibung folgt im nächsten Abschnitt.

Ein weiterer Effekt ist der *Red-Queen-Effekt* – man läuft der Entwicklung hinterher und holt sie nicht mehr ein. Der Effekt zeigt sich bei Texas Instruments (Fallstudie 1) und bei Siemens Mobile Phones (Fallstudie 4). In diesen Fällen ändert sich das Innovationsverhalten der Organisation durch die Änderung der Strategie (Siemens Mobilde Phones) bzw. der Strukturen (Texas Instruments). Das Innovationsmanagement verkommt zur Innovationsverwaltung, es geht nur noch um Alibi-Innovationen – radikale Innovationen sind unerwünscht und können nicht entstehen. Das notwendige Innovationswissen wird nicht mehr generiert.

Daneben ist auch ein aggressives Innovationsverhalten zu erkennen – resultierend im *Pionier-Effekt*. Semco (Fallstudie 3), Google (Fallstudie 6), Parc Xerox (Fallstudie 7), 3M (Fallstudie 8) und Edison/GE (Fallstudie 9) zählen dazu. Es gelingt ihnen über sehr unterschiedliche Wege, die Organisation immer wieder zur Erneuerung anzutreiben – zumindest in den betrachteten Zeiträumen, denn keines der Unternehmen ist über kurz oder lang vor einer Veränderung im Innovationsverhalten geschützt.

4.5 Der Dornröschen-Effekt

Sozialwissenschaftliche Theorien sind in der Regel „sometimes true theories",[227] die nicht den Generalisierungsgrad naturwissenschaftlicher Theorien erreichen können. *Effekte* beschreiben Ausschnitte sozialen Geschehens, die wiederholt beobachtet und befundet werden können. Ein solcher Effekt ist der Dornröschen-Effekt (Bild 17). Der Begriff bezeichnet das Verhalten von Organisationen, sich an eine Situation so optimal anzupassen, dass eine exogene Veränderung zu einer Blockade führt.

Es fehlt die rechtzeitige Einsicht in die Notwendigkeit einer Veränderung: „Some businesses have evolved to do one thing extremely well and to go on doing it in response to a relatively constant demand. It would make no sense to introduce sweeping changes or a new range of products in some circumstances. Yet, when the environment in which these businesses operate undergoes major changes, they will die out and be replaced by something entirely different."[228]

Situationen, in denen eigentlich ein Organisationswandel angezeigt wäre (was von den beteiligten Akteuren in der Regel auch so gesehen wird), der jedoch nicht vollzogen wird, gelten als Blockade. Blockadephänomene lassen sich darauf zurückführen, dass sich Organisationen

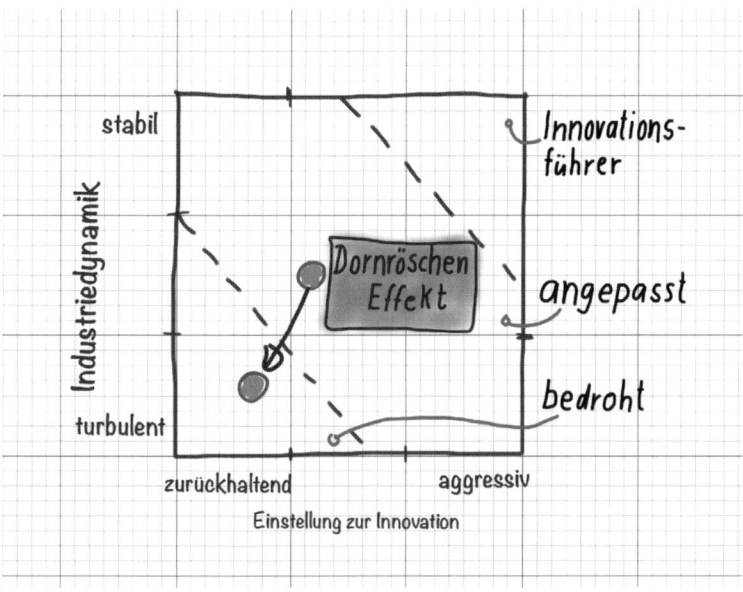

Bild 17 Der Dornröschen-Effekt im Spannungsfeld zwischen Anpassung und Veränderungen

aufgrund von Umwelteinflüssen optimieren – oder eben nicht. Die Unternehmensumwelt in Form des Marktes und weiterer Akteure entscheidet letztlich darüber, welche organisationalen Problemlösungen nützlich sind und dauerhaft Bestand haben.[229] Den bis heute prominentesten Beitrag zum Stillstand von Organisationen haben Hannan und Freemann mit dem „Population-Ecology-Ansatz" vorgelegt.[230] Er bietet eine Erklärung dafür, warum sich Organisationen trotz Veränderungen in der Umwelt nicht wandeln können. Strukturelles Beharrungsvermögen lässt sich demnach auf innerorganisationale Tendenzen zurückführen, die durch spezifische Investitionen, Markteintrittsbarrieren und personale und ressourcenspezifische Verflechtungen hervorgerufen werden. Umweltbezogene Isolationsmechanismen, angestoßen durch gewollten Schutz von Wettbewerbsvorteilen, verstärken diesen Mechanismus.[231] Das Ergebnis des Dornröschen-Effektes ist in Bild 18 zu erkennen: Durch die einseitige Optimierung der Organisation kommt es zu Adaptierungsproblemen.[232] Insbesondere bei dynamisch-turbulenten Umweltveränderungen kann das rasch zur Bedrohung für das Unternehmen werden.

Folgender Ablauf ist beim Dornröschen-Effekt diagnostizierbar: Im ersten Abschnitt gelingt es der Organisation, auf die Veränderungen in der Unternehmensumwelt adäquat zu reagieren; es geschieht eine kontinuierliche Adaption. Im als „Normalmodus" oder „Routinisierung" bezeichneten Zustand orientiert sich das Unternehmen im Wesentlichen an der Effizienzsteigerung. Exogene Veränderungen werden verlangsamt oder verzögert wahrgenommen oder vollständig ignoriert. Eine unmittelbare

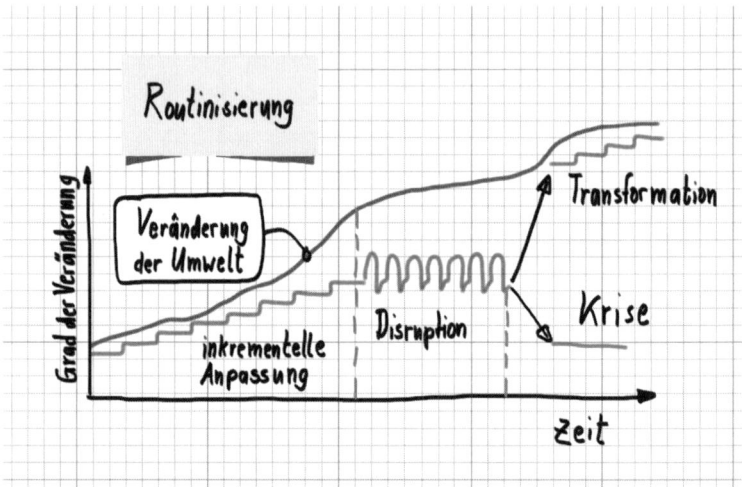

Bild 18 Organisationsblockade als Ergebnis des Dornröschen-Effektes

Bedrohung ist in der Regel nicht gegeben. Trotz fehlender Anpassung kann sich das Unternehmen noch Jahre am Markt behaupten, ehe es zu spürbar ernsthaften Problemen kommt. Dann setzt eine „Habituation" ein: Die Reaktion auf einen Reiz schwächt sich ab, Organisationen gewöhnen sich an bestimmte Ereignisse und nehmen sie nicht mehr so ernst.

Dafür gibt es üblicherweise zwei Gründe: Erstens, die Organisation konzentriert sich auf Optimierung und oftmals übertriebene Effizienzsteigerung und verliert dabei die Veränderungen im Umfeld aus den Augen. Zweitens können Organisationen, die sich beschaulich eingerichtet haben, von turbulenten oder disruptiven Veränderungen im Unternehmensumfeld überrascht werden und im Handlungsansatz schlicht überfordert sein. In dem Drama „Der Tod eines Handlungsreisenden" von Arthur Miller wird eindrucksvoll dargestellt, wie schwer sich Menschen damit tun, veränderte Rahmenbedingungen zu akzeptieren und das Verhalten anzupassen.[233]

Auf eine Disruption kann dann nicht mehr wirksam reagiert werden. Wenn es nicht zu einer fundamentalen Veränderung (Transformation) kommt, kommt es zur Krise (Bild 18).

Beispielhaft für den fogenden Stillstand/Niedergang ist die Fallstudie 2 (Polaroid). Mit dem Festhalten an bewährten Geschäftsmodellen und der bis dahin erfolgreichen Technologie wurde die Digitaltechnologie erst übersehen und dann ignoriert. Eine Anpassung wurde unmöglich und führte zum Niedergang der Firma. Ähnliche Tendenzen sind auch bei Microsoft und Firestone diagnostizierbar.

Schauen wir uns dazu die Fallstudien an.

Polaroid

Die Geschichte von Polaroid ist eng mit der Sofortbild-Kamera verbunden. Das war die Innovation, mit der Polaroid einen historischen Erfolg erzielen konnte (Ausgangsposition in Bild 19). Die Innovation wurde durch zahlreiche Patente geschützt und es macht den Eindruck, dass ein Großteil der Bemühungen des Unternehmens auf die Sicherung und Verfestigung des Erreichten aufgewendet wurde. Innovationsbemühungen wurden auf das Sofortbild konzentriert. Dem Dornröschen-Effekt ging insofern der Red-Queen-Effekt voraus. Nur dadurch ist es zu erklären, dass die Firma die Digitalisierung zunächst nicht als Gefahr für das eigene Geschäft wahrnahm und dann zu einer Reaktion unfähig war. Die Blockierung in der Organisation zeigte sich vor allem am verbissenen Festhalten an der Technik und am Razor-Blade-Geschäftsmodell (das Geschäft wird nicht mit dem Produkt – Rasierer oder Kamera – gemacht, sondern mit dem Zubehörmaterial – Klingen bzw. Filme). Die unangemessene Reak-

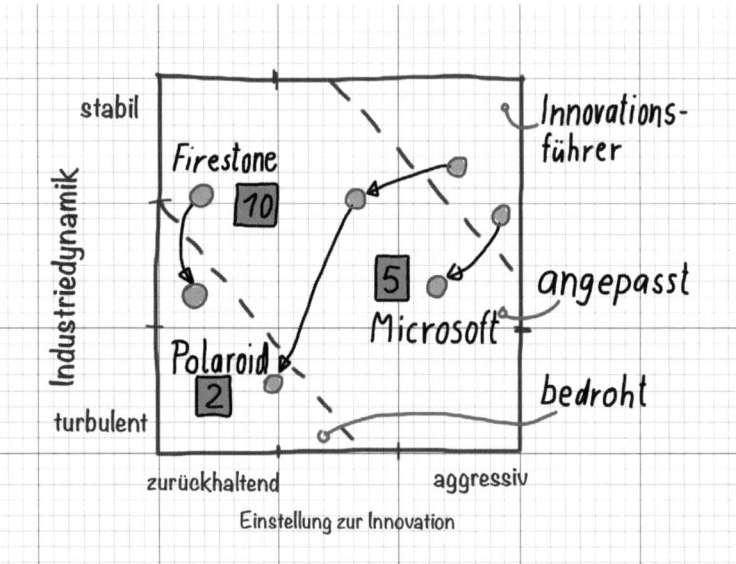

Bild 19 Fallbeispiele mit beobachtbarem Dornröschen-Effekt

tion auf technologische Veränderungen führte zum Ruin – ein klassischer Dornröschen-Effekt. Heute gibt es Polaroid nur noch als Markenname für Digitalkameras. Sofortbildkameras von Polaroid werden meines Wissens nicht mehr hergestellt.

Microsoft

Mit der Entwicklung der Betriebssysteme MS-DOS und Windows und den Anwendungsprogrammen MS-Office wurde Microsoft zum führenden Softwarehersteller der Welt. Erfolg macht träge und verleitet zum Festhalten am Erreichten. In neuen, sich noch entwickelnden Bereichen wie Internet-Suche, Spielekonsolen oder mobilen Applikationen kann Microsoft nicht die führende Stellung wie bei den Betriebssystemen oder den Office-Applikationen wiederholen. Das Unternehmen wird regelmäßig von technischen Neuerungen überrascht.

Firestone

Firestone ist ein Beispiel für das von Christensen, Antony und Roth[234] als „Cramming" bezeichnete Verhalten. Die Einführung des Radialreifens wird zur Bedrohung für Firestone, da das Unternehmen ausschließlich Fertigungskapazitäten für Diagonalreifen zur Verfügung hat und die

Nachfrage nach Radialreifen wegen der besseren Nutzungsdaten schnell steigt.

Das Unternehmen ignorierte zunächst die Neuerung, um dann eine eigene Entwicklung – die die weitere Nutzung der für Diagonalreifen ausgelegten Fertigungsanlagen erlaubte – aufzubauen. Die Neuerung wurde so in das bestehende Fertigungsumfeld gepresst. Der neu entwickelte Reifen, der Gürtelreifen, der sich auch mit den vorhandenen Fertigungsanlagen herstellen ließ, setzte sich trotz anfänglicher Erfolge nicht durch (Bild 19).

Firestone erkannte wohl nie so richtig die Tragweite der neuen Reifengeneration und reagierte so, als wäre es keine neue Reifengeneration, sondern lediglich eine Weiterentwicklung der bekannten Pneus. Hier wären andere Reaktionen notwendig gewesen, die die Firma jedoch in einer sich quasi nie verändernden Marktumgebung verlernt hatte. Als Sanierungsfall wurde die Firma schließlich aufgekauft.

Erkenntnis 8

Organisationen orientieren sich an Bewährtem und versäumen es, Veränderungen in der Umwelt zu antizipieren und sich anzupassen. Den Effekt, dass man Veränderungen im „Demand-Pull" nicht erkennen bzw. nicht (mehr) darauf reagieren kann, bezeichnen wir als *Dornröschen-Effekt*.

4.6 Der Red-Queen-Effekt

Die Struktur einer Organisation ist zwar einerseits bei der Bewältigung von Komplexität hilfreich, andererseits wird sie zunehmend zum Problem: „Dynamisch betrachtet setzen breitflächig durchorganisierte Unternehmen einen negativen Kreislauf in Gang. Statt Entlastung und Effizienz ist es die Struktur selbst, die fortlaufend neue Steuerungsprobleme aufwirft. Es treten jetzt nämlich als Folge der starren Vorsteuerung ständig Probleme auf, die zur Aufrechterhaltung der Leistungsfähigkeit bewältigt werden müssen. Die nachlaufende Korrektursteuerung – so sie denn überhaupt noch möglich ist – gerät zur Daueraufgabe."[235]

In Anlehnung an Lewis Carrolls Buch „Alice hinter den Spiegeln" und dem darin enthaltenen Hinweis der Roten Königin zur neugierigen Alice – **„hierzulande musst du so schnell rennen, wie du kannst, wenn du am gleichen Fleck bleiben willst"**[236] – entwickelte van Valen die Red-Queen-Hypothese.[237] Diese besagt, dass Arten immer leistungsfähiger werden müssen, um ihre aktuelle Stellung in der Umwelt aufrechterhalten zu können. Eine Leistungssteigerung bei der einen Art führt zum „Nachrüsten" der anderen Art (oder zum Ausscheiden, was aber hier nicht betrachtet werden soll). Das führt zu einem Wettrüsten konkurrierender

Organisationen, ohne dass ein direkter Wettbewerbsvorteil zu erkennen wäre.

Die Nähe der Evolutionsbiologie zur Technologieentwicklung und zum Innovationsmanagement ist durchaus bekannt. So ist es auch nicht verwunderlich, dass die Red-Queen-Hypothese bereits vor einigen Jahren in der Innovationsforschung thematisiert wurde.[238]

Die Bewertung der Innovationsfähigkeit ist also nicht nur eine *absolute* Angelegenheit, sondern vor allem immer eine Betrachtung *in Relation* zu anderen Unternehmen. Ausgangspunkt dafür ist die Wettbewerbssituation. **Starke direkte Mitwettbewerber verursachen zwar in der Regel gesteigerte Forschungs- und Entwicklungsbemühungen, diese jedoch mit einer auf die Wettbewerbssituation begrenzte Ausrichtung.** Ein Indiz für diese Entwicklung ist die Reduzierung der Anstrengungen im Bereich der Grundlagenforschung zugunsten der Anwendungsforschung, insbesondere in Großunternehmen.[239] „Pure research is research without specific practical ends. It results in general knowledge and understanding of nature and its laws. [...] By contrast, applied research involves activities in which the objective can often be definitely mapped out beforehand and are of a definitely practical or commercial value."[240] Innovationsziele und damit auch der Bewertungsrahmen für Ideen und Erfindungen werden so frühzeitig (strategisch) vorbestimmt. Davon abweichende Vorschläge

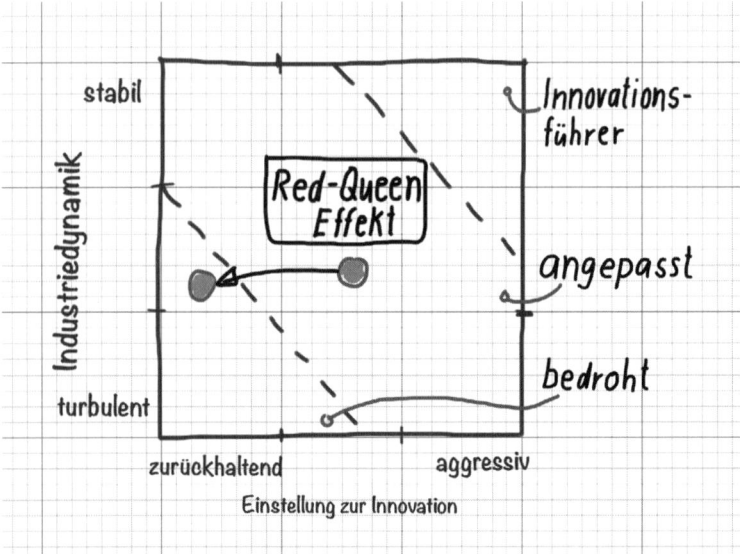

Bild 20 Der Red-Queen-Effekt bewirkt eine Veränderung im Innovationsverhalten

werden schnell verworfen. Die Vielfalt der Ideen und damit die Offenheit im Innovationsmanagement wird auf diese Art und Weise eingeschränkt.

„[Management] tends to believe that anything that lasted for a fair amount of time must be ‚normal' and go on ‚forever'. Anything that contradicts what we have come to consider a law of nature is then rejected as unsound, unhealthy, and obviously abnormal."[241] **Der Red-Queen-Effekt bezeichnet das langsame, aber stetige Absinken der Innovationsfähigkeit bzw. die Verschiebung von Erneuerung hin zu vorbestimmten und sehr gezielten Innovationsaktivitäten, bei relativ konstanter Dynamik der Branche (Bild 20).**

Für Unternehmen ist es verlockend, bei wirtschaftlichem Erfolg die Ausgaben für Forschung und Entwicklung zu begrenzen und durch die Kostenreduzierung die Rendite und damit den (vermeintlichen) Erfolg weiter zu erhöhen. Die bewusste Reduzierung der Innovationsbemühungen wird in der Regel durch unbewusstes Nachlassen der Innovationskraft noch verstärkt.

Betrachten wir dazu die beiden passenden Fallstudien.

Texas Instruments

Texas Instruments ist ein besonderer Fall, da die im Red-Queen-Effekt angenommene schleichende Abnahme der Innovationskapazität durch Formalisierung und Routinisierung und durch die Umorganisation mehr oder weniger bewusst beschleunigt wurde. Die Intelligenz wanderte mit diesen Veränderungen quasi von den Mitarbeitern ins System.

Der Chiphersteller war jedoch in der Lage, die durch die Matrixorganisation verursachte Systematisierung und damit einhergehende nachlassende Innovationskraft zu erkennen und rechtzeitig zu reagieren. So etwas ist nicht selbstverständlich (siehe dazu Luhmanns Selbstreferenz-Theorie[242]). Bei einer gleichbleibenden Marktdynamik verloren die Chiphersteller aus Texas zwar enorm an Innovationspotential (Bild 21), es ist aber davon auszugehen, dass durch die Reorganisation sowohl die Wettbewerbsfähigkeit als auch die Innovationskraft anstieg. Immerhin zählt das Unternehmen heute zu den größten Technologiefirmen der USA.

Siemens Mobile Phones

Das Innovationsverhalten von Siemens Mobile Phones kann maximal als durchschnittlich eingeschätzt werden. Zwar wurden in der Mobilfunksparte von Siemens innovative Konzepte entwickelt, die sich jedoch nie erfolgreich am Markt durchsetzen konnten. So floppte die als Designhandy konzipierte Handyfamilie Xelibri komplett; sie wurde im Mai 2004 nach

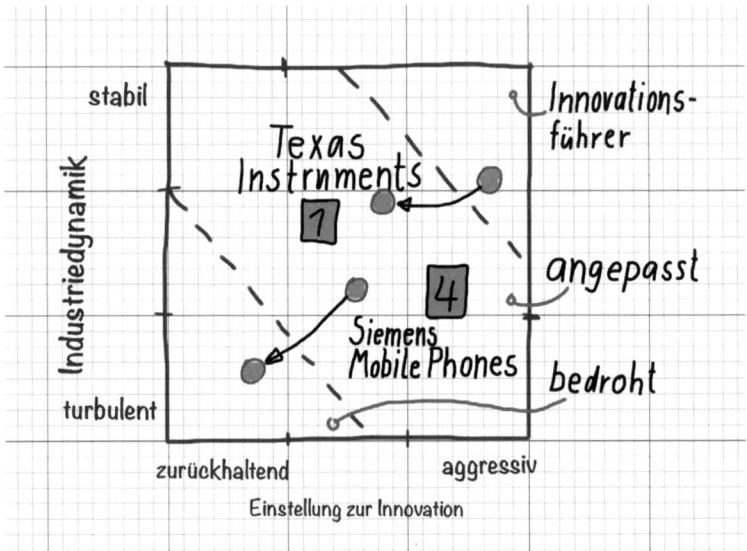

Bild 21 Fallstudien mit beobachtbarem Red-Queen-Effekt

nur fünfzehn Monaten eingestellt. Für den damals neuen Mobilfunkstandard UMTS konnten die Münchner zum Start kein Gerät vorlegen. Damit man dennoch ein Mobiltelefon der neuen Generation anbieten konnte, wurde eine Kooperation mit Motorola vereinbart und das Motorola A830 quasi baugleich als Siemens U10 verkauft.[243]

Priorisiertes Ziel der Siemens-Handysparte war die Steigerung des Marktanteiles. Mit der Annahme, Design spiele eine größere Rolle als technische Innovationen, wurden die Innovationsbemühungen auf ein notwendiges Minimum reduziert. Wichtige Komponenten, wie Software-Plattform, Protokolle und Hardware-Design wurden outgesourct. Später wurden komplette Plattformen von anderen Handyherstellern übernommen; Siemens beschränkte sich auf Anpassungen und das Umlabeln der Marke. „Innovation follows strategy" – der in diesem Marktumfeld entscheidende Wettbewerbsvorteil durch innovative Technik wurde leichtfertig aufgegeben, ein klassischer Red-Queen-Effekt, der zur Position im linken unteren Eck von Bild 21 führte.

Als das Marktumfeld dann an Dynamik zunahm, war der Bereich schlicht überfordert. Pro Tag lief ein Verlust von einer Million Euro auf und Siemens entschloss sich zum Verkauf an BENQ; dort endete der Bereich schließlich mit einer Insolvenz.

4.7 Der Pionier-Effekt

Ohne Pionier-Effekte gäbe es keinen technischen Fortschritt. Das Betreten von Neuland beginnt mit Zweifeln am Bestehenden und gipfelt darin, zu sehen, was alle schon gesehen haben, aber zu denken, was bisher niemand gedacht hat.

Der aktive Umgang mit Unsicherheit führt dann möglicherweise – zum Beispiel in Form von Experimenten – zu Gewissheit. Diese kann – vor allem in Form der frühzeitigen Gewissheit – einen Wettbewerbsvorteil bedeuten. Gelingt es, durch aggressives Innovationsverhalten Neuigkeiten zu generieren und damit auch den Grad der Veränderung in der Umwelt zu erhöhen, kann man von einem Pionier-Effekt ausgehen. Das trifft in der Regel auf radikale Innovationen zu.

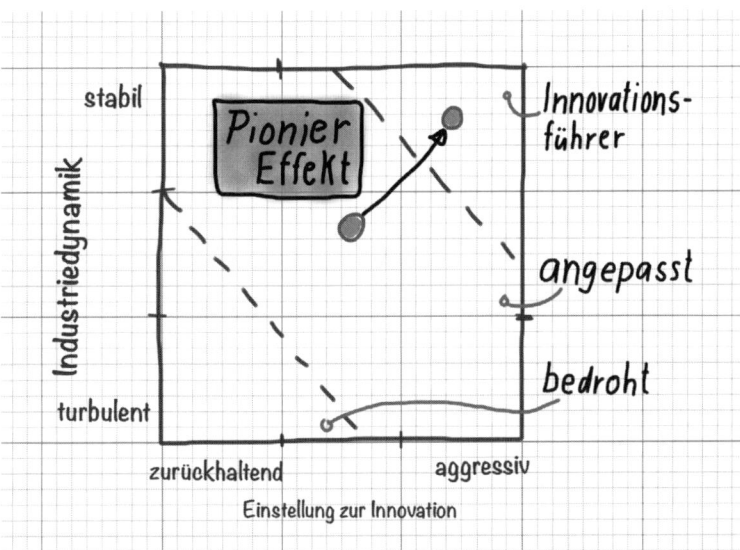

Bild 22 Der Pionier-Effekt: Prägung und Gestaltung durch Innovationsführerschaft

Das charakteristische am Pionier-Effekt ist, dass eine angepasste und eingeschwungene Situation (beispielsweise eine stabile Kunden-Hersteller-Beziehung, die auf einem bekannten und akzeptierten Produkt beruht) durch eine Neuerung bewusst unterbrochen und in Frage gestellt wird. Diesem Störimpuls folgt eine Neuorientierung und Neuausrichtung in der Erwartung auf Erneuerung und Stabilisierung der Situation. Wenn das gelingt, wird man zum Innovationsführer (Bild 22).

George Bernard Shaw stellte in „Man and Superman" bereits 1903 fest, dass zur wahren Erneuerung und zu den Pioniertaten im Sinne des technischen Fortschritts ein gewisser Ungehorsam gehört: „The reasonable man adapts himself to the world; the unreasonable one persists in trying to adapt the world to himself. Therefore all progress depends on the unreasonable man."[244] **Nur durch das Infragestellen von Bekanntem und Bestehendem sind Erneuerungen möglich. Insofern reicht es auch nicht, existierende Kernkompetenzen weiter zu entwickeln. Eine strategische Erneuerung sieht ausdrücklich die Weiterentwicklung vorhandener Kompetenzen und die permanente Herausbildung neuer Kompetenzen vor.**[245]

Um Pionier-Effekte gezielt generieren zu können, bedarf es mehr als der vertrauten Innovationsprozesse. Weitere Fähigkeiten sind notwendig:

- **Die Innovationsbemühungen müssen über die reinen Anstrengungen zur Anpassung an Marktveränderungen und Kundenpräferenzen hinausgehen.**
- **In der Organisation muss zunächst Neues entstehen können. Das bedeutet in der Regel, dass bestehende Prozesse, Routinen und Vorschriften im Sinne einer Erneuerung in Frage gestellt werden müssen und können.**
- **Der Wille und die Bereitschaft zur Erneuerung müssen in der gesamten Organisation vorhanden sein, ebenso wie die Bereitschaft, Experimente mit bestimmten Risiken durchzuführen.**

Pionier-Effekt 1. Ordnung

Doch selbst in Organisationen, die nicht durch besondere Innovationsfreude auffallen, ist nicht auszuschließen, dass mit Innovationen Pionier-Effekte generiert werden. In diesem Fall entsteht der Effekt *trotz* der ungünstigen Rahmenbedingungen und ist eher auf glückliche Umstände zurückzuführen.

Pionier-Effekt 2. Ordnung

Gelingt es einem Unternehmen wiederholt, Pionier-Effekte auszulösen, so muss man davon ausgehen, dass dies nicht unter glücklichen Umständen, sondern bewusst geschieht. Diese Reproduzierbarkeit lässt auf günstige Rahmenbedingungen schließen – der Pionier-Effekt entsteht also *wegen* der günstigen Bedingungen in der Organisation. Ein Unternehmen, welches bekannt dafür ist, permanent Pionier-Effekte zu generieren, ist Google.

Betrachten wir nun Beispiele von Unternehmen, die bereits über einen längeren Zeitraum Pionier-Effekte generieren und bei denen wahrscheinlich solche günstigen Rahmenbedingungen vorliegen.

Semco

Im Vergleich zu den anderen in den Fallstudien betrachteten Unternehmen ist Semco eher unbekannt. Semco produziert Ölzentrifugen zur Verarbeitung ölhaltiger Früchte; eine genauere Beschreibung findet sich in Abschnitt 8.3.

Ähnlich wie bei PARC Xerox (Abschnitt 8.7) ist bei Semco die absolute Freiheit der Mitarbeiter bezüglich der Innovationsaktivitäten der Treiber für die außerordentliche Innovationskraft der Firma. Durch die starke Einbindung der Mitarbeiter in Entscheidungen und die Gestaltung der Organisation und der Projekte ist jedoch – im Gegensatz zu PARC Xerox – die Umsetzung der Innovationsprojekte in der Organisation gegeben. Die geringe Formalisierung des Unternehmens Semco garantiert eine hohe Flexibilität und Anpassungsfähigkeit an Veränderungen im Industrieumfeld.

Google

Das Street-View-Projekt der Firma Google ist ein hervorragendes Beispiel für die Vorgehensweise des Unternehmens: Das Projekt ist oder war neu, so neu, dass sich mit der gültigen deutschen Gesetzeslage kaum klären lässt, ob damit die Privatsphäre Betroffener eingeschränkt wird oder eben nicht. Die Firma filmte flächendeckend Straßenzüge und seit 2010 sind diese Aufnahmen im Internet abrufbar.

Hintergrund dieses Projektes ist die Idee der verbesserten örtlichen Orientierung der Anwender. Kritiker sehen in der frei zugänglichen Darstellung von Fassaden jedoch einen Datenmissbrauch. Die Frage, ob das Misstrauen berechtigt ist oder nicht, soll an dieser Stelle nicht weiter vertieft werden. Fakt ist jedenfalls, dass das Projekt ausgezeichnet zur Tendenz der Menschen passt, immer mehr Informationen über sich und andere im Internet preiszugeben.

Die Firma generiert nicht nur permanent Pionier-Effekte, man kann sie ohne weiteres auch in ihrem Verhalten als Pionier bezeichnen. Die Position in Bild 23 macht dies deutlich. In einem dynamischen Umfeld

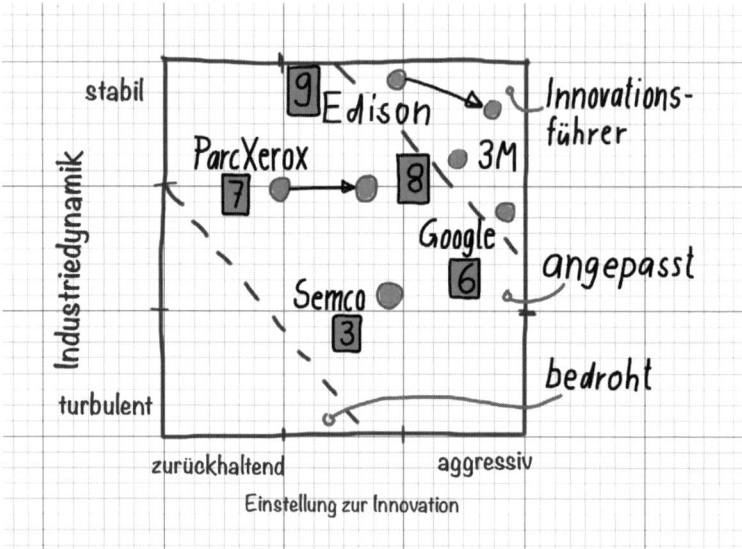

Bild 23 Unternehmen mit beobachtbarem Pionier-Effekt

gelingt es der Internetfirma bisher, ihre Innovationskraft beizubehalten, auch wenn sie inzwischen über zehn Jahre alt ist und mehr als 20.000 Mitarbeiter hat.

PARC Xerox

Die Möglichkeiten, sich frei entfalten zu können und Kreativität, Wissen und Pioniergeist zu kombinieren, sind sicher entscheidende Gründe für die zahlreichen Entdeckungen und Erfindungen, die bei PARC Xerox entstanden.

Nur die fehlende geistige und organisationale Anschlussfähigkeit innerhalb der Organisation verhinderte, dass Xerox ein Computer-Pionier wurde. Das Institut zeigte mehrere Pionier-Effekte, aber die Firma Xerox konnte damit so richtig nichts anfangen. Damit ist es ein Sonderfall und zeigt, welche Bedeutung die Umsetzung innerhalb der Organisation hat.

3M

3M operiert in einem eher stabilen Marktumfeld und schafft es trotzdem, die Innovationsaktivitäten permanent hoch zu halten. Ähnlich wie bei Google haben Entwickler ein Zeitkontingent zur freien Verfügung, basierend auf der Hoffnung auf dadurch ermöglichte Pionier-Effekte. Die

Einstellung der Firma zu Innovationen formuliert Mitchell so: „Find the inventors and don't get in their way."[246]

Edison/GE

Inspiration, Neugierde und der permanente Austausch mit seinen Mitstreitern können als die Hauptgründe für Edisons Pioniertätigkeit angeführt werden. Aus einem stabilen Umfeld heraus schaffte es der Erfinder, mit technischen Neuerungen neue Industrien und Märkte (zum Beispiel die Elektrifizierung) zu schaffen und damit einen breiten Wettlauf mit vielen Akteuren zu beginnen. Durch seine Erfindertätigkeit beschleunigte Edison den technischen Fortschritt. Aus diesem Grund liegt die Endposition in Bild 23 weiter unten als die Ausgangsposition.

> **Erkenntnis 10**
>
> Immer wieder Neuland zu betreten ist eine besondere Fähigkeit, die nicht alle Organisationen besitzen. Man muss Unsicherheit aushalten können und auch trotz vieler Widerstände eine Idee vorantreiben. Das nennen wir *Pionier-Effekt*.

4.8 Diskussion der Fallstudien und Effekte

Unternehmen werden von Individuen „gelebt". Zwar ähneln sich Firmen immer mehr, aber eben genau die Menschen machen den Unterschied.[247] Insofern können die Fallbeispiele keinen Schritt in Richtung Verallgemeinerung darstellen. Sie erlauben es ebenso nicht, Gesetzmäßigkeiten nach dem Muster „Wenn *die* konkrete Situation in *dem* Kontext vorliegt, dann tritt *immer* genau *das* entsprechende Ereignis ein" abzuleiten.

Eine Reihe von Indizien ermöglicht jedoch die Formulierung von Thesen und Empfehlungen. Anhand der drei vorgestellten Effekte kann die Entwicklung in den betrachteten Fällen nachvollzogen werden. Doch sind die beschriebenen Effekte als idealtypisch zu betrachten. Abweichungen, Überlappungen und Verschiebungen sind also normal und keinesfalls die Ausnahme.

Im Vergleich der Fallstudien (Tabelle 14) fällt die unterschiedliche Einstellung der Unternehmen zum Thema Unsicherheit auf. Während die Unternehmen der Gruppe „Pionier-Effekt" gezielt Unsicherheit zulassen und so Innovationen begünstigen, zeichnen sich die anderen Gruppen dadurch aus, dass sie sich darauf konzentrieren, Unsicherheiten in der Organisation („Red-Queen-Effekt") sowie Unsicherheiten aus der Unternehmensumwelt („Dornröschen-Effekt") zu begrenzen bzw. ganz auszuschalten.

Tabelle 14 Zuordnung der Fallstudien zu den Effekten
(die mit * gekennzeichneten Unternehmen existieren entweder nicht mehr oder in einer anderen Form, wie zum Beispiel Polaroid)

Beobachteter Effekt	Fallstudie	Charakteristik
Red-Queen-Effekt	1 Texas Instruments 4 Siemens Mobile Phones*	Aufbau von Verwaltungsstrukturen, Schwerpunkt auf Verbesserungen bestehender Produkte
Dornröschen-Effekt	2 Polaroid* 5 Microsoft 10 Firestone*	Vereinzelte Innovationen, ohne weitere Erneuerungsbemühungen, interne Entwicklung kann mit der externen nicht Schritt halten
Pionier-Effekt	3 Semco 6 Google 7 PARC Xerox 8 3M 9 Edison/GE	Permanentes Entstehen von Innovationsimpulsen durch verschiedene Mechanismen: Individuelle Entfaltungsmöglichkeit (3M) Kombination verschiedener Quellen (Edison/GE) Freiheit und Kreativität (Google/Semco)

Auch ohne empirische Relevanz dieser Beispiele lässt sich daraus ganz deutlich schließen:

Erkenntnis 11

Innovationen und damit die Innovationsfähigkeit von Unternehmen sind kein Selbstläufer. Jede Generation muss sich neu auf veränderte Bedingungen und Situationen im Markt einstellen, in der Branche und in der Gesellschaft. Innovationen sind anstrengend und kompliziert. Dennoch gibt es keine Auswahloption zur Frage „innovieren oder nicht innovieren".

Außerdem lässt sich für die weiteren Ausführungen präzisieren:

Hypothese 9

Gelingt es, Unternehmen früh genug zu beeinflussen, etwa im Bereich der Routinisierung und Habituation – zum Beispiel durch Irritationen –, dann ist eine positive Wirkung auf das Anpassungs- und Innovationsverhalten der Organisationen zu erwarten: Red-Queen- und Dornröschen-Effekt können vermieden, der Pionier-Effekt kann begünstigt werden.

5 Diagnose: Der Trend geht zum Bohren immer dünnerer Bretter

Aus hundert Jahren dokumentierter Erfolge und Misserfolge sollte man annehmen können, dass Unternehmensorganisationen alles Erdenkliche daran setzen, um Pionier-Effekte zu erzwingen und Dornröschen- und Red-Queen-Effekte zu vermeiden.

Veränderungen kann man als Chance oder aber als Bedrohung wahrnehmen. Es ist eine Frage der Einstellung. Agile Unternehmen erkennen in veränderten Marktbedingungen frühzeitig Gelegenheiten für Wachstum und Erneuerung. Für schwerfällige Organisationen hingegen bedeuten schon kleinere Änderungen der Rahmenbedingungen erhebliche Hürden. Innovative Unternehmen wiederum treiben die Veränderung aktiv voran. Daneels unterstreicht, „that ‚really new' products are crucial to firm survival in the current fast-changing business environment." [248]

Nun ist es nicht so, dass es nicht bekannt ist, dass Innovationen die Grundlage für eine erfolgreiche Zukunft vom Unternehmen sind. Die Schwierigkeit liegt – wie so oft – nicht im Wissen, sondern im Tun. „Wissen ist wenig, Können ist König", wusste angeblich schon Goethe. Warum tun sich Unternehmen so schwer mit Innovationen, wo doch die Bedeutung zweifelsfrei bekannt ist?

Auf dem Weg von der Idee bis zur erfolgreichen Innovation ergeben sich eine Reihe von Unsicherheiten, Risiken, Entscheidungs- und Steuerungsmöglichkeiten. **Zum einen ist Unsicherheit und Unbestimmtheit nicht gewollt für die effiziente Umsetzung und Einführung von Innovationen. Zum anderen sind Zweifel und Ungewissheit die Grundlage jeder Erneuerung.** Gibt es keine Fragen und keine Neugier, gibt es auch keine Weiterentwicklung. Die Frage ist, wie Unternehmen mit dieser ambivalenten Situation umgehen. Sowohl die betriebswirtschaftliche Forschung, als auch die psychologische Forschung betrachtet Unsicherheit und Risiko als Zustände, die es zu vermeiden gilt. Der bewusste und gezielte Umgang mit einem Thema wird in der Managementliteratur in der Regel unter dem Begriff Management zusammengeführt (zum Beispiel: Projektmanagement, Innovationsmanagement, Kostenmanagement, F&E-Management, Informationsmanagement, Wissensmanagement). Es verwundert wenig, dass es inzwischen sogar Ansätze gibt, das Unbekannte zu managen. „Managing the Unknown" ist der Titel einer Veröffentlichung aus dem Technologiemanagement.[249] Bis zu welchem Grad ist jedoch der Eingriff des Managements überhaupt sinnvoll und notwendig?

Ging es im vorangegangenen Kapitel um das Innovationsverhalten in Bezug zur Industrie und der Dynamik im Unternehmensumfeld steht in diesem Kapitel die Organisation im Mittelpunkt der Betrachtung. Ungewissheit, Risiko und Unsicherheit sind ungeliebte Kandidaten: Auf der einen Seite ist da deren Unvermeidbarkeit, da das Neue – im Sinne des Betretens von Neuland (terra incognita) – immer eng mit einer Ungewissheit verknüpft ist, und auf der anderen Seite ist da der Wunsch von Unternehmen nach Planbarkeit und Kalkulierbarkeit. Wie gehen Unternehmen mit der Unsicherheit um? Kann man als Organisation Unklarheiten bezüglich Innovationen aushalten? Oder siegt die Planungshoheit über das Unbekannte und die Ungewissheit?

Hypothese 10

Unternehmen stehen vor einem Dilemma: Um einerseits innovative – also tatächlich neuartige – Gedanken, Ideen und Konzepte verwirklichen zu können, muss man als Organisation fähig sein, mit Unsicherheiten und Unbekanntem umzugehen. Das bedeutet zum Beispiel, dass ein ungewisser Ausgang von Innovationsprojekten von allen Beteiligten akzeptiert wird und vor allem in den internen Abläufen überhaupt darstellbar ist. Andererseits verlangt Planbarkeit die Vermeidung von Chaos und den Ausschluss jeglicher Unsicherheitsfaktoren.

Es ist zu erwarten, dass in diesem Entweder-oder-Wechselspiel zwischen Ungewissheit und Planbarkeit die Mehrzahl der Entscheidungen zugunsten der Stabilität und gegen das Neue gefällt wird.

5.1 Alles beginnt mit einer Idee

95 Prozent aller Ideen entstehen irgendwann und irgendwo in der Organisation, und nur 5 Prozent entstehen in sogenannten Ideengenerierungsphasen: „... good ideas rarely come on schedule."[250] Das liegt in der Natur der Sache begründet und beruhigt auch irgendwie (sonst gäbe es viel mehr dieser Ideengenerierungs-Workshops). Angeblich denken wir Menschen so um die 50.000 Gedanken pro Tag, ob wir wollen oder nicht, und ausgerechnet die Dusche soll der Hort der Geistesblitze sein. Die Einzigen, die richtig nervt, dass die guten Ideen nicht im Büro und optimalerweise während der Ideengenerierung kommen, sind die Prozess- und Systematik-Fanatiker. „Wie soll man von diesem Chaos und dem Gedankenwildwuchs zu einem sauberen Prozess kommen?", höre ich sie klagen. Man könnte natürlich die Prozesse an die natürliche Entstehung der Ideen anpassen. Wie wir jedoch schon gelernt haben (Hypothese 4, S. 66), sind es in der Regel die Verwalter, welche „zuständig"[251] sind für die Organisation, den

Prozess und die Planung der Ideen und Innovationen, und die dabei die gute Verwaltbarkeit und Prozessfähigkeit im Blick haben. Nur ein verwaltungstechnischer Trick kann hier weiterhelfen: Dem viel zu heterogenen Ideen-Wirr-Warr wird mit einer Vereinfachung im Prozess entgegengetreten. Der Prozess beginnt schlicht erst mit „der Idee"; sie liegt schon in einem prozesstauglichen Format (als Fischstäbchen) vor. Was davor passiert, bleibt nebulös, es wird entweder als Magie ausgeblendet oder als Prozessschritt „Ideengenerierung" geführt (Bild 8, S. 59). Gehen wir also davon aus, uns liegen einige Ideen – wie auch immer geartet – vor.

Proposition 22

Eine *Idee* ist ein Gedankenkonstrukt, welches in der Regel einer Handlung vorausgeht. Sie ist somit der Ursprung jeder Veränderung und Erneuerung.

Jede dieser Ideen kann man in zwei Komponenten unterteilen, den visionären Teil und den bekannten Teil. Je größer der visionäre Teil ist, desto

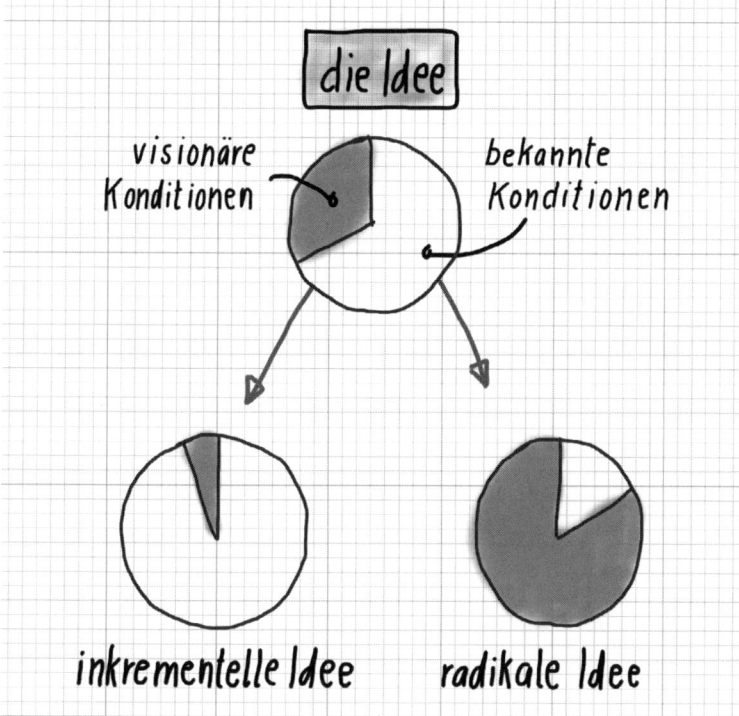

Bild 24 Je visionärer eine Idee ist, desto schwerer ist sie vermittelbar

eher spricht man von einer radikalen Idee. Anders formuliert: Ist der Anteil des Bekannten sehr hoch, dann geht es wohl um etwas eher Banales (wobei zu beachten ist, dass grundsätzlich jede, auch noch so visionäre Idee auf irgendetwas Bekanntem aufsetzt; schließlich braucht das Gehirn von irgendwoher einen Impuls).

Nun ist es so, dass es immer schwieriger wird, andere für eine Idee zu gewinnen, je höher der visionäre Anteil ist (Bild 24). **Es gilt das simple Prinzip: je abstrakter, desto schwerer vermittelbar.**

5.2 Die Idee auf dem Weg durch die Organisation

Die wohl anspruchsvollste Aufgabe im Rahmen des Innovationsmanagements ist die Auswahl und Bewertung von Ideen für die weitere Bearbeitung in Innovationsprojekten. Wenn man sich die Frage stellt „Was ist eine gute Idee?", muss man sofort ergänzen: „Gut – für wen?" Für die Menschheit? Für das Unternehmen? Für den Bereich oder nur für persönliche Interessen?

Meiner Erfahrung nach denken die betrauten Akteure in der Regel nicht über „ihre" Bereichsgrenzen hinaus. Nach dem Motto „Kleingeist macht auch Mist" wird *mein* Budget ausschließlich zur Verfolgung *meiner* Ziele eingesetzt. Das ist auch die Maxime bei der Auswahl der Ideen: **Welche Idee nützt der Verfolgung meiner Strategie am meisten? Genau diese Idee ist gut!** So findet es kaum jemand merkwürdig, dass große Organisationen sich den Blick in die Zukunft durch die Einschränkung auf strategische Ziele planmäßig verbauen.

Wer befindet über Ideen, die durch die begrenzte Abteilungssicht ausgeschlossen werden? Wahrscheinlich niemand. Und so ist zu vermuten, dass in den Unternehmen große Potentiale guter Ideen schlummern.

Seitenblick: Mario Capecchi

Mario Capecchi ist ein aus Italien emigrierter Molekularbiologe. Er promovierte 1967 in Biophysik an der Harvard-Universität unter der Betreuung von James D. Watson (Nobelpreisträger 1962, Entdecker der Doppelhelix-Struktur). 1971 wurde er Professor, ging jedoch 1973 an die Universität von Utah, da er die Forschung in Harvard als zu ergebnisorientiert einschätzte. Er wollte mehr Zeit zum Grübeln. Interessant wird es 1980, als sich Capecchi für eine Finanzierung durch das National Institute of Health (NIH) bewirbt. Es geht um viel Geld und er reicht drei Projektbeschreibungen ein. Zwei davon sind typische Projektanträge, die sehr präzise das Vorgehen, die Forschungsmethode und die zu erwarteten Ergebnisse beschreiben. Das dritte ist hochspekulativ. Das NIH-Komitee bewilligt die Gelder unter der Auflage, sich auf die ersten beiden Projekte zu konzentrieren und das dritte zu vergessen. Was tat Capecchi? Er fokussierte sich auf das dritte – spekulative – Projekt und bekam für die Forschungsergebnisse 2007 den Nobelpreis für Medizin. Er hatte die sogenannte Knock-out-Maus entdeckt, bei der durch Genmanipulation gezielt eins oder mehrere Gene ausgeschaltet werden, was die Möglichkeit bietet, Genmechanismen zu untersuchen. Das NIH räumte später immerhin ein, dass es gut war, dass er nicht den Ratschlägen der Kommission folgte.

Das Phänomen der möglichst rationalen Entscheidung ist weit verbreitet. Aber unsere Welt ist nicht so aufgebaut, dass man immer klar entscheiden kann, was richtig und was falsch ist. Oftmals sind es gerade die vernachlässigten Grauzonen, Widersprüche und Randerscheinungen, die betrachtet werden müssen. Unklarheiten, Unsicherheiten und Unwissen sind zwingend notwendig, um Neues zu entdecken und zu erkennen.

Hypothese 11
Unzufriedenheit ist Motor und Quelle für Innovationen und die damit verbundene Unsicherheit ist eine wichtige Voraussetzung für innovative Tätigkeiten. Wäre alles eindeutig, gäbe es keinen Anreiz für Forschung und auch keine Neuerung. Eindeutigkeit ist demzufolge ungünstig für Innovationen.

Seitenblick: Howard Hughes

Es gibt auch andere Möglichkeiten der Auswahl: Ein exzentrischer Milliardär – Howard Hughes – stiftet große Beiträge für medizinische Forschungen. Ausdrücklich sind Bewerbungen erwünscht, die riskante Ansätze und Vorhaben untersuchen wollen, die unsichere Wege gehen, die sich mit Nichtwissen befassen. Im Unterschied zum NIH-Ansatz ist die Unterstützung für einen längeren Zeitraum vorgesehen, ohne dass unmittelbar Ergebnisse eingefordert werden. Bis zu zehn Jahre Forschung sind möglich.

Beide Ansätze der Auswahl sind möglich, wobei Ökonomen die beiden Auswahlverfahren verglichen haben und feststellten, dass letzteres Verfahren viel originellere Forschungsergebnisse hervorbrachte, die Ergebnisse wurden mehr als doppelt so oft zitiert, gewannen mehr Preise und Auszeichnungen und etablierten neue Fachbegriffe.[252] Während NIH versuchte, möglichst Fehler zu vermeiden, nahm der Milliardär Fehler in Kauf – als Begleiterscheinung auf dem Weg zu Neuem.

In den meisten Organisationen werden Innovationen wohl – sehr systematisch – nach dem NIH-Ansatz ausgewählt.

5.2.1 Wenn Kleingeister über große Ideen entscheiden

Gäbe es keine Unklarheiten und Unbestimmtheiten im Geschäftsalltag, bräuchte es keine Manager. Die Kernkompetenz eines Managers ist das Entscheiden. Gute Manager zeichnen sich dadurch aus, dass sie in extrem unübersichtlichen Situationen Entscheidungen treffen können.

Wie in Bild 25 dargestellt, ist es beim traditionellen Innovationsmanagement so, dass das Management über die Auswahl der Ideen entscheidet. Je größer das Potential einer Idee ist und je mehr Ressourcen für die Umsetzung gebraucht werden, desto weiter „oben" wird darüber entschieden. Jeder auf dem Weg nach oben kann die Idee ablehnen. Dadurch wird klar, dass es eher unwahrscheinlich ist, dass sich radikale Ideen in großen Organisationen durchsetzen können.[254]

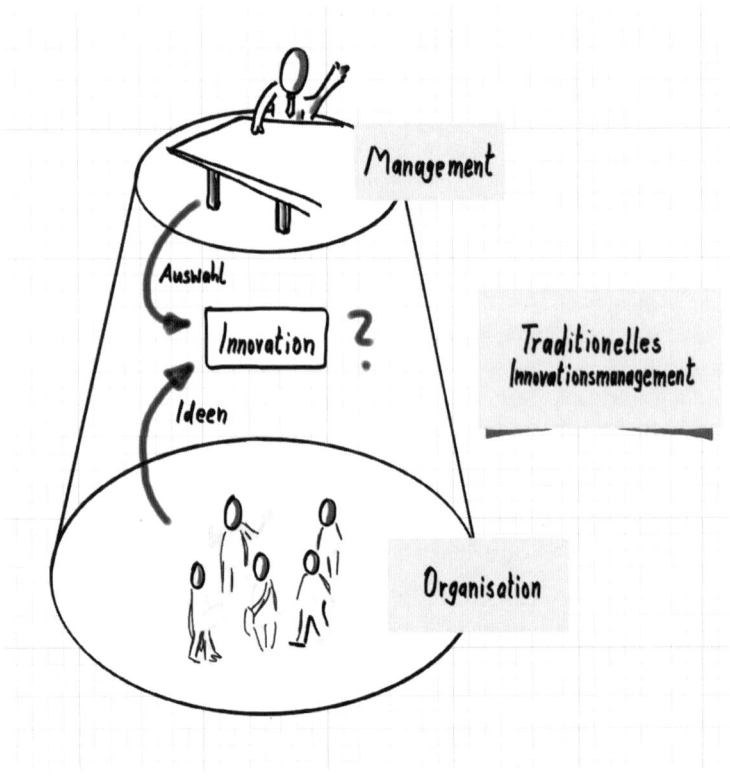

Bild 25 Das Innovationsmanagement in einer Organisationshierarchie[253]

Die Illusion des Kamin-Effektes

Eine recht weit verbreitete Unart in Organisationen ist das Festhalten am Kamin-Effekt. Damit wird die Annahme bezeichnet, dass Ideen irgendwo in den Tiefen der Organisation geboren werden, auf dem Weg zur Realisierung dem Management vorgestellt werden und das Management quasi überzeugt werden muss. Dieses Muster ist so fest in die Unternehmen eingebrannt, das es dazu inzwischen sogar Trainings und Informationen für Ingenieure gibt. Kürzlich, bei einer Innovationskonferenz in Quebec, wurde genau zu dem Thema ein Workshop angeboten: „Wie kann man Ideen dem Management so vortragen, dass sich die Chancen zur Realisierung erhöhen?" Es richtete sich insbesondere an Entwickler und Ingenieure.

Nun ist prinzipiell nichts dagegen einzuwenden, dass Ideen so überzeugend vorgetragen werden, dass man Vorteile erkennen und sich eine Meinung bilden kann. **Was aber überhaupt nicht geht, ist das Einbahnstraßenprinzip: Auf der einen Seite die Manager, die immer wenig Zeit haben und sich um alles kümmern, nur nicht um Innovationen. Auf der anderen Seite stehen die Ideengeber, die um Aufmerksamkeit buhlen müssen, damit ihre Ideen eine Chance bekommen. Warum? Warum sind Ideen eine Bringschuld der Mitarbeiter ans Management? Und warum sind Manager in der Regel von der Holschuld befreit? Statt viel über die Innovationskultur zu philosophieren und die schlechte Innovationstätigkeit zu beklagen, sollten Manager ihre wohltemperierten Büros verlassen und außerhalb dieser Komfortzone nach Innovationspotentialen suchen.** Aus der Psychologie kennen wir das Modell der Transaktionsanalyse.[255] Das entsprechende Strukturmodell unterscheidet verschiedene Ich-Zustände der Beteiligten: das Eltern-Ich (Weisungsberechtigung), das Erwachsenen-Ich (konstruktiver Dialog) und das Kind-Ich (Abhängigkeit). Manager nehmen gerne das Eltern-Ich an und weisen Ideengebern fast selbstverständlich das Kind-Ich zu. Das ist fatal! Für das Innovationsverhalten wäre es wesentlich günstiger, wenn sich beide auf das Eltern-Ich einigen könnten. Damit würde sich das Verständnis der Organisation hinsichtlich Erneuerung und Innovation grundsätzlich ändern.

Aber so ist es ein Unding! Untersucht man die Innovationsfähigkeit von Unternehmen, kann man häufig beobachten, dass sich das Innovationsverhalten von Managern auf ein Minimum reduziert und im Wesentlichen darin besteht, Ideen zu beurteilen – meistens in kürzester Zeit. Weisungsbefugnisse resultieren in der Regel aus dem Bereich der Wertschöpfung und werden fälschlicherweise auf die Wissensschöpfung übertragen. Eigentlich wäre eine Beurteilungskompetenz gefragt, welche die Kenntnis des zu beurteilenden Objekts voraussetzt.

So können Innovationen nicht funktionieren! Erstens: das Interesse an Innovationen sollte in der gesamten Organisation auf einem ähnlichen Level ausgeprägt sein. **Auch Manager dürfen innovativ sein!** Warum sieht man so selten Manager auf dem Weg durch Firmen auf der Suche nach Ideen? Oder beim Nachfragen, weil sie eine Idee nicht richtig verstanden haben? Zweitens: Viele wundern sich, dass ihre Firma so wenig innovativ ist, doch wäre es ein einfacher, aber wichtiger Schritt, dass sich Manager von ihrer reinen Bewertungsmentalität befreien – mit der sie festlegen, was innovativ ist, ohne jedoch die rechte Ahnung bzw. den Überblick zu haben. Entscheidungen im Innovationsmanagement sind hochgradig komplex und unterscheiden sich erheblich von anderen Entscheidungssituationen im Management. Viel zu viele Innovationen werden einfach verhindert, weil formale Machtmechanismen die Entscheidungskompetenzen ersetzen sollen.

5.2.2 Entscheidungen im Innovationsmanagement

Man kann zwischen allgemein auf das Innovationsmanagement bezogenen (portfoliobezogenen) und projektbezogenen Entscheidungen differenzieren. Im ersten Fall betrachtet man mehrere Innovationsprojekte in einem Portfolio und konzentriert sich eher auf die Organisation und die Rahmenbedingungen, die Kultur und das Klima für die Entstehung von Innovationen. Im zweiten Fall bezieht man sich auf *ein* Innovationsprojekt und entscheidet konkret zu diesem Innovationsprojekt – in der Regel, ob und wie das Projekt weitergeführt wird.

Entscheidungen im Innovationsmanagement beziehen sich in der Regel auf die Bewertung von Innovationsvorschlägen und erfolgen insofern immer bei unvollständigen Informationen, völlig egal ob es sich um ein Portfolio oder ein konkretes Projekt handelt. Betrachten wir nun einige relevante Bewertungsmöglichkeiten und -verfahren.

Projektbezogene Bewertung

Specht, Beckmann & Amelingmeyer (2002) sowie Gerpott (2005) unterscheiden zwischen qualitativen Bewertungsverfahren, quantitativen Bewertungsverfahren und semi(quantitativen) Bewertungsverfahren:

- *Qualitative Bewertungsverfahren*
  Ganzheitliche Projekteinschätzung, Verwendung von Checklisten sowie Stärken-Schwächen-Profilen

- *Quantitative Bewertungsverfahren*
  Ermittlung eines vergleichbaren Index, Kosten-Nutzen-Analyse, statische oder dynamische Investitionsrechnungen

- *Semi(quantitative) Bewertungsverfahren*
  Scoring und Portfolioanalysen, Ermittlung mehrerer Parameter und Abbildung in einer vergleichenden Darstellung, zum Beispiel Portfolio oder Matrix

Zur Bewertung von Innovationsvorschlägen sind prinzipiell drei Ausgangssituationen – abhängig von der Verfügbarkeit von Ressourcen und Ideen – denkbar (Tabelle 15).

Tabelle 15 Bewertung von Ideen bzw. Innovationsvorschlägen

Fall	Situation	Anwendungsfall	Typisches Auswahlverfahren
1	*Mehrere Ideen bzw. Projektvorschläge stehen im Wettbewerb um Investitions-Budget.*	Einzelbeurteilung und Vergleich der Vorschläge	Quantitative Beurteilung
2	*Ein Vorschlag sucht Unterstützung.*	Keine Wettbewerbssituation, genaue Prüfung	Subjektive, nicht nachvollziehbare Entscheidung ist zu erwarten (qualitative Bewertung?)
3	*Budget sucht Idee(n).*	„Hockey-Stick"-Phänomen, Budget ist „übrig" und sucht sinnvolle Investition, schnelle Entscheidung ist notwendig	Semi(quantitative) oder qualitative Bewertung

In der Regel ist die Bewertung ein Schritt zur Selektion von Kandidaten für weitere Investitionen aus einer Reihe von Vorschlägen. Auf diesen Standardfall beziehen sich die meisten aus der Literatur bekannten Methoden.[256] Nachfolgend werden einige – häufig als relevant dargestellte – Methoden diskutiert.

Quantitative Verfahren basieren in der Regel auf finanzwirtschaftlichen Berechnungen. Die Ein- und Auszahlungsbeträge werden prognostiziert und in Kennzahlen ausgedrückt. Im einfachsten Fall wird der Projektnutzen den Projektkosten gegenübergestellt.[257] Anspruchsvollere Verfahren operieren mit diskontierten Kapitalkosten, beispielsweise die Net-Present-Value-Methode (NPV) oder die Discounted-Cashflow-Methode (DCF). Basierend auf der Annahme einer Einschätzung zukünftiger Entwicklungen wird hier der Gewinn rückwirkend abgezinst. Auf diese Weise lassen sich Investitionen vergleichen. Da die Annahmen über die weitere Entwicklung jedoch reine Schätzungen sind, kann das Ergebnis nur von begrenztem Wert sein.

Heftige Kritik an den quantitativen Bewertungsansätze kommt von Christensen et al.: „Most executives compare the cash flows from innovation against the default scenario of doing nothing, assuming – incorrectly – that the present health of the company will persist in definitely if the investment is not made. **For a better assessment of the innovation's value, the comparison should be between its projected discounted cash flow and the more likely scenario of a decline in performance in the absence of innovation investment.**"[258] **Das bedeutet, nichts zu tun ist im Vergleich zu riskanten Innovationsvorhaben nicht die bessere Option, sondern sollte als Zukunftshypothek diskontiert werden.**

Eine weitere Methode (ebenfalls bezogen auf den ersten Fall) schlägt Hamilton vor.[259] Weil sich die zuvor vorgestellten quantitativen Ansätze im Wesentlichen mit den Risiken befassen, betrachtet er Ideen und Vorschläge als Optionen, in Analogie zu den Optionsgeschäften in der Finanzindustrie. Natürlich liegen auch hier nur unvollständige Informationen vor, aber zumindest bietet die Methode den Vorteil der dynamischen Betrachtung durch die Modellierungsfunktion. Der Nachteil liegt vor allem in der Komplexität der Anwendung; eine weite Verbreitung ist nicht bekannt.

Portfoliobezogene Bewertung

Aus Unternehmenssicht ist neben den einzelnen Innovationsprojekten vor allem das Innovationsportfolio (alle Innovationsprojekte sind darin enthalten) von Bedeutung, da dieses erlaubt, das Risiko über eine Reihe von Projekten zu streuen. Aussagen zur Erfolgswahrscheinlichkeit sind aber auch hier erst ab einer bestimmten Anzahl nichtkorrelierter Versuche sinnvoll[260] – ein Portfolio mit einer geringen Anzahl von Innovationsprojekten bringt also statistisch gesehen kaum einen Nutzen in der Bewertung des Erfolges.

Die zeitliche Dimension in der Bewertung

Sobald man akzeptiert, dass sich die Welt permanent – mit wechselnden Geschwindigkeiten – verändert, folgt schlüssig, dass auch der Erkenntnisfortschritt stetig eintritt. Eine Bewertung von Innovationsvorhaben, die ja in der Regel zukunftsoffen und zukunftsgerichtet sind, kann nicht mehr als eine temporäre Aussage sein, die im optimalen Fall alle derzeit vorhandenen Informationen – aber eben keine zukünftigen Informationen – kumuliert. Die geschätzte Attraktivität kann sich insofern schnell ändern.

„ ... further innovations, which are known to be technically feasible but economically unattractive at present, might move into the realm of economic feasibility."[261]

Wünschenswert wäre also ein extrem kurz getakteter Bewertungszyklus (real time), der alle vorliegenden Innovationsvorschläge mit dem aktuellen Erkenntnisstand abgleicht. Selbst in prozessverliebten Darstellungen geht man aber von einmaligen Bewertungen aus und vernachlässigt die Dynamik des technischen Fortschritts.[262]

Die Bewertungsmöglichkeiten führen zum Bohren dünner Bretter

Die Innovationsforschung ist sich darüber einig, dass die Bewertung von Ideen und die Auswahl von Innovationsprojekten relativ komplex ist und es kein ideales und optimales Bewertungsinstrument gibt. Innovationen gelten als Neuerungen und die insbesondere für die Investitionsrechnungsverfahren notwendigen Informationen stehen in der Regel nicht zur Verfügung und können nur geschätzt werden. Rein rational begründbare – systematisch erhobene – Entscheidungen und Bewertungen sind insofern ausgeschlossen.[263] Gelbmann und Vorbach halten sie für ungeeignet zur Bewertung von Innovationsprojekten und argumentieren, dass bereits für regelmäßige Anlageinvestitionen die Annahmen für Kosten und Gewinn nur in begrenztem Ausmaß gelten.[264]

Kurzfristige werden in der Regel den langfristigen Projekten vorgezogen. Dass sie scheinbar leichter zu beurteilen sind, verleitet zu Manipulationen sowohl auf Antragsseite, als auch auf Beurteilungsseite.[265] Allein die Frage „Wer entscheidet überhaupt über das Neue?" bleibt sowohl theoretisch, als auch empirisch unbeantwortet bzw. wechselt, sodass die Anforderung einer Beurteilung, die möglichst frei von subjektiven und persönlichen Präferenzen ist, als illusorisch zu bezeichnen ist. Rosenberg sieht in der Unmöglichkeit einer neutralen Bewertung und der Trennung zwischen technischem Wandel und organisatorischer Veränderung auch eines der Hauptprobleme in den betrieblichen Innovationsbemühungen: „It is, for one thing, an extremely complicated methodological matter to separate out the contribution of technological change from other changes in human behavior, motivation, and social organization."[266] Die Situation zur Bewertung von potentiellen Innovationsvorhaben ist insofern als nicht zufriedenstellend einzuschätzen: Wer hätte sich schon zugetraut zu beurteilen, dass das Tamagotchi so ein Erfolg würde? Die meisten der Innovationsmanager hätten es sicher als Quatsch abgetan.

Alle diese Verfahren führen dazu, dass man sich auf die vermeintlich leichteren Entscheidungen konzentriert. Je größer die Unsicherheit, desto weniger gerne mag man entscheiden.[267] Das Dilemma ist in Bild 26 dargestellt: Geht man von einer Gesamtmenge an Ideen und Innovationsvorschlägen (gleich 100%) aus, kann man sagen, dass man für einen Anteil von etwa 20% eine Eindeutigkeit in Gestalt der Möglichkeit zur Beur-

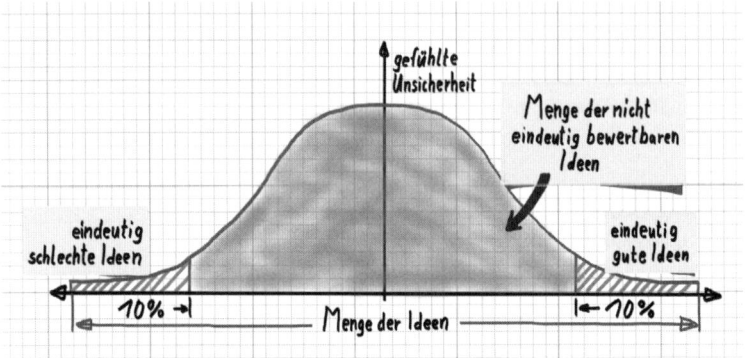

Bild 26 Bei der Auswahl der Ideen werden die dünnen Bretter favorisiert

teilung feststellen kann (ca. 10% eindeutig gute und ca. 10% eindeutig schlechte Vorschläge). Für die verbleibenden ca. 80% kann man lediglich eine hohe Unsicherheit diagnostizieren. Das sagt zunächst nichts über diese Ideen selber aus. Irrtümlicherweise wird jedoch diese Unsicherheit (im Sinne einer Nicht-Vorstellbarkeit) zum Bewertungskriterium: gleiche Behandlung wie eindeutig schlechte Idee. Eine schleichende Trivialisierung bei der Auswahl ist die Folge, die „Bretter" mit hoher gefühlter Unsicherheit werden insofern wenig beachtet und die „dünnen" Bretter mit „eindeutig schlecht" oder „eindeutig gut" dagegen werden gebohrt (betrachtet).

5.2.3 Die Krawatten-Theorie

Anknüpfend an die Tendenz im Innovationsmanagement, dass sich selbständiges Denken und Sinnhaftigkeit immer weniger gegenüber Obrigkeitshörigkeit und Dienstbeflissenheit im Sinne „Was oben gut ankommt" durchsetzen kann, will ich Ihnen hier die Krawatten-Theorie vorstellen. Sie gründet auf der Annahme, dass sich viele Menschen maßlos überschätzen und selber für innovativ oder gar einen Querkopf halten, sich aber in Wirklichkeit als träge und mitschwimmende Akteure in der Organisation entpuppen. Dieser Widerspruch ist zwar oft evident, lässt sich aber nur ganz schwierig an passenden Indizien festmachen.

Ein geeigneter Indikator für die innovatorischen Fähigkeiten der jeweiligen Personen müsste unabhängig von persönlichen Meinungen des betrachteten Akteurs sein und auf möglichst unbewusstem Verhalten beruhen: So wie das Tragen einer Krawatte.

Das Tragen selbiger signalisiert zunächst auf wunderbare Weise Botschaften über die Einstellung des Trägers (bzw. Nicht-Trägers): Angepasstheit,

Kreativität, Risikobereitschaft, Mut, Durchsetzungsvermögen, Orientierung und sicher auch Geschmack. Wenn man diesen Gedanken weiter verfolgt, kann man annehmen, dass Dresscodes in Unternehmen eine homosoziale Reproduktion fördern: Man orientiert sich an den Vorgaben und Vorbildern und folgt Bewährtem, auch bei der Auswahl und Förderung der Nachwuchsführungskräfte.

Die Idee mit den Krawatten kam mir rein zufällig – wie das bei Ideen eben so ist. Die ersten Befunde waren vielversprechend, und relativ rasch entstand die Krawatten-Theorie:

In einem Zeitraum von mehr als fünf Jahren beobachtete ich alle Teilnehmer von Besprechungen, Firmenbesuchen, Konferenzen und Workshops besonders intensiv. Ich wollte wissen, ob es einen Zusammenhang gibt zwischen dem Auftreten und der Erscheinung (in Form der Krawatte binär verschlüsselt) auf der einen und der Innovationsfähigkeit auf der anderen Seite. Das Tragen einer Krawatte (oder nicht) ist ein klarer Befund (leider nur bei Männern!) und wurde nur dahingehend spezifiziert, ob das Tragen freiwillig erfolgt oder zum Beispiel auf der Basis eines Unternehmenskodex. Daraus lässt sich die Krawattendichte einer Gruppe ermitteln (Y-Achse in Bild 27). Die Einschätzung des Innovationsverhaltens wurde anhand von vier Kriterien ermittelt (Eigeninitiative/Unternehmertum, Kreativität/Ideenreichtum, Angepasstheit/Mut, Passion/Leidenschaft) und im Bild zwischen aggressiv und träge eingeordnet (X-Achse in Bild 27).

Der ermittelte und im Bild dargestellte Zusammenhang ist klar: Je höher die Krawattendichte in einer Besprechung, desto eher kann man von Trägheit bezüglich Innovation ausgehen. Das sind die Zauderer, die ihre Budgets in Ordnung haben, sich vorzugsweise am Chef orientieren und „oben" gut ankommen wollen, sich aber über die Innovationskultur beklagen und die Risikofeindlichkeit in der Organisation anmahnen, die die Biografie von Steve Jobs gelesen haben und daraus zitieren können. Das sind dann im Alltag genau diejenigen, die selber Entscheidungsquotienten von mindestens 50 Powerpoint-Folien pro Entscheidung erreichen. **Krawatten sind der Mehltau des Konformismus.**

Die Treiber hingegen sind sich ihrer Rolle oft nicht bewusst. Authentisch und leidenschaftlich vertreten sie Ideen und Meinungen – unabhängig von Rang und Namen (und Krawatte).

Die Krawatte im Geschäftsleben hat die verschiedensten Funktionen. Die wenigsten tragen sie wohl aus rein persönlicher Vorliebe, eine Mehrheit eher aus einem Gruppenzwang heraus bzw. auf Grund formaler Etikette.

Inzwischen gibt es eine Unzahl von Beratern und Experten, deren Existenz von der Klientel der „Karrierewilligen" abhängt. Ulrike M. zum Beispiel bezeichnet sich selber als „Expertin für Kleidungskompetenz" und

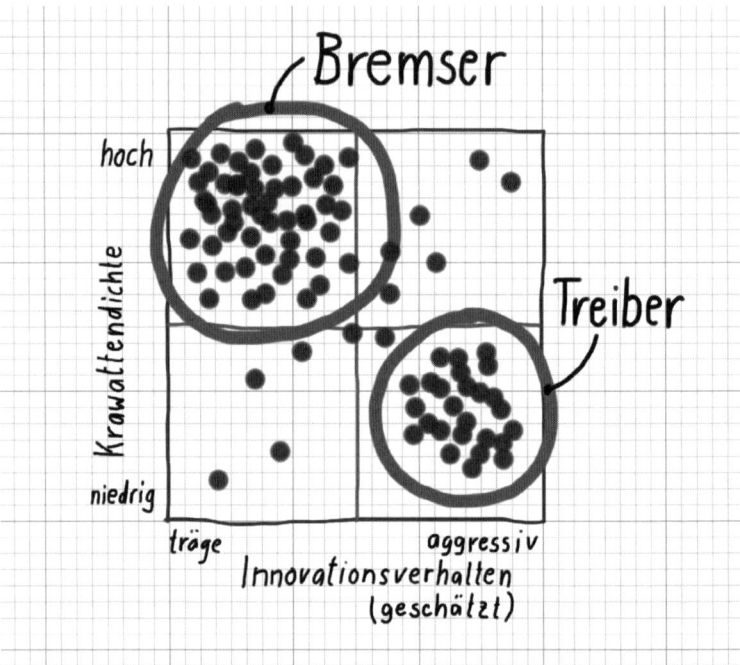

Bild 27 Die Krawatten-Theorie: Schmückst du dich noch oder innovierst du schon?

bestätigt, dass es insbesondere auf die Kleiderwahl ankomme, wenn ernsthaft Karriereziele verfolgt werden.[268] Sie meint: „Eine angemessene Garderobe signalisiert Kompetenz." Am besten geeignet für den Aufstieg sei der Anzug – der maßgeschneiderte Anzug wohlgemerkt, und der mache dann „unangreifbar" – so die „Expertin". Kleine untersetzte Männer wirkten so wie Könige. Für Managementetagen empfiehlt sie übrigens rote Krawatten (Alphatiere) und – besonders absurd – gelbe oder fliederfarbene für Kreativität oder Innovation (ihr „Geheimtipp" ist Tannengrün). Auch die Experten des OfficeTeam bestätigen: lieber overdressed als underdressed, und empfehlen, „sich immer einen Tick besser zu kleiden, als es die Position verlangt". Das ist heftig und toppt noch die neuen Kleider des Kaisers. **Kleider machen immer noch Leute, auch im 21. Jahrhundert, und glaubt man den (selbsternannten) Experten, mehr denn je. Schein konkurriert mit Sein.**

Welches Unternehmen beurteilt die Kompetenz nach äußeren Kriterien? Eingestehen mag sich das kein Unternehmen, da es dadurch Inkompetenz signalisiert. Dass die Kleiderwahl jedoch ein nicht zu unterschätzendes Kriterium ist, kann hingegen nicht bestritten werden. Verschiebt sich das Kompetenzprofil langsam zu reinen Äußerlichkeiten? Und noch viel schlimmer, werden inhaltlich-sachliche Kompetenzen abgewertet? Lässt sich gar die These aufstellen, dass es für eine Karriere wesentlich besser ist, sich immer schick anzuziehen, als durch kreative Ideen, Innovationen und wirkliche Beiträge für das Unternehmen auf sich aufmerksam zu machen?

In Organisationen entstehen paradoxe Situationen, einerseits wird permanent der Ruf nach mehr Innovationen laut, andererseits ist die Kleidung ein nicht zu unterschätzender Indikator in täglichen Handlungs- und Entscheidungssituationen von Organisationen. Im Folgenden werde ich versuchen, die These zu bestätigen, dass eine hohe Krawattendichte schlecht für das Innovationsverhalten ist.

5.2.4 Je größer und je älter Organisationen sind, desto schwerer haben es Innovationen

Es gibt zahlreiche Charakteristika von Unternehmen und viele Versuche, entscheidende Einflussfaktoren auf die Innovationsfähigkeit zu ermitteln.[269]

Zunächst zur Größe: Eine weit verbreitete Ansicht ist, dass kleine, junge Unternehmen wesentlich innovativer sind als traditionelle, große Industrieunternehmen.[270] „Small entrepreneurial firms are the source of most radical innovations. Large companies have a tough time getting it done."[271]

Die ursprüngliche Hypothese Schumpeters, wonach vor allem große Unternehmen die Quelle der Erneuerung sind, wird auch von anderen Forschern, vor allem im Hinblick auf die Art und Weise und die Radikalität, kritisch gesehen.[272] Ettlie und Rubenstein untersuchten die Radikalität neuer Produkte in Abhängigkeit der Unternehmensgröße.[273] Sie kommen zu dem Ergebnis, dass *sehr große Organisationen*, mit mehr als ca. 11.000 Mitarbeitern, *die Radikalität neuer Produkte stark einschränken.* Unter der Annahme, dass kleineren Firmen oft die Ressourcen fehlen, folgt, dass die größte Radikalität von mittelgroßen Firmen ausgeht.[274] Eine ähnliche Abhängigkeit sehen auch von Rothwell und Dodgson.[275] Sie argumentieren, dass eigentlich nicht die Unternehmensgröße relevant ist, sondern der Abstand zwischen der Idee (Kreativität und Erneuerung) und der intraorganisationalen Unterstützung (Ressourcen, Budget und Promotion). Dieser wächst mit zunehmender Organisationsgröße.[276] **Die Organisationsstrukturen werden in der Regel zum aktuellen Funktionieren optimiert und nicht für zukünftiges Verändern.**[277] Acs and Audretsch sehen Großunternehmen in Märkten mit unvollkommenem Wettbewerb im Vorteil, wogegen kleine und mittlere Unternehmen durch ihre Innovationskraft in Situationen vollkommenen Wettbewerbs besser positioniert sind.[278]

Zum anderen steigen in Großunternehmen auch die Erwartungen an Neuentwicklungen: „We are a $20 Billion company [Xerox]. To be financially interesting to us, an initiative must reach at least $100 Million in revenues within three years."[279] Mit solchen oder ähnlichen Anforderungen und Erwartungen wird der Spielraum im Innovationsverhalten extrem eingeschränkt.

Und nun zum Alter der Organisation, das zweifellos zu den am meisten diskutierten Faktoren gehört.[280] Anhand einer Patentanalyse im Zeitraum von 1984 bis 1994 wurde gezeigt, dass die Qualität der Patente mit zunehmendem Alter des Unternehmens nachlässt. Anhand der 490 untersuchten Firmen stellten Balasubramanian und Lee fest, dass sich der positive Einfluss einer 10%igen Erhöhung der F&E-Ausgaben pro zusätzlichem „Unternehmensjahr" um über 3% reduziert.[281] „Organisationen handeln sich durch sich wiederholende Wahrnehmungs- und Kommunikationsmuster eine gewisse Trägheit ein."[282] Diese zunehmende Trägheit der Organisation gleicht einem schleichenden, aber stetigen Prozess.[283] Aber nicht nur Organisationen als Einheit betrachtet verändern sich im Laufe ihrer Existenz und verlieren ihre Innovationskraft mit zunehmendem Alter. Der Befund trifft auch auf Gruppen zu, wie Katz zeigt:[284] „One of the more important principles in organizational theory is that groups strive to structure their work environments to reduce the amount of stress they must face by directing their activities toward a more workable and predictable level of certainty and clarity. Based on this perspective, project members interacting over a long period will develop standard work patterns that are familiar and comfortable, patterns in which routine and precedent play a relatively large part."[285] Einer der entscheidenden Gründe dafür ist die nachlassende Kommunikation im Allgemeinen und die Akzeptanz der Gruppenstruktur. Anfangs suchen Gruppenmitglieder unter anderem in besonderen Innovationsleistungen ihre Position in der Gruppe. Nach einer gewissen Zeit hat sich ein Gefüge herausgebildet, das angenommen wird. „With increasing group longevity, project members gradually become less receptive toward communications that threaten to disrupt significantly their comfortable and predictable work practices and patterns of behaviour."[286] **Nach ca. fünf Jahren nimmt die Innovationsfähigkeit von Gruppen deutlich ab.** Ein weiterer Punkt ist die Tendenz von Gruppenmitgliedern, nur mit denjenigen zu kommunizieren, deren Ideen und Ansichten den eigenen ähneln. „Over time, project members learn to interact selectively to avoid messages and information that might conflict with their established practices and dispositions, thereby reducing their overall levels of outside contact."[287]

5.2.5 Standardisierungen und Routinisierung

Eine wachsende Organisation erfordert Strukturen, Prozesse und Standards. Standards sollen Reproduzierbarkeit gewährleisten. Aber unsere Motivation wird nicht größer, wenn wir vornehmlich dafür arbeiten, Standards zu erfüllen.

Damit einher geht fast reflexartig der Wunsch nach Steigerung der Effizienz, wie er sich vor Jahren schon deutlich in der Bestrebung nach „Lean" äußerte. Womack und Jones breiteten diese Idee des schlanken Agierens in der Organisation auf schlanke Lösungen und damit die gesamte Organisation aus, einschließlich des Zugangs zum Kunden.[288]

Die Popularität des Lean-Gedankens zeigte sich in vielen Restrukturierungs- und Downsizing-Projekten, stieß jedoch auch auf massive Kritik. Als „Lean-Brain Management" beschrieb beispielsweise Gunther Dueck 2006 die fatalen Auswirkungen des Verschlankungswahns auf Unternehmen: „Die Intelligenz wandert in das System" [Anm.: wie bei Texas Instruments geschehen] und sorgt dafür, dass Intelligenz „für alle Fälle vorgehalten, aber nicht genutzt [wird]."[289] Das Resultat: „Im Großen und Ganzen entstehen also neue Ideen wirklich sehr zufällig. Das ist für die Wirtschaft recht ärgerlich, die meist ahnungslos von einem ‚Innovationsproblem' schwadroniert."[290] Das ist provokant, wird jedoch wissenschaftlich sowohl durch das Serendipitäts-Prinzip als auch durch die „Slack-Theorie" gestützt.

Serendipity

Wenn man etwas nicht sucht, aber dann doch zufällig findet, nennt man das Serendipity. Voraussetzung dafür ist, dass man überhaupt etwas sucht. Die Entdeckung Amerikas durch Christoph Kolumbus, der eigentlich den Seeweg nach Indien finden wollte, ist wohl das bekannteste Beispiel für Serendipity. Der Name geht auf die Sage der drei Prinzen von Serendip zurück.[291]

„Serendipity is an important trigger for innovation, but only if the conditions exist to help it emerge."[292] Serenditpity-Ereignisse treten zwar überraschend ein, sind jedoch grundsätzlich positiv zu bewerten. Die Schwierigkeit besteht darin, das darin liegende Potential zu erkennen.

Louis Pasteur formulierte diesbezüglich „Chance favours only the prepared mind" und brachte damit zum Ausdruck, dass der eigentliche Zufall im Erkennen liegt.

In der vorliegenden Literatur habe ich, trotz umfangreicher Befundung beispielsweise bei Schneider und Gassmann & Friesike,[293] keine theoretische Abhandlung zum Thema Serendipity bzw. dem Zufall im Innovationsmanagement gefunden. Doch zumindest untersucht Cunha die Frage, warum einige Firmen mehr Glück zu haben scheinen als andere, und kann Pasteurs These stützen, dass der Zufall vor allem im Erkennen und damit in einer großen Wissensbasis liegt.[294]

Proposition 23

Die als *Serendipity* bezeichneten zufälligen Erfindungen und (radikale) Innovationen entstehen in einem dreistufigen Prozess:[295]

1. Zufälliges Ereignis – zufällig in Zeit, Ort, Kombination oder anderen Bedingungen, die bisher unberücksichtigt oder anders waren.

2. Bewusstes Erkennen des neuen Phänomens bzw. einer neuartigen Situation.

3. Beurteilung der Relevanz und weitere Erforschung oder Verwurf.

Organisationaler „Slack"

Der Begriff „Organizational Slack" (slack resources = überschüssige Ressourcen) hat seinen Ursprung in der angelsächsischen Literatur und wurde laut Weidermann erstmals von Cyert & March im Rahmen einer Untersuchung in den 60er Jahren verwendet.[296] Damit werden grundsätzlich Ressourcenverbräuche oder -verwendungen bezeichnet, deren Effizienz, Effektivität oder Nutzen in Frage steht.[297] Andererseits müssen für Innovationen und Erneuerungen Ressourcen verfügbar sein, die aus betriebswirtschaftlicher Sicht brach liegen, ungenutzt sind und damit ineffizient. Wieviele Innovationen sind möglich im Spannungsfeld zwischen „slack" und „lean"? Sowohl Nohria und Gulati als auch Kuitunen kommen in ihren Untersuchungen zu der Erkenntnis, dass zwischen dem Umfang des Organizational Slack und dem Innovationsverhalten ein Zusammenhang besteht – etwa in Form einer Glockenkurve (Bild 28).[298]

Sind keine überschüssigen (vermeintlich brachliegenden) Ressourcen verfügbar, wie es im „Lean-Ansatz" angestrebt wird, kann aus dem Mangel heraus nichts Neues entstehen (linke Seite im Bild). Bei zu großem Organizational Slack hingegen liegt Verschwendung vor (rechte Seite im Bild). Dann ist davon auszugehen, dass nicht im Interesse der Organisation gehandelt wird. Kritiker wie Leibenstein und Argyris sehen als Ursache die Inkompetenz im Management.[300]

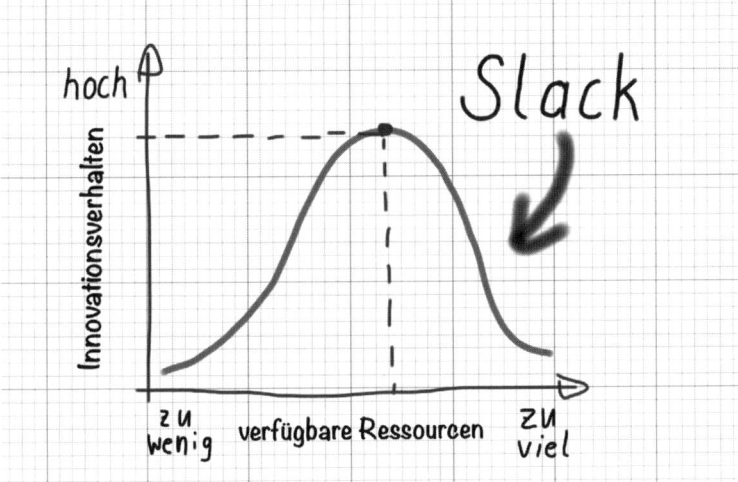

Bild 28 Organizational Slack – Optimum für Innovationen[299]

Tatsächlich überwiegen die Bemühungen zur Standardisierung gegenüber der bewussten Lockerung von Kontrollmechanismen und Zulassung von Organizational Slack!

Prozesse, Routinen und Strukturen im betrieblichen Ablauf

Konstanz und Verlässlichkeit zumindest im betrieblichen Ablauf werden durch Prozesse und Routinen erreicht. Prozesse beziehen sich dabei auf formal festgelegte und vorab geplante Abläufe.

Strukturen: Organisationen sind nach Giddens „reflexive Strukturationen", die sich durch die Handlungen der Akteure auszeichnen und entweder auf die Erhaltung oder die Veränderung des Status quo der aktuellen Struktur ausgerichtet sind. „Strukturen selbst existieren gar nicht als eigenständige Phänomene räumlicher und zeitlicher Natur, sondern immer nur in der Form von Handlungen oder Praktiken menschlicher Individuen. Struktur wird immer nur wirklich in den konkreten Vollzügen der handlungspraktischen Strukturierung sozialer Systeme."[301] Diese Aussage ist insbesondere für die Entwicklung von Organisationen über einen längeren Zeitraum interessant. Die vorhandenen Strukturen prägen die Handlungen der Akteure, und die Handlungen wiederum haben Einfluss auf die Struktur. Organisationen reproduzieren sich durch das Handeln der Akteure.[302] Eine allmähliche Verfestigung der Organisationsstruktur ist so erklärbar.

Prozesse: Sie ermöglichen die Transformation von vordefinierten Eingangsgrößen in vordefinierte Ausgangsgrößen nach einer festgelegten Vorschrift: „A collection of activities that takes one or more kinds of input and creates an output that is of value to the customer."[303]

Routinen: Routinen unterscheiden sich von Prozessen insofern, als sie sich eher aus sich wiederholenden Tätigkeiten quasi von selbst herausbilden. Sie entstehen durch Wiederholungen und vor allem durch Lernen. Betsch bezeichnet Routine als „Einfluss von handlungsbezogenem Vorwissen auf nachfolgende Entscheidungen".[304] Cohen et al. sehen im Verhalten das Besondere: „complex, highly automatic [...] behaviors that ,function as a unit' and typically involve high levels of information processing that is largely repetitive over separate invocations of the routine." [305]

Routinen und Prozesse bestimmen in Summe den Grad der Formalisierung in einer Organisation und drücken sich dadurch aus, wie sie als Regeln in Handbüchern niedergeschrieben und verpflichtend in der Anwendung sind.[306] Sowohl Prozesse als auch Routinen reduzieren Unsicherheiten. Beide haben in ihrer statischen Funktion gewisse stabilisierende Effekte, die jedoch die Gefahr der Trägheit beinhalten.

Proposition 24

Routinen entstehen durch sich wiederholende Tätigkeiten. Der dadurch gewonnene Automatismus im Arbeitsablauf reduziert die Fehleranfälligkeit und erhöht somit die Gleichförmigkeit und die Effizienz. Routineaufgaben verhindern jedoch die Erneuerung und damit innovative Ansätze, da mit der Verfestigung von Strukturen und Abläufen eine Veränderung oder Erneuerung schwerer fällt bzw. auf Widerstand stößt.

Die angesprochene höhere Sicherheit durch Routinen gilt auch für die beteiligten Personen: „Nach Schumpeter **liegt es in der Natur des Menschen, dass ihm die Routine leichter fällt als das Erlernen neuer Tätigkeiten und Fähigkeiten.** Innovatives Handeln erfordert, nach Schumpeter, Charaktereigenschaften, die nur ein geringer Teil der Bevölkerung aufzuweisen hat."[307] Damit versuchen Organisationen auch, im Arbeitsablauf Leerläufe, Maschinenstillstand, Zwischenlager, Pausen, Ausfälle usw. zu reduzieren.[308]

Zeitlich gesehen nimmt der Anteil der Routinen am gesamten Aufgabenspektrum der Organisation immer weiter zu (Bild 29), da die träge Gesamtorganisation stets eher Routinebedürfnisse hat und sich an Verlässlichkeit und Stabilität orientiert.[309]

Aus dem Moment heraus stellt sich so eine erreichbare Stabilität ein. Veränderungen am Kontext und den betroffenen Randbedingungen bedeuten für jede Routine und für jeden Prozess eine Bedrohung: Sie zielen auf Konstanz, und nicht auf Veränderung: „Wandel vollzieht sich alltäglich

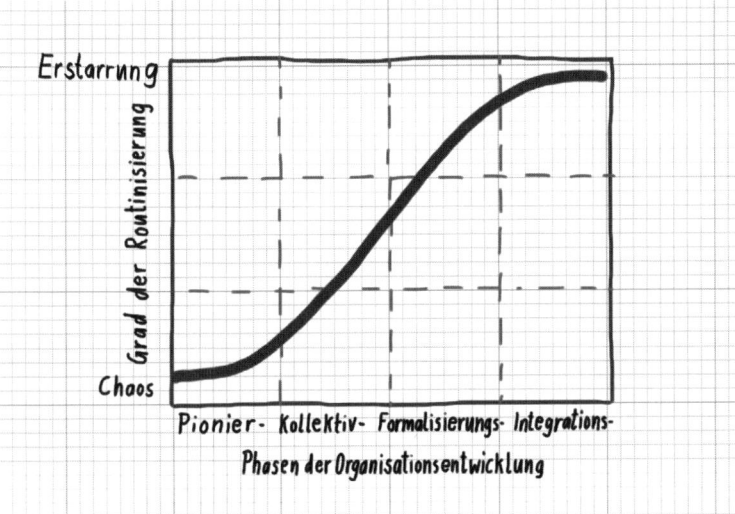

Bild 29 Der Grad der Routinisierung steigt mit zunehmender Reife des Unternehmens

auf elementare Weise als Nutzung von Optionen entgegen routinisierter Erwartungen."[310]

Routinen führen zu eingeschränkter Informationssuche, und das wiederum führt zu Fehlern bei der Adaptierung, wenn Umweltänderungen passieren.[311] Die bewusste Automatisierung von Handlungsschritten und die feste Programmierung lassen kaum Freiräume, weder für Fehler und Abweichungen noch für kreative Eingriffe. Unsicherheiten werden so gezielt reduziert. Corson stellt schon 1962 fest, dass die Bürokratie ungünstig für Innovationen ist: „There is no denying that innovators are burned out fast by the pressures for conformity that persist. Nor is there any denying that many ideas which innovators produce waste away in the dark recesses of bureaucracy."[312]

Hypothese 13

Im inhärenten Bestreben nach Steigerung der Effizienz liegt begründet, dass Unternehmen versuchen, Arbeitsabläufe zu automatisieren. Folglich prägen Routinen in einem gleichförmigen Arbeitsumfeld das Tätigkeitsspektrum der Akteure und begrenzen die Handlungsspielräume. Mit der Zunahme der Routinisierung lässt sich ein Abnehmen der Innovationsfähigkeit feststellen. Insbesondere radikale Innovationsvorhaben werden als Bedrohung für etablierte Routinen gesehen.

Defensive Routinen

Was geschieht bei der Routinisierung?

Die übliche Vorgehensweise von Systemdesignern ist die Folgende: Übersetze Nicht-Routine-Funktionen und komplexe Probleme in Routine-Aufgaben. Der erhoffte Nutzen wird im Ausschluss von Bedrohungen für das System gesehen und im Einsatz von Nicht-Experten, wo zuvor Experten nötig waren.

Für einige Zeit führen Routinen tatsächlich zu den erwünschten Effekten, langfristig stellen sie jedoch eine Gefahr dar. Zum einen setzt sich die „Mentalität der einfachen Programmierbarkeit"[313] durch. Das ist nicht nur tödlich für jede Form von Kreativität, sondern reduziert auch die Flexibilität und Improvisationsfähigkeit. Schließlich ist es eine enorme Herausforderung, eine fest verdrahtete, programmierte Routine verändern zu wollen. Anwender und Individuen sind dann gefragt, Umgehungen zu finden, damit trotz der nicht optimalen Prozesse und Routinen die Organisation funktioniert.

Das Top-Management befürchet, dass einmal gewonnene Effizienz durch Anpassungen wieder verloren geht. Es argumentiert daher defensiv. Defensive Argumentation wiederum führt bei den Adressaten zu einer ablehnenden Haltung gegenüber Erneuerungen und Bedrohungen. Daraus entsteht über mehrere hierarchische Ebenen eine Reihe von sich selbst verstärkenden Schleifen mit defensivem Charakter.

Entstehung von blinden Flecken

Für organisatorisches Lernen bedeuten defensive Routinen eine nicht zu unterschätzende Gefahr. Die größte Gefahr besteht jedoch darin, dass Organisationen sich ihrer Entstehung selbst nicht bewusst sind und insofern keinen Handlungsbedarf sehen.[314] Argyris sieht in den defensiven Routinen den größten Hinderungsgrund für organisationales Lernen und zum Lernen über das Lernen. Dadurch entsteht mit jedem Prozess und jeder Routine eine Art blinder Fleck.

Nachteil fest eingespielter Abläufe ist zweifellos, dass unter der Annahme konstanter Bedingungen die Aufmerksamkeit nachlässt. Dies trifft insbesondere bei der Entscheidungsfindung zu. Routinen verleiten dazu, den Möglichkeitsraum einzuengen.[315]

Standardisierung der Neuproduktentwicklung

Prozesse und Routinen helfen, den Umgang mit Komplexität zu gestalten und handhabbar zu machen, indem der Selektions- und Entscheidungsdruck minimiert wird.

Selbst die Suche nach Informationen, Daten und Wissen ist durch Routinen geprägt: „The amount and type of information required often becomes relatively standardized and planning becomes subject to defined procedures."[316]

Die Formalisierung und Standardisierung der Abläufe sowohl im Bereich der Innovationen als auch der Neuproduktentwicklungen wird vor allem durch technische Verbesserungen vorangetrieben:

Webbasierte Anwendungen zur Unterstützung: Mit dem Internet entstand eine Flut von Angeboten zur Unterstützung des Innovationsprozesses. Web-Applikationen zum Management von Innovationen ermöglichen einen großen Formalisations- und Standardisierungsschritt, zum Beispiel für Ideenmanagement, Patentmanagement und Open Innovation.

Technische Standards: Dass vor allem technische Standards im Innovationsprozess, und insbesondere in der Verbreitung von Innovationen, eine entscheidende Rolle spielen, thematisieren Allen und Sriram.[317] Eine einfache Übertragung und einfacher Austausch fördern und beschleunigen die Verbreitung von Innovationen und die Durchsetzung am Markt. Videoformate, Speicherstandards und Gerätetechnologien beispielsweise müssen von Herstellern und Konsumenten akzeptiert werden, damit eine Verbreitung möglich wird. **Andererseits zeigt das Beispiel der Schreibmaschinentastatur, wie hartnäckig sich einmal etablierte Standards halten und selbst eine bessere Lösung nicht für einen Wechsel ausreicht.** Eine weiterführende Darstellung zur Durchsetzung des dominanten Designs findet sich bei Rogers.[318]

Prozessstandards: Schättin untersuchte das Entwicklungsmodell nach DIN ISO.[319] Ergebnis: Die Tendenz zu einer Normierung und Standardisierung ist unverkennbar. Beispiel dafür sind das Wasserfall-, Spiral- und Prototypenmodell. In die gleiche Richtung gehen die Bestrebungen, Arbeitsschritte nach dem CMMI-Referenzrahmen (Capability Maturity Model Integration) zu bewerten. Die Grundannahme ist hier, dass der Erfolg einer Tätigkeit mit der Systematik korreliert.[320] Nützlich erscheint das vor allem für Routinearbeiten, inklusive Entwicklungstätigkeiten, insbesondere in Entwicklungsprojekten (immer unter der Annahme, es wird genau das entwickelt, was zu Beginn entworfen wurde).

Diese „Standardisierungsphilosophie" prägt auch das Innovationsverhalten und damit kreative Tätigkeiten. Die Unterscheidung zwischen Innovationen (Schwerpunkt: Neues erkunden) und Entwicklungen (Schwerpunkt: Bekanntes zusammensetzen) ist nicht immer eindeutig, manchmal werden die Begriffe sogar synonym[321] verwendet. Das macht weder die Untersuchungen von Innovationsvorhaben einfacher, noch die Innovationsvorhaben selbst.

5.2.6 Zur nachlassenden Innovationsfähigkeit durch Routinen

In kaum einer Organisation ist es wahrscheinlich, dass das Innovationsmanagement von den allgemeinen Bestrebungen nach Routinisierung und Standardisierung von Funktionen und Abläufen im Unternehmen ausgenommen bleibt. Die Einführung von Innovationsprozessen und Versuche, das Innovieren zu systematisieren, sind deutliche Indizien dafür.

Entstehung von Routinen im Innovationsprozess

Während man zum Phänomen der Routinisierung in verschiedenen Disziplinen des Unternehmens (zum Beispiel Produktmanagement, Projektmanagement) auf umfangreiche Literatur zurückgreifen kann, erfährt das Thema bezüglich der Innovationsaktivitäten eines Unternehmens weit weniger Aufmerksamkeit. Die Arbeiten von Christian Debus (2002) und Ursula Deplazes (2008) untersuchen die Auswirkungen von Routinen bzw. Routineverhalten auf die Innovationsaktivitäten von Unternehmen. Deren Erkenntnisse und Schlussfolgerungen dazu sind jedoch nicht eindeutig. Im Gegenteil, es gibt zwei gegensätzliche Argumentationslinien:

a) Die Innovationsfähigkeit nimmt zu

Das routinemäßige Vorgehen sorgt für einen effizienten Umgang mit Forschungs- und Entwicklungsressourcen.[322] In sogenannten Innovationsfabriken wird Innovation als Routine betrieben. Ausgangspunkt ist die Feststellung, dass sich Imitationszeiten schneller verkürzen als Innovationszeiten,[323] was sich etwa so interpretieren lässt, dass ähnliche Prozesse beschleunigt werden. „Wir vertreten die Ansicht, dass Routinisierung Kreativität fördern kann, indem sie Ressourcen freisetzt, die für die Entwicklung von kreativen Lösungsansätzen verwendet werden können."[324]

Dazu bleibt aber folgendes anzumerken: Falls durch die bessere Ressourcennutzung tatsächlich die Möglichkeit einer höheren Innovationsfähigkeit gegeben ist, kann diese jedoch damit nicht erzwungen werden. Und somit wäre es auch denkbar, die eingesparten Mittel anderweitig zu verwenden.

b) Die Innovationsfähigkeit nimmt ab

Das Hauptargument zur Abnahme der Innovationsfähigkeit besteht in der entstehenden Monotonie: „People do the same limited tasks over and over without knowing how they fit into the larger undertaking."[325] Die Gleichförmigkeit führt zu Aufmerksamkeitsverlust, geringerem Interesse und – wie im letzten Kapitel dargelegt wurde – das Suchfeld wird eingegrenzt. Die ganze Organisation basiert auf Routinen.[326] Berkun unterstreicht, dass vor allem die Gleichförmigkeit gewünscht ist: „We reward conformance of mind, not independent thought, in our systems – from school to college to the workplace to the home – yet we wonder why so few are willing to take creative risks."[327] **Die Organisation orientiert sich demzufolge an einem Zustand, der als störungsfreies Funktionieren im Sinne der Ziele der Unternehmung zu bezeichnen ist.**

Sandmeier und Jamali stellen deutlich die Tendenz zur Strukturierung heraus. Trotz offensichtlicher Realitätsferne sind lineare, sequentiell ablaufende Strukturierungsansätze beliebt, „da klare Handlungsanweisungen für F&E-Leiter leicht ableitbar erscheinen."[328] Kreative Aktivitäten, welche in der Frühphase entscheidend sind, werden zugunsten der Ressourceneffizienz vernachlässigt. Das Verhalten verschiebt sich gemäß Aldrich und Kenworthy zugunsten der Reproduktion und Innovationen stellen in etablierten Organisationen lediglich eine Ausnahme dar.[329] Das wiederum passt zur „beschleunigten Imitation".

Erkenntnis 12

Der „Normalzustand" von Organisationen besteht aus akzeptierten und eingeschwungenen Prozessen und Routinen. Innovationsbemühungen und Erneuerungsanstrengungen müssen sich stets gegen diese Beharrung in der Routine durchsetzen. Die Innovationsfähigkeit nimmt mit zunehmender Routinisierung ab.

Routinen, die das Innovationsverhalten prägen

Lernerfolge und Erfahrungen manifestieren sich durch Routinen. In der Mehrzahl der Alltagssituationen helfen diese bei der Bewältigung von Problemfällen, insbesondere solchen, bei denen die Fragestellungen ähnlich sind. „Die Generierung von Handlungsalternativen in wiederkehrenden Situationen scheint einer Wenn-dann-Regel zu folgen."[330]

Ungleich anders sieht es bei neuartigen, bisher nicht betrachteten Ereignissen aus. Mit zunehmender Routinisierung verringert sich der Komplexitätsgrad der Suchstrategie und damit die Menge an Informationen, die vor der Entscheidung gesucht und verarbeitet werden.[331] In unbekannten Situationen gibt es keine „Wenn-Komponente" und es kommt zwangsläufig zu einem Entscheidungsvakuum und dem Zugriff auf bekannte Routinen:

- *Knappe Ressourcen:* Für Innovationen steht ein bestimmtes Budget zur Verfügung und verständlicherweise versucht man, das Budget bestmöglich einzusetzen. In der Regel bedeutet dies, möglichst umfangreich neues Geschäft zu „generieren".

Wenn radikale Ideen entstehen, müssen diese gefördert werden, um sich entwickeln zu können. In einem budgetorientiertem Wettlauf um Ressourcen haben sie aber kaum eine Chance, sich durchzusetzen.

- *Ignorieren der Neuigkeit:* Ignorieren jedweder neuer Informationen ist eine geeignete Methode, um Komplexität zu bewältigen: Was ich nicht sehe, kann auch nicht sein und kann auch nicht stören.[332]

- *Knappe Zeit:* Insbesondere unter Zeitdruck halten Personen an Routinen fest. Neben dem Zeitdruck spielen auch Familiarität bzw. Neuartigkeit der aktuellen Entscheidungssituation eine wichtige Rolle.[333]

  Und: „It is clear that the exploration of new alternatives reduces the speed with which skills at existing ones are improved."[334]

- *Fehlendes Feedback:* Fehlendes Feedback von Anwendern und Innovatoren erschwert die Entscheidungssituationen im Innovationsmanagement.[335] Entscheidungen können sich so über mehrere Jahre hinziehen.

Wie schon gezeigt, orientieren sich Entscheidungen im Innovationsmanagement an der Verringerung des Risikos. Damit ist zu erwarten, dass sich Routinen, die sich mit Innovationsvorschlägen beschäftigen, durch negatives Feedback aus vorangegangenen riskanten (und möglicherweise gescheiterten) Innovationsprojekten beeinflussen lassen und sich zauderndes Verhalten ausprägt. Doch:

Radikale Innovationen haben in der Regel keine Vorgeschichte und ein Feedback ist dadurch kaum möglich.

- *Abwertungseffekte:* Je deutlicher integriert und je länger angewendet eine Routine ist, desto schwieriger ist eine Veränderung an der Routine, da sogar ihrer Anwendung widersprechende Informationen an Einfluss verlieren. „Auch bei unbeschränkter kognitiver Kapazität kann Gegenevidenz abgewertet werden und zur unangemessenen Beibehaltung der Routine führen."[336]

- *Festhalten an Routinen:* Bevor einmal praktizierte – erfolgreich und lang anhaltend praktizierte – Routinen in Frage gestellt werden, braucht es zahlreiche und besonders stark ausgeprägte negative Erfahrungen. „Gerade bei starken Routinen müssen Personen erst durch wiederholte schlechte Erfahrung unerwünschte Konsequenzen des Verhaltens und die Unangemessenheit ihrer Routine erfahren."[337]

Tunnelblick

Die Fokussierung auf die Kernkompetenzen und die Orientierung an der Unternehmensstrategie schränken die Freiheiten weiter ein und reduzieren die Flexibilität. Zwischen den real stattfindenden Abläufen und dem Spektrum der Gedankenwelt gibt es eine Wechselwirkung:

1. Routinen schränken die Vielfalt ein und reduzieren das Spektrum möglicher Situationen.

2. Dadurch reduzieren sich die Impulse für neue Gedanken und somit das Rohmaterial für neue Ideen.

3. Weniger Wissen, weniger Informationen und wenige Trigger für Neues schränken den Beobachtungsraum der „Erlebniswelt" ein.

Bezogen auf Csikszentmihalyis Wechselbeziehung zwischen Individuum (Person, die etwas Neues schafft), Domäne (Kultur, Fachgebiet) und Feld (Personen und Rahmenbedingungen, die über die Aufnahme des Neuen in die Domäne bestimmen) bleibt das schöpferische Individuum zwar in derselben Domäne, der betrachtete Ausschnitt wird jedoch permanent kleiner.[338] Nimmt die Routinisierung zu, wird die Domäne weiter eingeengt (Bild 30). Es kommt zum „Tunnelblick".[339]

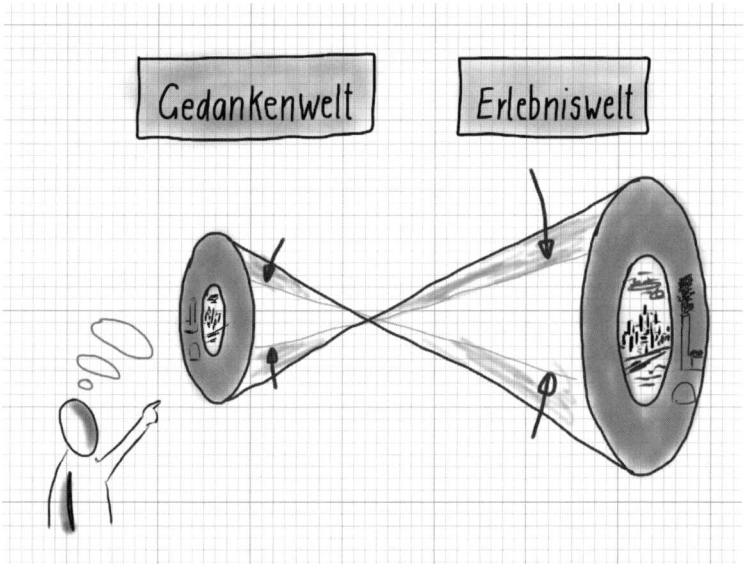

Bild 30 Wechselwirkung: Abnehmende Innovationskapazität durch Tunnelblick

Kognitive Dissonanzen aufgrund sich widersprechender Überzeugungen, Gefühle und Werte führen zu einer weiteren Einengung der Gedankenwelt.

Beispiele für die Auswirkungen der Trivialisierung und Routinisierung auf die Innovationsfähigkeit, die Geschäftsstrategie und letztlich das Ende von Unternehmens zeigen die Fälle von Atari und der Continental Illinois Bank.[340]

Das „Prinzip des steigenden Risikos"

Schon 1937 verwies Michal Kalecki darauf, dass die zu Investitionszwe-cken zur Verfügung stehenden Finanzmittel von der Höhe der erzielten Profite abhängen. Je größer das Volumen an Finanzierungsmitteln – relativ zum erzielten Profit und zum Anlagevermögen – desto höher ist das Ausfallrisiko. Damit ergibt sich ein Grund für nachlassende Innovati-onstätigkeit aus der gefühlten Unsicherheit und dem steigenden Verlust-risiko bei zunehmender Unternehmensgröße: „As a firm expands its investments, the risk to it of a given chance of loss becomes more serious with each increment of investment – its ‚wealth' position becomes endangered if it operates on borrowed money; its liquidity, or ability to meet unexpected demands for cash, becomes precarious as it depletes its own reserves and if its ability to raise money is affected by its heavy illiquid investment."[341]

Expansions- und Investitionspläne sind damit ebenso wie die Innovati-onsaktivitäten mit zunehmender Unternehmensgröße durch ein wach-sendes Verlustrisiko begrenzt.

Die Gefahr des „Nicht-Innovierens"

Organisationen orientieren sich an Stabilität. Menschen (und damit auch Organisationen) haben Angst vor Veränderung, dem Stabilitätsverlust.

Heinz Riemann hat ein Modell zu den Zuständen der Angst entwickelt.[342] Er unterscheidet die vier Formen:

- *Schizoid*
  Die Angst vor der Selbsthingabe, als Ich-Verlust und Abhängigkeit erlebt.
- *Depressiv*
  Die Angst vor der Selbstwerdung, als Isolierung erlebt.
- *Zwanghaft*
  Die Angst vor der Wandlung, als Unsicherheit erlebt.
- *Hysterisch*
  Die Angst vor der Notwendigkeit, als Stillstand erlebt.

Natürlich gibt es Mischformen dieser vier Pole. Das Interessante passiert jedoch, wenn man das Modell auf Organisationen überträgt (Bild 31). Dann kann man erklären, wie sich Organisationen wandeln, von der Angst vor Stillstand zu Beginn (Start-up) zur Angst vor Veränderung (Großunternehmen). Alle vier Befunde sind pathologisch. Damit stellt sich die Frage: Wie bekommt man Organisationen aus den krankhaften wieder in gesunde Bereiche?

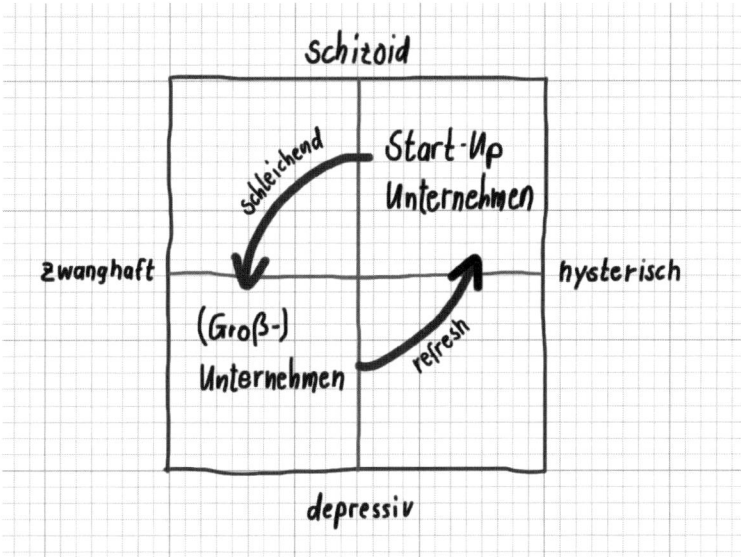

Bild 31 Formen der Angst[343]

Wie bereits dargelegt, führt das Festhalten an Routinen über kurz oder lang zu abnehmenden Innovationsbemühungen. Garvin und Roberto zeigen anhand von sechs „Dysfunctional Routines", wie dieses innovationsfeindliche Verhalten in einer Organisation zum Normalzustand werden kann.[344] Sie beobachteten in zahlreichen Organisationen, dass viel Wert auf Routinen und Prozesse gelegt wird und darüber das eigentliche Ziel (Innovationen) in den Hintergrund gerät. Zum anderen kritisieren sie, dass es prinzipiell zu viele „Nein-Sager" in Organisationen gibt und zu wenige „Ja-Sager". Ideen müssten sich über viele Ebenen durchsetzen und auf dem Weg nach oben ist es für viele leichter, die Idee zu stoppen (das „Nein" ist quasi „oder-verknüpft" über alle Nein-Sager) als sie voranzutreiben. Die „Nein-Sager" haben mit dem Instrument der Kennzahlen in der Regel ein schwerwiegendes Argument zur Hand.[345] Damit gelingt es, fast jede Idee zu stoppen, da die Unsicherheiten nur selten als eindeutige (risikolose) Chancen darstellbar sind.

Den Irrtum dieser Betrachtung der Unsicherheit kennen wir bereits: Man vergisst, dem „Nicht-Innovieren" ein Risiko zuzuordnen. Eine Folge davon ist der Dornröschen-Effekt.

Erkenntnis 15

Der Orientierung an Effizienz und an Stabilität durch Routinen folgt eine nachlassende Innovationsbereitschaft und Innovationsfähigkeit. Eine Erneuerung der Organisation jenseits der Effizienzmaßnahmen ist damit ausgeschlossen. Neues gelangt nur noch sporadisch ins Unternehmen.

5.3 Innovationsfähigkeit – eine Ad-hoc-Befragung

Anknüpfend an die Erkenntnis, dass sich insbesondere das Alter der Organisation, als auch die Größe des Unternehmens ungünstig auf die Innovationsfähigkeit auswirken, habe ich versucht, mit Hilfe einer Befragung unter Praktikern in einer Art Momentaufnahme den Sachverhalt zu verifizieren, dass bei solchen Unternehmen ein auffälliges Innovationsverhalten festzustellen ist.[346]

5.3.1 Versuchsanordnung

Fragestellung

Die bisherigen Erkenntnisse lassen vermuten, dass sich das Innovationsverhalten in Großunternehmen, insbesondere bei entsprechend langer Tradition, auf inkrementelle Innovationen beschränkt. Radikale Innovationen werden durch die Organisation nicht ausreichend unterstützt.

Der Umgang mit Innovationen in Organisationen gestaltet sich vielschichtig. Es ist kaum vorstellbar, dass über Hierarchien und Bereiche hinweg die Einstellung gegenüber Innovationen gleich ausgeprägt ist. Dennoch ist anzunehmen, dass innerhalb einer Organisation eine vorherrschende Tendenz gegenüber Innovationen in der Art auszumachen ist, dass bevorzugt inkrementelle oder bevorzugt radikale Innovationen unterstützt und verfolgt werden. Somit ergibt sich die Frage:

Sind Tendenzen im Innovationsmanagement erkennbar, die auf eine bevorzugte Einstellung und Orientierung hinsichtlich Innovationen hinweisen?

Festlegung der Stichprobe

Für die Befragung wurden Teilnehmer gesucht, die nicht nur irgendwie an Innovationen beteiligt sind, sondern einen Überblick über das Innovationsgeschehen haben und so „qualifiziert" Auskunft geben können. Tabelle 16 gibt die „unternehmerische Heimat" der Befragten wider.

Tabelle 16 Zusammensetzung der Stichprobe – Unternehmen und Teilnehmer

Nr.	Unternehmen	Anzahl der befragten Teilnehmer
1	Siemens AG	14
2	Osram GmbH	3
3	Nokia Siemens Networks	4
4	B/S/H GmbH	4
5	Infineon AG	3

14 Teilnehmer sind Mitarbeiter der Siemens AG. Die anderen 14 Teilnehmer kommen aus anderen Unternehmen, die jedoch alle auf eine mehr oder weniger starke Verbindung zur Siemens AG zurückblicken. Alle Unternehmen haben mehr als 10.000 Mitarbeiter und sind insofern als Großunternehmen einzustufen. Alle Gesprächspartner waren in irgendeiner Form in das Management von Innovationen involviert und so mit Innovationsprozessen vertraut. Wichtig für die Teilnahme war, dass die Teilnehmer einen Überblick über das gelebte Innovationssystem haben. Insofern war eine Zufallsstichprobe ausgeschlossen. Stattdessen wurde eine bewusste Auswahl getroffen.

Operationalisierung und Instrumente

Zur Beurteilung des Innovationsverhaltens wurde die Variable der Innovationsorientierung K definiert. Die Bewertung der Innovationsorientierung erfolgte auf einer Skala von -2 bis $+2$, und das Ergebnis jeder Befragung wurde, basierend auf der Skala, einem der drei Intervalle zugeordnet:

$-2 \leq K < -1$ tendenziell inkrementelle Innovationsorientierung, das Verhalten ist durch Risikovermeidung geprägt

$-1 \leq K < +1$ ausgeglichene Innovationsorientierung

$+1 \leq K \leq +2$ tendenziell radikale Innovationsorientierung, das Verhalten zielt auf Erneuerung

Bei der Befragung kam ein strukturierter Fragebogen zur Anwendung, gegliedert in vier Themenblöcke, wobei jeder Block ein zentrales Thema im Innovationsmanagement darstellt.

Die Auswahl der Themen erfolgte anhand der bisherigen Erkenntnisse mit dem Schwerpunkt der Veränderung. Im ersten Teil wurden die Möglichkeiten der Erneuerung hinterfragt, im Fokus des zweiten Themenblocks stand die Organisation und deren Umgang mit Innovationen. Der dritte Teil behandelte den Innovationsprozess und im vierten ging es um Entscheidungen im Innovationsmanagement und um die Auswahl von Vorschlägen und Ideen. Jeder Themenblock bestand aus fünf Fragen.

1. Die Möglichkeiten der Erneuerung (K_1)

Im ersten Themenblock ging es im Wesentlichen darum, herauszubekommen, wie die Organisation mit Erneuerungen umgeht (Tabelle 17). Geschieht es zufällig oder gibt es eine Systematik? Ist Erneuerung überhaupt vorgesehen oder befasst sich die Organisation vorzugsweise mit bewährten Erfolgsmustern?

Tabelle 17 Fünf Fragen zur Möglichkeit der Erneuerung

Nr.	Fragestellungen	Antwort
1	Wodurch erfährt die Organisation von relevanten Neuerungen in der Unternehmensumwelt?	
2	Wie wird über die Relevanz entschieden?	
3	Welche Möglichkeiten der Reaktion gibt es innerhalb der Organisation?	
4	Sind in den Strategieüberlegungen Freiräume für Erneuerungen eingeplant?	
5	Werden Veränderungen und Erneuerungen proaktiv vorangetrieben oder eher reaktiv behandelt?	

2. Die innovative Organisation (K_2)

Wie innovativ die Organisation ist, stand im Interesse des zweiten Teils. Es ging vor allem darum, das Vorgehen der Organisation einzuschätzen und den Umgang mit Innovationen zu charakterisieren. Wie geht die Organisation mit Innovationen, Unsicherheit und Ungewissheit im Innovationsprozess um und wie wehrt sich das Unternehmen gegen nachlassende Innovationskraft (Tabelle 18)?

Tabelle 18 Fünf Fragen zur Rolle von Innovationen in der Organisation

Nr.	Fragestellungen	Antwort
6	Wie entstehen Ideen und wie werden sie erfasst? Gibt es ein Innovationsmanagementsystem?	
7	Gibt es – neben dem „offiziellen" Weg – weitere Möglichkeiten, damit Innovationen entstehen können?	
8	Wer treibt die Innovationen voran? Welche Rolle spielt das Management?	
9	Wie geht die Organisation mit Querdenkern um? Gibt es Freiräume oder gelten sie als Minderleister?	
10	Wie werden Innovationsbemühungen durch die Organisation honoriert (auch im Vergleich zu anderen Aktivitäten)?	

3. Der Innovationsprozess (K_3)

Der dritte Teil der Befragung war auf den Innovationsprozess ausgerichtet. Wie formal ist der Prozess und wie wird er gesteuert (Tabelle 19)?

Tabelle 19 Fünf Fragen zum Innovationsprozess

Nr.	Fragestellungen	Antwort
11	Wie systematisch werden Innovationen verfolgt? Gibt es einen Innovationsprozess?	
12	Falls ja, wer bringt Vorschläge ein und welcher (wie) wird ausgewählt?	
13	Werden Ressourcen zur Ideengenerierung und Erfassung bereitgestellt?	
14	Spielen politische Positionskämpfe eine Rolle bei der Auswahl der Innovationsprojekte? Sind Innovations-Lieblingsprojekte bekannt? Gibt es in der Entscheidung eine Hierarchie?	
15	Welche Kriterien dienen als Bewertungsrahmen (Net Present Value, Kundennutzen, Technik-Fit, Strategie-Fit, ...)?	

4. Auswahl und Entscheidungen (K_4)

Wie selektiert die Organisation die Vorschläge und Ideen zur Weiterverfolgung (Tabelle 20)?

Tabelle 20 Fünf Fragen zu Innovationsvorschlägen

Nr.	Fragestellungen	Antwort
16	Was versteht die Organisation unter einer guten Idee?	
17	Wie entstehen Ideen und wie werden sie erfasst?	
18	Werden alle Ideen nach dem gleichen Schema behandelt?	
19	Werden Ideen und Vorschläge kontinuierlich erfasst oder nur beispielsweise einmal pro Jahr?	
20	Wie werden Ideen bewertet, die nicht zur Innovationsstrategie passen?	

Datenerhebung und Codierung

Die Befragung war als Interview angelegt, was in der Literatur auch als Leitfadengespräch bezeichnet wird.[347] Mit zwei Ausnahmen wurden die Befragungen von zwei Interviewern – ich hatte die Unterstützung eines Werkstudenten – im Zeitraum Februar bis Juni 2010 durchgeführt.

Wie bei jeder Befragung muss man sich darüber klar sein, dass man eine Abweichung der Antwort von der Wahrheit nicht erkennen kann.[348] Da den Interviewpartnern jedoch absolute Anonymität versichert wurde, bestand im Prinzip keine Motivation für geschönte Angaben.

Alle Fragen wurden bewusst als offene Fragen formuliert. Das hat den Vorteil, dass viele zusätzliche Indizien und Informationen in Erfahrung

Tabelle 21 Schema zur Bewertung der Antworten am Beispiel der Frage 10

$-2 < K < -1$	$-1 < K < 0$	$0 < K < 1$	$1 < K < 2$
„Nichts bekannt." „Alles, was mit Ideen und Innovationen zu tun hat, ist freiwillig."	„Im Rahmen von Zielvereinbarungen." „In Ausnahmefällen."	„Gute Ideen werden honoriert, obwohl das nicht transparent ist."	„Es gibt Erfinderpreise, nicht nur einmal im Jahr für die Besten, sondern ständig." „Man kann direkt zum XYZ [Abteilungsleiter] gehen, der ist interessiert und unterstützt."

gebracht werden und der Teilnehmer nicht durch die Bewertung irritiert und abgelenkt wird oder gar bewusst falsch markiert. Es bringt jedoch den Nachteil mit sich, dass die Ausführungen codiert und in das Skalenschema überführt werden müssen. Das erfolgt über Signalwörter, Begriffe, Beispiele und Vergleiche. Beispielsweise wurde bei Frage 10 („Wie werden Innovationsbemühungen durch die Organisation honoriert?") das Schema gemäß Tabelle 21 angewendet. Alle Antworten wurden dokumentiert und im Anschluss wurde eine Einschätzung entsprechend diesem Schema getroffen. Vollständig beschrieben sind die Indikatoren in meiner Dissertation.[349]

5.3.2 Auswertung und Ergebnisse

Auswertung der Fragebögen

Für jeden Teilnehmer wurde die Innovationsorientierung K eingeschätzt, welche die Beurteilung in einem Spektrum zwischen -2 (ausschließlich inkrementell-erweiternd orientiert) und $+2$ (ausschließlich radikal-explorierend orientiert) erlaubt.

Auf der Grundlage der Antworten des Interviews wurde für jeden der vier Themenblöcke eine Einschätzung getroffen; damit wurden K_1, K_2, K_3 und K_4 ermittelt (dargestellt in Tabelle 22). Die Innovationsorientierung K_n des Teilnehmers n ergibt sich dann als Durchschnittswert von K_1, K_2, K_3 und K_4.

Wie Bild 32 zeigt, kann man den Großteil der Befragten dem Bereich der „Orientierung an inkrementellen Innovationen" zuordnen. Die Mehrzahl der Organisationen der Befragten vermeidet bewusst oder unbewusst Ideen und Vorschläge mit hoher Unsicherheit und hält es für attraktiv, bestehende eigene Stärken und geringes Risiko in der Umsetzung für schnelle Erfolge zu nutzen.

Auffällig sind die drei „Ausreißer", deren Organisationen sich in ihren Innovationsbemühungen deutlich von denen der anderen Teilnehmer abheben. Überraschend ist auch, dass lediglich ein Gesprächspartner angab, dass in seiner Organisation überhaupt zwischen radikalen und inkrementellen Innovationen unterschieden wird und diese Innovationen auch gesondert behandelt werden.

Aus den Ergebnissen der Befragung lässt sich eindeutig schließen, dass die installierten Innovationsmanagementsysteme im Wesentlichen für inkrementelle Innovationen konditioniert sind und radikale Innovationen blockiert werden. Die Systeme filtern Durchbruch-Innovationen aus dem System (vgl. Hypothese 2, S. 44). Für die Innovations-

Tabelle 22 Die Ergebnisse der Befragung im Detail: K_1 bis K_4 und K_n für jeden Teilnehmer

	K_1	K_2	K_3	K_4	ø (K_n)
1	−1,8	−1,4	0,1	−0,5	−0,9
2	1,3	0,6	1,4	0,8	**1,025**
3	−1,5	−1,8	−1,2	−0,8	−1,325
4	−1,0	−1,6	−0,9	−0,9	−1,1
5	−1,1	−1,1	−1,6	−1,4	−1,3
6	−1,6	−1,3	−1,1	−0,8	−1,2
7	−1,5	−1,4	−1,0	−1,4	−1,325
8	−1,7	−1,6	−1,2	−1,3	−1,45
9	−1,2	−0,9	−1,6	−1,8	−1,375
10	−1,5	−1,7	−1,4	−0,8	−1,35
11	−1,6	−1,2	−1,1	−0,7	−1,15
12	−0,9	−1,2	0	−0,8	−0,725
13	−0,8	−1,6	0,2	−0,8	−0,75
14	−1,2	−1,5	−0,8	−0,9	−1,1
15	−1,3	−1,6	−0,7	−1,0	−1,15
16	−1,2	−1,4	−1,0	−1,2	−1,2
17	−0,3	−1,5	−1,0	−0,9	−0,925
18	−0,2	−1,3	−1,1	−0,6	−0,8
19	−1,7	−1,6	−0,9	−0,8	−1,25
20	−1,4	−1,3	−1,1	−1,4	−1,3
21	−1,5	−0,9	−1,2	−0,8	−1,1
22	1,2	1,4	1,4	1,1	**1,275**
23	−1,1	−1,5	−1,2	−1,0	−1,2
24	1,4	1,2	−0,2	1,7	**1,025**
25	−1,1	−1,5	−1,0	−1,2	−1,2
26	−0,8	−1,5	−1,2	−0,8	−1,075
27	−1,1	−1,0	−1,4	−1,0	−1,125
28	−0,5	−1,5	−1,3	−0,8	−1,025

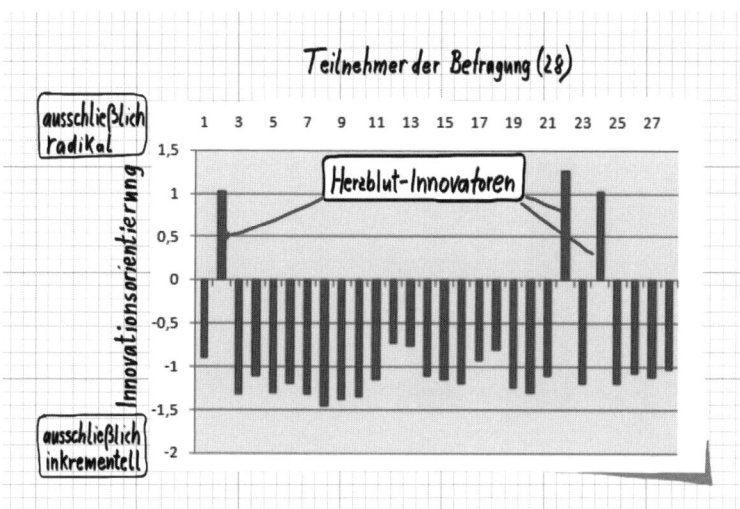

Bild 32 Die Ergebnisse der Befragung im Überblick

kraft eines Unternehmens ist das fatal. Kurzfristige Einfachheit führt langfristig zu einer Innovationsverwaltungsstruktur, die das Innovationspotential eines Unternehmens blockiert. Die Tendenz zum Gleichgewichtszustand sorgt für Innovationsschritte mit immer geringerem Erneuerungspotential.

Die Verteilung auf die eingangs festgelegten Intervalle ist in Bild 33 dargestellt. Fasst man die beiden mittleren Intervalle zusammen, kann man die Innovationsorientierung bei 20 Teilnehmern als inkrementell mit Vermeidung von Risiko einstufen, bei fünf Teilnehmern ist das Verhältnis annähernd ausgeglichen und nur drei Teilnehmer sehen in ihrer Organisation das Potential für radikale Innovationen.

Tabelle 23 Innovationsfähigkeit bezogen auf das Unternehmen (anonymisiert)

Unternehmen	Mittelwert K aller Teilnehmer des Unternehmens
A	−1,00
B	−1,02
C	−0,59
D	−0,46
E	−1,07

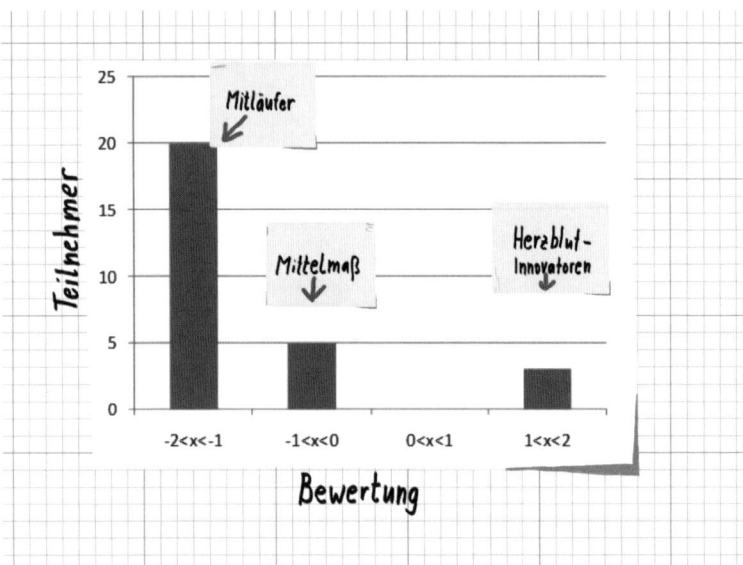

Bild 33 Verteilung der Teilnehmer auf vier Intervalle

Bildet man den Mittelwert des Wertes *K* über alle Teilnehmer eines Unternehmens, ergibt sich ein Bild entsprechend Tabelle 23. Alle Unternehmen befinden sich im negativen Bereich, drei von fünf im niedrigsten Intervall. Zwei sind etwas besser, aber ebenfalls im negativen Bereich.

Einordnung in den Bezugsrahmen

Obwohl das Ergebnis eher als Indiz denn als empirische Validierung zu werten ist, überrascht es kaum. Es deckt sich im Wesentlichen mit Erkenntnis 12, (S. 143), den empirischen Ergebnissen von Scholl und Christensens „Cramming".[350]

Innovativ sein ist demnach in den meisten Fällen lediglich ein Wunschbild. Kommt es zu konkreten Entscheidungen und Handlungen, wird die Stabilität, das Vertraute und das Gleichgewicht bevorzugt. Eigentlich, so bestätigten mehrere Teilnehmer, fürchte man sich vor Veränderungen. Oftmals würden Manager Innovationen wollen und sich selber sogar als innovativ einschätzen, in der Praxis jedoch im Entscheidungsfall reflexartig nach Marktgröße und Risiko fragen.[351] Einstein sagte einmal sinngemäß, er hacke deshalb gerne Holz, weil man unmittelbar das Ergebnis der Arbeit bewundern kann. Menschen sind von Natur aus auf schnelle Ergebnisse fixiert. Langfristige, unsichere Projekte werden schnell in Frage gestellt. Der Innovations-Spatz in der Hand ist eben immer noch mehr wert als die radikale Taube auf dem Dach. In Anlehnung an „Structure follows Strategy"[352] kann man im Zusammenhang mit dem Red-Queen-Effekt neu formulieren: „**Innovation follows Strategy.**"

Erkenntnis 16

Die angewendeten Methoden und Modelle des Innovationsmanagements beruhen nicht auf dem Wunsch und dem Ziel nach großen, bahnbrechenden Innovationen, sondern danach, das Risiko möglichst niedrig zu halten und dass alles kontrollier- und steuerbar bleibt. Sie sind insofern ein *Machterhaltungsinstrument*: Nur was zugelassen wird, darf sich auch entwickeln. Und das ist wie Planwirtschaft.

5.4 Die Evolution bohrt keine Bretter

Innovationen sind eine ganz große Idee. Mir blutet das Herz, wenn ich erleben muss, wie kreatives Potential brach liegt oder mit unsinnigen Powerpoint-Folien-Anfragen brach gelegt wird, wenn gute Vorschläge einfach zerredet werden und man nichts dagegen machen kann oder wenn Selbstgefälligkeit, Unvermögen und Lernresistenz den Führungsstil prägen. Dann ist absehbar, dass sich eine Innovationskultur gar nicht erst entwickeln kann und es gute Ideen auf dem Weg durch die Organisation wahrscheinlich nicht schaffen werden.

Ich denke, nun ist es an der Zeit, einmal inne zu halten und zu überlegen, was wir bis jetzt gelernt haben und was es bedeutet. Es gibt jede Menge Befunde und Indizien dafür, dass man das Innovationsverhalten von Organisationen verbessern kann, hinsichtlich Umfang, Intensität und der Organisation der Projekte. Die Wissensschöpfung orientiert sich zu stark an der Wertschöpfung und verbaut dabei den Blick aufs Neue. Das Management bevorzugt Planungssicherheit und vermeidet das Risiko, Hierarchien sind die bevorzugte Organisationsform und Routinen schränken die Freiheitsgrade ein. Blickt man zurück, kann man Muster erkennen: Dornröschen-Effekt und Red-Queen-Effekt verhindern, Pionier-Effekte fördern Innovationen. Durch Bequemlichkeit und Trägheit nimmt die Innovationsfähigkeit langsam ab und es kommt zur Trivialisierung. Wo setzt man an? Was kann man tun, wie kann man das Innovationsverhalten reanimieren? Auf der Suche nach einem Weg zur Verbesserung folgen wir nun drei Denkrichtungen.

Vorbild Evolution

Wie Niklas Luhmann einmal formulierte, können sich Organisationen nicht beobachten. Dem folgend frage ich mich, wie Organisationen dann eine Erneuerung schaffen können. Die Natur hat dafür den Mechanismus einer begrenzten Lebenszeit vorgesehen: das Lebensende von Organismen der einen Generation und die Fortpflanzung und das Weiterleben in einer neuen Generation. Dadurch ist eine Erneuerung und Weiterentwicklung möglich. Überhaupt hat die Natur einen ganz eigenen, sehr effizienten Innovationsmechanismus entwickelt:

Die Evolution ist ein erfolgreicher Innovationsmotor. Seit Darwin wissen wir, dass die Artenvielfalt nicht das Ergebnis eines Schöpfers ist, sondern durch das Phänomen der Abstammung und Vererbung über Jahrmillionen entstand. Neue Kombinationen von Genen entstehen während der Fortpflanzungsphase. Sie sorgen zunächst für eine große Variation im Genpool. Auch durch die Anzahl neuer Genmutationen werden Möglichkeiten zur Erneuerung erzeugt. Dieser Mechanismus der Mutation ist im Kern ein zufallsgesteuertes Losverfahren. Hier wird quasi „ausgewürfelt", welches genetische Material von den Eltern an die Nachkommen weitergegeben wird. Über die natürliche Auslese in Form von Selektion und Stabilisierung wird dann gesteuert, ob sich Neuerungen bewähren oder wieder verworfen werden. Im Wettbewerb setzen sich also die am besten auf die Umweltbedingungen angepassten Arten durch.

Das Verblüffende ist nun, dass es in der Natur keinen Masterplan und keine Strategie für die Entwicklung der Populationen gibt. Und trotzdem: Instinkt und Überlebenstrieb des Individuums und der Mechanismus der Evolution funktionieren seit Jahrmillionen sehr effizient und sorgen für eine ständige kreative Erneuerung.

Was wir von Darwin lernen können

Genau darin liegt der Unterschied zum betrieblichen Innovationswesen. In der Regel wird durch eine Innovationsstrategie die Richtung der Innovationsbemühungen vorgegeben. Das führt jedoch – wie zahlreiche Untersuchungen belegen – zu tunnelblickartigen Reaktionen. Statt für möglichst viele Neuerungen offen zu sein, sucht man gezielt nach Lösungen für bekannte Probleme. Die Fixierung auf das vorgegebene Ziel verhindert die neutrale Beurteilung von Ideen. Es hätte sicher keine nennenswerte Evolution stattgefunden, wenn bestehende Populationen die Zukunft der Arten strategisch festgelegt hätten. Dann würden die Menschen heute noch auf den Bäumen leben.

Aus einer Planungsperspektive heraus ergibt es erst einmal zunächst keinen Sinn, sich auf allen vier Gliedmaßen fortzubewegen. Retrospektiv betrachtet ist es ein Zwischenschritt, um später aufrecht gehen zu können, und erscheint logisch. Der aufrechte Gang war sicher kein geplanter Schritt in der Entwicklung des Menschen. **Die These lautet daher: Um** die Innovationskraft zu steigern, sollte es weniger Strategie und dafür mehr Evolution im Innovationsmanagementsystem geben. Strategien sind immer durch die Vorstellungskraft des Menschen limitiert. Und nur weil wir uns nicht vorstellen können, wie sich Dinge entwickeln, bedeutet das nicht, dass sich die Dinge so entwickeln. Doch wie bekommt man nun die Evolution ins Innovationssystem eines Unternehmens? Wie kann man den Innovationsvorgang noch innovativer machen?

Wie man die Logik des Unternehmens überlistet ...

Organisationen sind soziale Systeme, die sich – zeitlich gesehen – relativ stabil verhalten. Neues hat es in der Regel sehr schwer. Die besten Ideen werden oftmals nicht umgesetzt, weil sich die Organisation zu sehr ändern müsste. Die Beharrungskräfte sind zu groß. Zwischen der Idee und der Umsetzung der Idee gibt es eine große Lücke.[353] Dieses Tal zu durchschreiten braucht viel Energie und die Unterstützung der Organisation, welche jedoch – wie zuvor dargelegt – nicht gegeben ist. Gunter Dueck teilt die Akteure im Unternehmen im Hinblick auf Innovationen ein in Protagonisten (die es unbedingt wollen), Open Minds (die prinzipiell nicht dagegen sind, aber auch nicht unbedingt dafür), Closed Minds (die nicht dagegen sind, wenn sich für sie persönlich nichts ändert) und Anta-

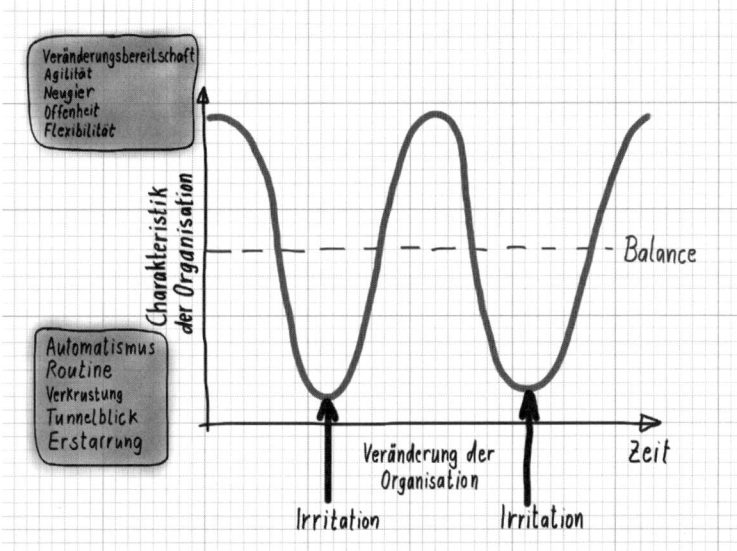

Bild 34 Die Logik der Irritation

gonisten (die sind dagegen).[354] Die Mehrzahl der Akteure ist also zunächst einmal dagegen.

Bild 34 zeigt den Zusammenhang, die Logik und die Tendenz der Unternehmen, die Organisation und die Abläufe nach jedem Gegensteuern immer wieder im Hinblick auf Effizienz zu optimieren. Wie sowohl der Red-Queen-Effekt als auch der Dornröschen-Effekt belegen, kann das fatale Folgen haben. Organisationen verlieren mit der Zeit die Fähigkeit, sich zu verändern und sich zu erneuern. Die Beharrungstendenzen der Organisation können durch gezielte „Irritationen" durchbrochen werden. Es gibt einen Bereich, in dem stabilisierende und destabilisierende bzw. erneuernde Kräfte in einer Art Balance stehen. Einerseits ist in diesem Optimum gewährleistet, dass die Organisation stabil funktioniert (alle wichtigen Funktionen werden zuverlässig ausgeführt), andererseits ist ebenso die Erneuerbarkeit der Organisation sichergestellt. Die Organisation ist in der Lage, Strukturen und Systeme zu verändern, und zwar eigenständig und vorausschauend und nicht, wie es weit verbreitet ist, als Reaktion auf veränderte Wettbewerbsbedingungen und rückgängige Marktanteile und Gewinnmargen.

... und die Organisation fit macht

Die Irritation an sich, selbst wenn man sie als hilfreiches Instrument ausgemacht hat, kann nur insofern unterstützend wirken, als sie nicht als Störung, sondern als Impuls, ähnlich dem Trainingsanreiz eines Leistungssportlers, gesehen wird. Um diesen Gedanken verständlich zu machen, hilft uns ein Konzept aus der Psychologie (wieder einmal).

Jean Piaget beschäftigte sich mit der Erforschung frühkindlicher Entwicklungen.[355] Seine Beobachtungen bei Kindern führten ihn zu der Erkenntnis, dass man auf unterschiedliche Art und Weise lernen kann. In ihrer Entwicklung müssen sich Kinder ständig ändernden Umweltbedingungen stellen und dies bewältigen. Dazu stehen ihnen eine Reihe von Möglichkeiten zur Verfügung, die Piaget auch als Schemata bezeichnet. Reicht der vorhandene, anwendbare Vorrat an Schemata für eine Situation, spricht man von Assimilation. Ein Kind greift zum Beispiel nach einem Becher mit Wasser und trinkt. Oder eine Organisation möchte die Innovationsfähigkeit verbessern und führt eine neue Systematik ein, da das das einzige zur Verfügung stehende Schema ist. Nun bekommt das Kind einen Teller mit Suppe, das Schema „Trinken aus einem Becher" reicht nicht mehr. Das Kind muss ein neues Schema lernen. Die Erweiterung des Repertoires um neue Schemata bezeichnet man als Akkomodation. Organisationen müssen Schemata lernen, Systematik allein reicht nicht nicht mehr aus. **Zum Umgang mit Besessenheit und Zufall braucht es neue Schemata.**

5.5 Zwischenfazit

Ungewissheiten und Unsicherheiten spielen eine zentrale Rolle bei der Entwicklung von radikalen Innovationen. Wie die Ausführungen in diesem Kapitel jedoch gezeigt haben, orientiert sich sowohl die Managementlehre mit ihren Planungsgrundsätzen, als auch der betriebswirtschaftliche Effizienzanspruch an der reinen Vermeidung von Unsicherheit. Es werden lediglich die negativen Folgen von Ungewissheit und Unsicherheit für das operative Geschäft von Unternehmen betrachtet.

Die eingangs aufgestellte Hypothese, dass die Entstehung von radikalen Innovationen in einem rein strategisch-planerischen Innovationsmanagement ausgeschlossen ist (Hypothese 3, S. 63), wird somit erhärtet. Betrachtet man Unsicherheit als eine Quelle von Innovationen und deren negative Begleiterscheinungen im Betriebsprozess, so wird deutlich, weshalb sich der Fokus der Innovationsbemühungen von Unternehmen im Laufe der Zeit verschiebt.

Die bisherigen Überlegungen in diesem Buch haben deutlich gezeigt, dass im Sinne der Erneuerung bestehende Gedankenwelten verlassen werden müssen – unter Umständen auch per Zufall. Insofern wird deutlich, dass Unsicherheit nicht prinzipiell als eine negative Begleiterscheinung für betriebliche Prozesse zu verstehen ist und differenziert betrachtet werden muss. Die Rolle von Unsicherheit erlangt in den Phasen des Innovationsprozesses eine vollständig andere Bedeutung.

Erkenntnis 17

Aus Unternehmensperspektive ergeben sich zwei Betrachtungsweisen für Ungewissheit und Unsicherheit:

1. Unsicherheit stellt eine Bedrohung für geplante und gesteuerte betriebliche Abläufe dar. Es gilt, sie zu vermeiden, um so die festgelegten Pläne nicht zu gefährden.

2. Für Innovationen – insbesondere radikale Innovationen – stellen Unsicherheiten und Ungewissheiten die Ursache für Zweifel dar und gelten damit als Beginn jeglicher Erneuerung und Innovation. Ohne Unsicherheit und Zweifel kann es keine Motivation für Veränderung geben. Unsicherheit ist insofern essentiell für Erneuerung.

6 Therapie: Stimulierung durch Irritation

Ausgehend von der Erkenntnis, dass Irritationen ein mögliches Instrument sind, um der nachlassenden Vitalität des Unternehmens, der inkrementalisierenden Innovationsfähigkeit in der Organisation und der Dominanz der Wertschöpfung entgegenzuwirken, ergibt sich die Frage nach dem WIE. Obwohl das Konzept der Irritation im Unternehmenskontext als neuartig einzustufen ist, gibt es Beispiele und Anwendungen aus der Unternehmenspraxis, denen man zweifellos eine irritierende Wirkung bescheinigen kann, ohne dass sie als bewusste Irritation zu bezeichnen wären.

Aus der Literatur ist eine Reihe von Konzepten bekannt, die darauf abzielen, die Innovationsfähigkeit von Unternehmen zu fördern.[356] Die Autoren schlagen eine Einteilung in drei Gruppen vor:

1. Förderung des Mitarbeiters als Unternehmer: Intrapreneuring

2. Arbeiten im „Untergrund" des Unternehmens: Skunk Work und Bootlegging

3. Finanzierungskonzepte nach dem Vorbild von Venture Capital: Corporate Venture Capital, Internal Corporate Venturing

Alle Konzepte erscheinen grundsätzlich zur Unterstützung der Innovationsfähigkeit geeignet, scheitern jedoch oft in der Anwendung im Unternehmen.[357] Bei Semco wurde Intrapreneurship zwar erfolgreich praktiziert, in anderen Unternehmen fehlen dafür jedoch derartige Freiräume oder Ressourcen, ähnlich wie für das Arbeiten im Untergrund, das Bootlegging.[358] Externe oder interne Beteiligungen mit Risikokapital wiederum spielen – zumindest in Deutschland – eine untergeordnete Rolle.[359] Das mag daran liegen, dass Beteiligungen vor allem aus strategischer Sicht zu verstehen sind und dabei eher die Sicherstellung von Technologien im Vordergrund steht als die Verfolgung von radikalen Innovationen.

Gezielte Anstöße – sogenannte Nudges – sorgen für das Infragestellen von Bewährtem.[360] Das gleichnamige Buch von Thaler & Sunstein geht von der Erkenntnis aus, dass menschliche Entscheidungen alles andere als perfekt getroffen werden. Psychologen und Gehirnforscher unterscheiden zwei Arten des Denkens: das intuitiv-automatische und das reflektierend-rationale. Beide Arten haben Vor- und Nachteile und es lässt sich nicht vorhersagen, wann wie gedacht wird. Heuristiken machen das Leben und das Entscheiden einfacher, aber eben auch fehleranfälliger. Nudges helfen – so die Autoren – andere Perspektiven einzunehmen und können so zu Verhaltensänderungen führen. Um mit den Worten von Kahnemann zu sprechen, der beim Denken zwischen System 1 (schnell-assoziativ) und System 2 (analytisch-rational) unterscheidet, sorgen Nudges für den Wechsel zwischen den Systemen 1 und 2 und zur Überwindung der mentalen Müdigkeit.[361] Die letzten Kapitel haben gezeigt, dass auch Organisationen unter dieser Müdigkeit leiden und lieber überschaubare Sachen machen als sich zum Beispiel mit komplizierten Themen wie radikalen Innovationen auseinanderzusetzen. Irritationen sind insofern ein Trick zur Befähigung der Organisation zu Pionier-Effekten und zur Vermeidung von Red-Queen- und Dornröschen-Effekten.

Neben diesen bekannten stelle ich in diesem Kapitel weitere Konzepte vor, die – zum Teil in der Praxis erprobt – die Innovationsfähigkeit und Innovationskraft von Unternehmen durch gezielte und bewusste Irritation und Unsicherheit stärken. Irritationen verhindern, dass Menschen und Organisationen in den erzeugten Wirklichkeitskonstrukten und Strukturen erstarren. Wie bereits beschrieben, ist Unsicherheit zu Beginn des Innovationsprozesses notwendig: Unternehmen müssen sich überlegen, wie sie Unsicherheit gezielt ins Unternehmen bringen.

Die im Folgenden vorgestellten Möglichkeiten bilden eine Auswahl aus dem Repertoire zur bewussten Irritation im Unternehmenskontext. Ohne Anspruch auf Vollständigkeit soll deren praktische Anwendbarkeit im Rahmen der Theorie der bewussten Irritation demonstriert werden.

6.1 Irritation: Begriffsklärung

Der Begriff Irritation stammt vom lateinischen Wort irritare ab, was etwa reizen, provozieren oder erregen bedeutet. Laut Duden[362] sieht man die Irritation mit etwas Unangenehmem, Negativem in Verbindung:

a) auf jemanden, etwas ausgeübter Reiz, Reizung

b) das Erregtsein

c) Verwirrung, Zustand der Verunsichertheit

Neben dieser im Alltag geläufigen Anwendung des Begriffes gibt es weitere Anwendungskontexte. Zum Beispiel werden in der Medizin Hautreizungen als Irritation bezeichnet, und in der Medienindustrie gelten Irritationen als Instrument zur Erhöhung der Aufmerksamkeit.[363] Darüber hinaus ist aus der Pädagogik das Prinzip der „Irritation als Lernanlass" bekannt.[364] **Diesem Verständnis folgend, wird Irritation nachfolgend als ein Impuls für Veränderungen verstanden.**

6.1.1 Irritation als Impuls für Veränderung

Bardmann et al. empfehlen, Irritationen nicht länger als Störgrößen zu stigmatisieren, sondern „sie als konstitutive Momente menschlichen Lebens und sozialen Zusammenlebens ernstzunehmen."[365] Sie plädieren dafür, die Mehrdeutigkeiten von Irritationen anzuerkennen und als durchaus positive Elemente zuzulassen. Sie sind, so die Autoren, eine Art Lebenselixier, welches verhindert, „dass Menschen in einmal erzeugten Wirklichkeitskonstrukten erstarren".[366] Sie sollen dazu anregen, weiterzumachen, umzudenken, hinzuzulernen, auszuprobieren, zu forschen und zu erkunden. Schulz bezeichnet Irritationen als Differenz zwischen Fremd- und Selbstwahrnehmung, und die sich daraus ergebende Information sieht er als Anregung für soziale Systeme.[367] Ganz im Sinne des Konstruktivismus lassen sich die Reaktionen auf Irritationen als Entscheidungsmöglichkeiten, als Alternative zwischen Abstoßen und Aneignen von Fremdheit interpretieren.[368] **Folglich sind Irritationen für die Weiterentwicklung von Unternehmen als notwendig zu betrachten, auch wenn sie für Unternehmensplaner zunächst eine negative Betriebsstörung darstellen (da sie ja vom derzeitigen Denken und Handeln ablenken).**

Da Irritationen das Potential haben, neue Handlungsmöglichkeiten aufzuzeigen und Anstöße zur Weiterentwicklung und Veränderung zu geben, sollten sie in den Fokus des Innovationsmanagements rücken.

> **Proposition 25**
>
> Im Rahmen dieses Buches werden Irritationen als Impulse betrachtet, die sowohl Grund für als auch Ergebnis durchbrochener Erwartungshaltungen sind. Sie sind für die Entwicklung von Unternehmen und insbesondere Innovationen eine Notwendigkeit.

6.1.2 Störung, bewusste und unbewusste Irritationen

Aus der Perspektive eines Unternehmens stellt zunächst jede Abweichung vom Plan und vom erwarteten Verlauf eine Störung dar. Um diese Störung bewerten und damit als relevant oder irrelevant einordnen zu können, bedarf es einer Untersuchung. Tatsächlich werden Bedrohungen für den Routineablauf im Vergleich als relevanter eingeschätzt als bei Neuigkeiten und Fremdem. Bei letzteren scheint sich die Komplexitätsreduzierung durch Ignorieren[369] (vgl. Erkenntnis 8, S. 109) bemerkbar zu machen.

Eine bewusste Irritation liegt vor, wenn in voller Absicht die Organisationen mit bis dahin unbekannten Wissens- und Bedeutungszusam-

menhängen konfrontiert werden und dadurch die Erwartungsstruktur und eingeschliffene Antizipationsmuster (nach denen bestimmte Erwartungen entstehen oder eben nicht) herausgefordert bzw. in Frage gestellt werden. Man könnte nun glauben, dass eine bewusste Irritation nur durch externe Beobachter und Auslöser initiiert werden könnte (da eben gerade das für die Organisation Unbekannte nur jenseits der Unternehmensgrenze das Attribut unbekannt verdient). Ich gehe aber davon aus, dass sich die unbekannten Wissens- und Bedeutungszusammenhänge durch (bisher nicht abgefragte oder genutzte) Einzelkenntnis im Unternehmen, die Kommunikation innerhalb der Organisation und Mehrheitsakzeptanz manifestieren.

Das kann im Extremfall die gewünschte Infragestellung der stabilisierenden Strukturen der Organisation in Form zum Beispiel von Routinen und Prozessen bedeuten. Im Grunde geht es aber erst einmal darum, die Mehrdeutigkeit von Irritationen überhaupt anzuerkennen und so positive Effekte im Sinne von Lern- und Veränderungschancen zuzulassen.

Unbewusste Irritationen entstehen als Folge von getroffenen Entscheidungen im Unternehmensgefüge und den dadurch gewonnenen Erkenntnissen und hervorgerufenen Entwicklungen oder aufgrund von Zufall. Wegen der Art ihrer Entstehung sind sie weder als Störung noch als bewusste Irritation zu bezeichnen, sonder eben als unbewusst.

Im Wissen, dass man Organisationen nicht ändern, sondern lediglich dahingehend stimulieren kann,[370] dass sie sich selber verändern, erscheinen Irritationen – bewusste Irritationen – eine vielversprechende Option. Aber auch unbewusste Irritationen, zum Beispiel in Form von Zufallsereignissen, sind zur Stimulation des Systems geeignet, vorausgesetzt, sie werden wahrgenommen.

6.1.3 Zur Dosierung von Irritationen

Erst wenn Irritationen zur bedeutsamen und erfahrbaren Differenz von Fremd- und Selbstwahrnehmung werden, können sie zu verwertbarer Information weiterverarbeitet werden.[371] Wunsch – gerade bei bewusst initiierten Irritationen – ist, „das[s] sie nicht nur gleichsam psychisch versickern, sondern in mitgeteilte Information umgewandelt werden, ohne dass das System mit Warnungen und deren Folgeverantwortungen überlastet würde".[372] **Insofern kommt der Dosierung der Irritation eine nicht unwesentliche Bedeutung zu.**

Eine im Ausmaß zu geringe Stimulierung bedeutet die Nichtwahrnehmung durch die Organisation.

Eine zu starke Irritation andererseits kann Teilausfälle von Unternehmensfunktionen zur Folge haben und im Extremfall eine interne

Blockade oder Zerstörung bzw. Auflösung der Organisation nach sich ziehen.

Die gleiche Gefahr besteht bei einer zu häufigen Irritation, da der Organisation in dem Fall die notwendige Orientierung fehlt.

Im Idealfall wird die Irritation als bedeutsam durch die Organisation wahrgenommen und als Lernanlass aufgegriffen. Damit dieser Lerneffekt eintreten kann, muss die Organisation-Umwelt-Beziehung möglichst neutral – im Idealfall von außen – beobachtet und irritiert oder ähnlich der Evolution durch Zufallsmuster stimuliert werden.

6.2 Bausteine der Theorie der bewussten Irritation

Im Folgenden wird – auf der Basis der bereits vorgestellten Fallstudien – die Theorie der bewussten Irritation entwickelt. Sie kann als repäsentativ akzeptiert werden, weil Innovationsaktivitäten unternehmensspezifisch sind, die Unternehmen aus verschiedenen Branchen stammen und unterschiedliche Größen und Alter ausweisen.

Logik und Zusammenhänge

Organisationen befinden sich im Spannungsfeld zwischen stabilisierenden und destabilisierenden Elementen.[373] Idealerweise besteht eine Balance zwischen diesen Kräften dahingehend, dass sich sowohl Neuerungen durchsetzen können, als auch eine Stabilität der Organisation und damit die Funktionsfähigkeit gewährleistet ist. Wir wissen aus den Fallstudien und empirischen Forschungsergebnissen, dass mit zunehmendem Alter und zunehmender Größe von Organisationen Formalismen in Form von Routinen und Prozessen bestimmend sind; die damit einhergehende Vermeidung von Unsicherheit und die einseitige Stabilisierung gehen zu Lasten der Innovationsfähigkeit (Erkenntnis 5 und Erkenntnis 7, S. 68 und S. 97). Bewusste Irritationen können diese „Schwerpunkt-Verlagerung", die Hong & Page „Trade-off between Diversity and Ability" nennen,[374] wieder ausgleichen.

Die Logik der Theorie der bewussten Irritation ist in Bild 35 dargestellt. Im Bereich des „Fensters der höchsten Innovationsvitalität" strebt die Organisation ein ausgeglichenes Portfolio an Innovationen an – ausgeglichen zwischen inkrementellen und radikalen Innovationsvorhaben. „Ausgeglichen" kann hier, je nach Organisation und Branche, recht unterschiedliche Bedeutung haben. Der „Aufenthalt" in diesem Bereich ist besonders vorteilhaft für den langfristigen Erfolg des Unternehmens, doch neigen,

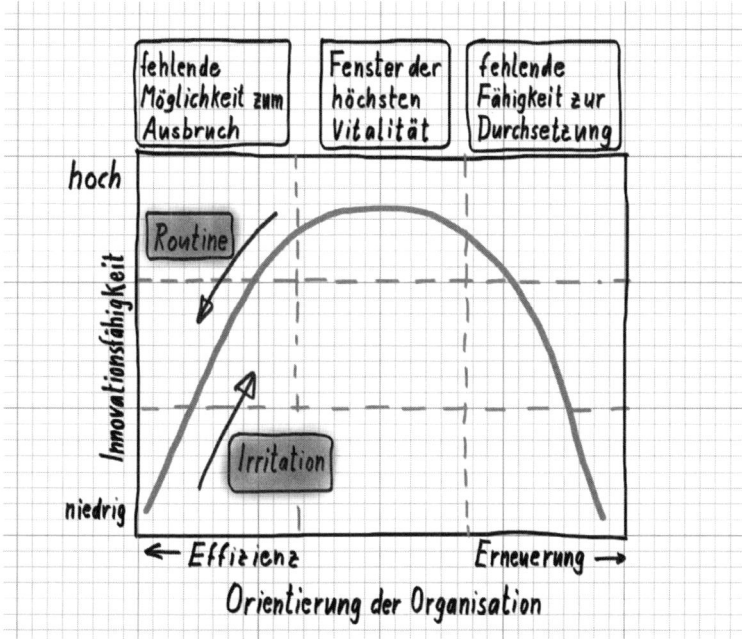

Bild 35 Die Theorie der bewussten Irritation [375]

wie wir bereits festgestellt haben, Organisationen dazu, mit zunehmender Routine mit der Zeit in den linken Bereich zu „rutschen". Wenn Organisationen – also ihr Management und ihre Mitarbeiter – das wissen und akzeptieren, dann haben sie die Chance, aktiv und bewusst entgegen zu wirken.

Erkenntnis 18

Die Theorie der bewussten Irritation besagt, dass die Tendenz einer Organisation zur Stabilisierung und Konformität mit gezielten Impulsen dosiert durchbrochen werden kann.

Die Möglichkeit für radikale Innovationen steigt durch die daraus folgende größere Varianz im Auswahlverfahren und die Vermeidung von Selektionen, die ausschließlich im Sinne von Reproduktion verlaufen.

Darüber hinaus verbessert sich die Adaptierbarkeit des Unternehmens, da Veränderungen im Umfeld des Unternehmens aktiv analysiert und bewertet und dadurch die kognitiven Fähigkeiten des Unternehmens trainiert werden.

Die Irritation im organisationalen Zusammenhang ist in Bild 36 dargestellt. **Auf die Organisation wirken vier Kraftvektoren (auch als Faktoren bezeichnet), die im Bild durch die vier Pfeile symbolisiert werden:**

Stabilisierende und destabilisierende Kräfte, exogene und endogene Faktoren.

Unternehmensextern (exogen) wirken die wirtschaftlichen Rahmenbedingungen und Regulierungen, also die Gesetzgebung und Standardisierungen auf nationaler und internationaler Ebene, stabilisierend auf die Organisation. Turbulenzen im Markt hingegen, ausgelöst durch Wettbewerber oder Verwerfungen an den Finanzmärkten, wirken destabilisierend.

Innerhalb der Organisation sind es vor allem die Effizienzbemühungen und die Formalisierungen und Standardisierungen, die neben der Effizienz eben auch für feste Strukturen, Verlässlichkeit und Stabilität sorgen. Destabilisierende Faktoren werden vermieden oder unterbunden (zum Beispiel durch Disziplinarmaßnahmen bei Querulanten). **Fehlende interne Destabilisierungsfaktoren verhindern jedoch eine Erneuerung.**

Hier kommen die Irritationen ins Spiel: Sie übernehmen die Rolle der fehlenden endogenen Faktoren mit destabilisierender Funktion.

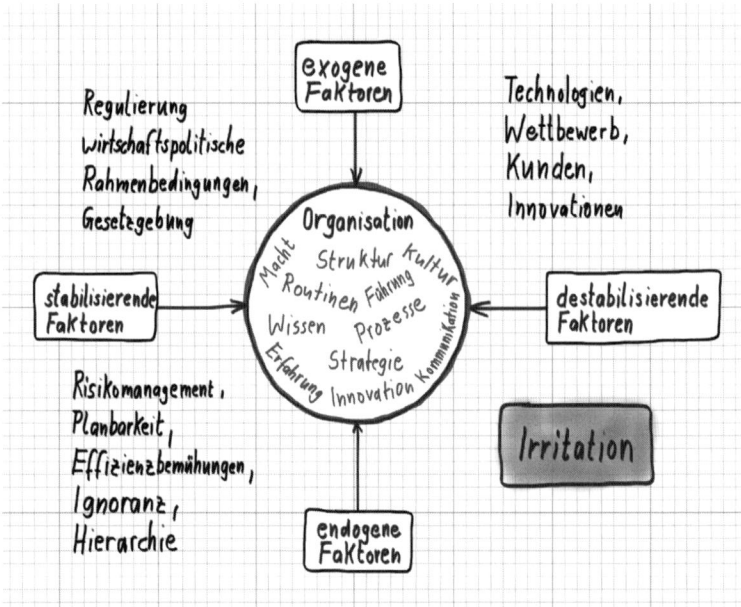

Bild 36 Die bewusste Irritation im organisationalen Zusammenhang

6 Therapie: Stimulierung durch Irritation

6.3 Anregung durch Irritationen

Gezielte bzw. bewusste Irritationen bedeuten zunächst eine höhere Unsicherheit für ein System; vormals eindeutige Vorgänge werden durch Mehrdeutigkeiten geprägt. Im Gegensatz zu den als Überraschung empfundenen Veränderungen dienen Irritationen auch insofern zur Stimulierung des Systems, um die Überraschungen zur Normalität werden zu lassen. Dieses „Wiederherstellen von Unsicherheit" – hervorgerufen durch Irritation – bezeichnet Luhmann als „paradoxes Prinzip". Er empfiehlt „die Irritabilität der Organisation zu erhalten und zu pflegen".[376]

Im Kern dieses Buchs geht es nicht um inkrementelle, sondern um radikale Innovationen und die Frage, wie die Innovationsfähigkeit im Sinne der Radikalität gesteigert werden kann. Durch die Dokumentation und den Vergleich der Fallstudien ist es möglich, beobachtete Situationen zu Effekten zu verdichten. Die Kenntnis dieser Effekte bietet nun die Möglichkeit, die Irritationsbemühungen auszugestalten, und damit die Gelegenheit, die Irritationsmaßnahmen zu systematisieren.

Eine Übersicht über die dokumentierten Fallstudien, die Effekte und die Möglichkeiten zur Irritation zeigt Tabelle 24. Der Red-Queen-Effekt und der Dornröschen-Effekt sind exemplarisch für die Probleme und Herausforderungen von Organisationen. Um radikale Innovationen zu fördern, sind die Entstehung und/oder die Auswirkungen der beiden Effekte zu behindern und ist stattdessen der Pionier-Effekt zu fördern. Die folgenden Kapitel zeigen die Möglichkeiten im Detail.

Tabelle 24 Die Möglichkeit der Irritation entsprechend den Effekten (die mit * gekennzeichneten Unternehmen existieren entweder nicht mehr oder in einer anderen Form, wie zum Beispiel Polaroid)

Beobachteter Effekt	Fallstudie	Mögliche Irritationen
Red-Queen-Effekt	1 Texas Instruments 4 Siemens Mobile Phones*	Irritation, um durch Flexibilisierung interner Vorgänge die tragische Starrheit zu überwinden.
Dornröschen-Effekt	2 Polaroid* 5 Microsoft 10 Firestone*	Irritation, um die Adaption des Unternehmens an Umweltveränderungen zu ermöglichen.
Pionier-Effekt	3 Semco 6 Google 7 PARC Xerox 8 3M 9 Edison/GE	Irritation, um durch Erhöhung der Varianz das Spektrum der Innovationen zu erhöhen und so radikale Innovationen zuzulassen.

6.3.1 Irritation zur Vermeidung des Tunnelblicks (Red-Queen-Effekt)

Im Mittelpunkt des Red-Queen-Effekts steht die Beobachtung des „Tunnelblicks", der dadurch entsteht, dass Organisationen im Laufe der Jahre durch ihre Effizienzbemühungen die Reaktionsmuster und das Spektrum an Reaktionsmöglichkeiten reduzieren. Wenn eine Organisation bzw. eine Gruppe irritierbar ist („Irritationsfähigkeit ist die Grundlage für strukturelle Intelligenz"[377]), ergibt sich durch Irritierung die Möglichkeit der Ausweitung von Entscheidungshorizonten.

Wie schon im Kapitel 5 dargelegt, ist das Irritationsprinzip aus der Pädagogik bekannt: „Irritation als Lernanlass."[378] Durch die Irritation steigt die Aufmerksamkeit gegenüber neuen Lerninhalten. Dieser „Trick" wird auf die Organisation übertragen, um deren kognitive Fähigkeiten zu steigern. Wie noch gezeigt wird, besteht allerdings ein Unterschied darin, dass zwar der Lernende zur Aufnahme von Lernstoff vorbereitet ist, die Organisation aber kaum: Lernen ist keine Kernfunktion der Organisation und immer mit Veränderungen verbunden.

Da die internen Kräfte stärker in Richtung Stabilität tendieren und die lernende Organisation in der Regel eher Wunsch denn Realität ist, muss die Möglichkeit zur Erneuerung regelmäßig erzwungen werden; die Organisation wird gezielt irritiert. Die internen Prozesse und Positionen, die sich am aktuellen Produktportfolio ausrichten, werden durch neue Befunde hinterfragt und nicht als selbstverständlich hingenommen.

6.3.2 Irritationen zur Vermeidung des Dornröschen-Effekts: endogene Stimulierung

Der Dornröschen-Effekt bezeichnet das Problem „informationell geschlossener Sinnsysteme"[379] – also auch Unternehmen – radikal oder zumindest differentiell Neuartiges überhaupt zu erfahren, das außerhalb des Wahrnehmungshorizontes liegt.

Die Erwartungshaltung einer Organisation orientiert sich in der Regel an der Vergangenheit. „Neues wird im Horizont des Bekannten beschrieben und bereits im Prozess der Wahrnehmung entsprechend zugerichtet, was zu einer Banalisierung von Ungewöhnlichem führt."[380] **Durch die Irritation kommt die Organisation zu relevanten Erkenntnissen, die sie im Vorfeld übersehen hat. Damit dies gelingt, muss ein System zum einen irritierbar sein – also die Irritation erkennen können, und zum anderen muss die Irritation systemrelevant sein.**

Die Ausführungen in den Kapiteln 4 und 5 (mit dem Fokus auf Kernkompetenzen) eröffnen eine weitere Möglichkeit der Irritation: **Da sich ein Unternehmen nicht gleichzeitig auf Kernkompetenzen und dynamische oder neue Kompetenzen fokussieren kann, ergibt sich die Möglichkeit, durch eine Irritation neue Kompetenzen zu testen.** „Organisationale Kompetenzen können nicht zugleich maximal reliabel und dynamisch sein."[381] Mit dem „ChangeLab"-Ansatz stellen Engeström et al ein Konzept vor, bei dem „Expert Interventionists" und Praktiker gemeinsam in gesichertem Umfeld (dem Laboratorium) neue Methoden, Praktiken, Prozesse und Anordnungen ausprobieren können.[382] Mit dem gemeinsamen Einsatz von Praktikern und Innovationsexperten ist zu erwarten, dass die Akzeptanz von Irritationen innerhalb der Organisation steigt.

6.3.3 Stimulierung radikaler Innovationen (Pionier-Effekt) durch Irritation des Systems

Die bisherigen Ausführungen haben deutlich gezeigt, dass Innovationsbemühungen, die sich auf das bestehende Produktportfolio beschränken und von der Art her auf Erweiterung statt auf Entdeckung ausgerichtet sind, früher oder später zu Problemen in der Anpassung an Veränderungen der Umwelt führen werden. Diese nachlassende bzw. nicht mehr auf langfristigen Erfolg ausgerichtete Innovationsaktivität lässt sich mit dem von Giddens beschriebenen Phänomen der Reflexivität (siehe S. 137) erklären.

Tabelle 25 Vergleich zwischen Evolution und Innovationsmanagement

	Evolution	Innovationsmanagement
Variation	Zufall	Individuelle Kreativität/ Wissensmanagement/Störungen
Selektion	Zufall	Managemententscheidung
Adaption/Retention	Wettbewerb	Wettbewerb
Ziel	Überleben	Wachstum und Gewinn

Die Notwendigkeit der gezielten Irritation von Organisationen ergibt sich aus dem Vergleich der Mechanismen im Innovationsmanagement und der Evolutionstheorie (Tabelle 25). Der wesentliche Unterschied zwischen beiden Prinzipien besteht darin, dass sich Populationen aus Unkenntnis über die Zukunft das eigene Überleben durch Vielfalt und Quantität sichern.

Diesem unbewussten – instinktiven – Verhalten in der Natur stehen das bewusste Eingreifen und die Steuerung der Erneuerung in Organisationen gegenüber. Im Ergebnis müssen sich beide im Wettbewerb behaupten, wobei (betriebswirtschaftlich organisierte) Unternehmen neben dem reinen Überleben vor allem Wachstum und Gewinn anstreben.

Sowohl natürliche Populationen als auch Unternehmen gehen bei ungenügender Anpassung an die Umwelt und zu geringer Durchsetzungskraft im Wettbewerb unter. Interessant: Der Dornröschen-Effekt tritt in beiden Kontexten auf, wobei sich Unternehmen und Populationen in der Art der Veränderung erheblich unterscheiden. Unternehmen sind in ihrem Wandel nicht auf Neukombination des Erbgutes angewiesen und haben insofern einen entscheidenden (Geschwindigkeits-)Vorteil. Eine Anpassung von Populationen erfordert hingegen eine Neukombination von Erbmaterial und bedarf so mehrerer Generationen. Bei raschen, heftigen und dauerhaften Umweltveränderungen bedeutet das das Aussterben dieser Art. Unternehmen andererseits wären zwar in der Lage, sich relativ rasch anzupassen, leiden jedoch oft an internen Blockaden, die jegliche Veränderung ablehnen.

Der Red-Queen-Effekt tritt nur bei Organisationen auf, da er auf der Ursache der gezielten (strategischen) Entwicklung beruht. Populationen hingegen pflanzen sich instinktiv, ohne den bewussten Versuch der Optimierung fort und unterliegen auch insofern nicht der Gefahr „blinder Flecken".

„Lediglich Irritationen, die im System als Problem markiert werden (die Unterscheidung von Problem/Problemlösung wird relevant), können einen entsprechenden Wissensgenerierungsprozess auslösen. Durch die Formulierung von Problemen wird gleichzeitig die Zahl möglicher Lösungen limitiert, und je besser diese Limitierung gelingt, desto schärfer ist das Problem erkennbar."[383]

Mit anderen Worten, damit Neues überhaupt in die Organisation eindringen kann und „als Problem" anschlussfähig wird, muss es irritiert werden; damit wird die Bereitschaft zur Selektion hergestellt.[384]

Zur Erweiterung des Innovationsmanagement-Ansatzes um ein Irritationskonzept kann die Kombination von bislang unverbundenen Theoriesträngen dienen. Die Basis für dieses Konzept bildet die Theorie sozialer Systeme. Darin werden Unternehmungen als soziale Systeme betrachtet. Dieser Perspektivenwechsel dient dazu, die grundlegende Zweck-Mittel-Beziehung der Betriebswirtschaft zu verlassen und den Menschen und seine Interaktionen in den Mittelpunkt zu stellen. Ob innovationstheoretische Fragestellungen nach der Theorie sozialer Systeme betrachtet werden können, kommt dann ganz auf den jeweiligen Untersuchungsgegenstand an.

6.4 Zur Irritierbarkeit von Organisationen

Ich betone es hier noch einmal: **Damit ein System bzw. eine Organisation angeregt werden kann, muss sie irritierbar sein!**[385] Die Fallstudien 1 (Texas Instruments) und 10 (Firestone) belegen diesen Aspekt. Die Irritierbarkeit selbst soll hier nicht betrachtet werden, trotzdem ist dieser Hinweis wichtig, da nur dadurch die Irritation in der vorgeschlagenen Art und Weise sinnhaft erscheint.

Ein Experiment

Vor uns steht ein Tisch. Darauf liegt eine leere, nicht verschlossene Glasflasche aus ungefärbtem Glas. Der Flaschenboden weist ins Sonnenlicht, die Öffnung demzufolge in die entgegengesetzte Richtung. In der Flasche tummeln sich eine Biene und eine Fliege. Für beide geht es um Leben und Tod. Für beide besteht die Herausforderung darin, die Flasche zu verlassen. Was wird passieren?

Für beide Versuchsteilnehmer ist die Situation neu. Es ist anzunehmen, dass sowohl die Biene – nennen wir sie von nun an Willi, als auch die Fliege – sie soll von nun an Puck heißen, niemals zuvor in so einer oder einer ähnlichen Situation waren.

Wenn man weiß, dass Willi Puck entwicklungsgeschichtlich gesehen im direkten Vergleich weit überlegen ist, überrascht das Ergebnis gewaltig. Puck, die Fliege, gilt als relativ dumm, verlässt die Flasche jedoch einigermaßen zügig durch den Flaschenhals. Ohne Plan schwirrt Puck kreuz und quer durch das Flascheninnere – sich der Gefahr vermutlich nicht einmal bewusst – bis er schließlich die Flaschenöffnung rein zufällig findet und davonschwirrt. Und Willi? Willi kämpft zäh

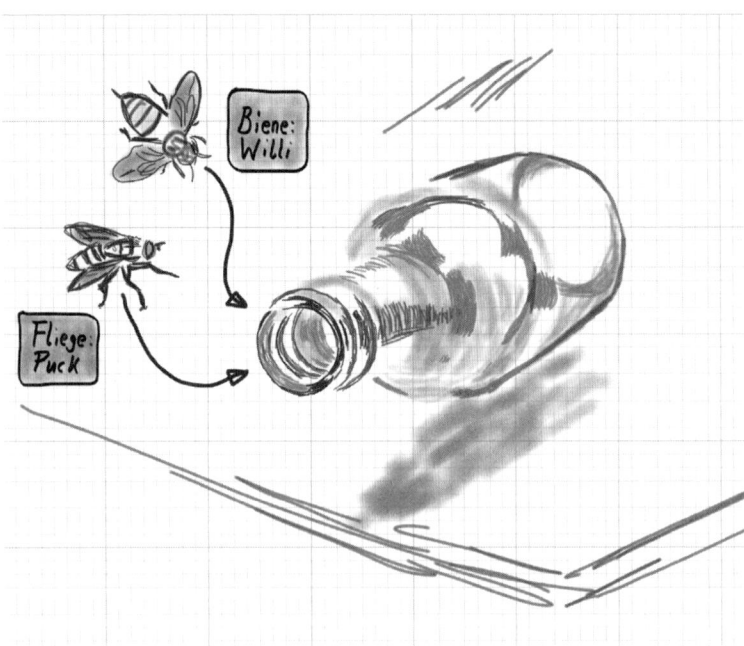

Bild 37 Willi und Puck in einer bisher unbekannten – neuen – Situation

am Flaschenboden, er kämpft bis zur Erschöpfung und wird schließlich sterben. Obwohl er gegenüber Puck als überlegen gilt, was Intelligenz, soziales Verhalten und Lernverhalten betrifft, wird ihm die Flasche zum Verhängnis.

Das Experiment lässt sich beliebig oft wiederholen und es führt fast ausschließlich zu diesem Ergebnis. Warum ist das so, wundert man sich? Warum scheitert das höher entwickelte Lebewesen in dieser für beide durchaus ungewöhnlichen Situation?

Zur Beantwortung der Frage muss man einen Schritt zurückgehen. Beide Insekten sind mehr oder weniger optimal an ihre Umgebung angepasst. Willi lebt normalerweise in einem Bienenstock. Als er aufwuchs, haben seine Eltern (oder eben andere Angehörige des Bienenvolkes) Willi vermittelt, dass Licht eine gute Orientierungshilfe bedeutet. Wo Licht und Sonne ist, sind in der Regel Blüten – also Nahrung. Das einmal Gelernte hat sich bisher auch gut bewährt. Willi konnte sich immer darauf verlassen, bis heute. Da wurde genau diese Erkenntnis zur Falle. Die Eltern von Puck konnten ihm dagegen nicht sehr viel auf den Weg geben: „Puck, das Leben ist kurz – extrem kurz und eigentlich zu kurz, um dich lange darauf vorbereiten zu können. Wir könnten dir jede Menge erzählen, aber es wird besser sein, wenn du deine eigenen Erfahrungen sammelst. Mach das Beste draus!" Gerade bei Eintagsfliegen kann man recht gut nachvollziehen, dass die Weitergabe von Wissen hier weder lohnt noch sinnvoll erscheint.

In dem Experiment siegt der Zufall über Wissen und Intelligenz. **Insbesondere in unbekannten und als neu empfundenen Situationen verlieren gelernte Selbstverständlichkeiten und Routinen an Bedeutung und können – wie im Beispiel – sogar fatale Folgen haben.** Einmal Gelerntes kann plötzlich zur Behinderung werden. Es engt die Überlegungen ein und verhindert eine neutrale Bewertung der Situation. Menschen ähneln in ihrem Verhalten dem Verhalten Willis: In neuen Situationen und auch Gefahrensituationen tendieren wir dazu, auf bekannte Routinen zurückzugreifen.

Es liegt in der Natur der Sache, dass Innovationen irgendwie NEU sein müssen, doch: „Indeed, for all their talk about innovation, most companies today are still scared to death of it." [386]

Auswirkungen und Folgen von Innovationen sind oft nicht absehbar. Der Mensch steht sich mit seinen Erfahrungen oftmals selbst im Weg. Zufall spielt in dem Zusammenhang eine größere Rolle, als der zielstrebige und planungsgeleitete Mensch es wahrhaben will.

Es wird höchste Zeit, das Verständnis und Selbstverständnis vom Innovationsmanagement neu zu durchdenken und neu aufzusetzen.

Erkenntnis 20
Der Zufall spielt eine größere Rolle, als wir uns eingestehen! Er ist neutral und wir verleugnen gerne den Einfluss.

6.5 Endogene Irritation der Organisation

Die Irritation einer Organisation soll die natürliche Tendenz zum Gleichgewichtszustand – gekennzeichnet durch Strukturen, Standards und Routinen – verhindern. [387] Angestrebtes Vorbild ist die janusköpfige Organisation, die sich in operativen Dingen als effizient erweist, aber trotzdem langfristig orientiert und flexibel bleibt. Harmonie gilt als Gift für Innovationen, das Harmoniebedürfnis von Gruppen führt zu nachlassender Innovationstätigkeit. Wenn Gruppen ihre Ordnung gefunden haben (Tuckmann 1965: Storming, Norming, Forming, Performing), werden konfliktbeladene Fragen vermieden und die Motivation zur Auseinandersetzung mit Neuigkeiten wird geringer.

Schiffbruch

Eine interessante Geschichte erzählt Yann Martel:[388] Nach einem Schiffsunglück findet sich die Romanfigur Pi Patel, Sohn eines Zoobesitzers und auf der Überfahrt nach Kanada, zusammen mit dem bengalischen Tiger Richard Parker auf einem Rettungsboot wieder. Es liegt in der Natur der Sache, dass Pi vom Tiger als eine Mischung aus Betreuer und willkommene Mahlzeit betrachtet wird. Trotz der permanenten Gefahr arrangieren sich die beiden in einer symbiotischen Art und Weise und kommen nach fast einjähriger Reise völlig erschöpft an der mexikanischen Grenze an. „Richard Parker, unsere Reise ist zu Ende. Wir haben überlebt. Kannst du das glauben? Ich bin dir mehr Dank schuldig, als ich je in Worte fassen könnte. Ohne dich wäre ich jetzt nicht hier. Deshalb sage ich in aller Form: Richard Parker, ich danke dir. Ich danke dir, dass du mir das Leben gerettet hast. ..."[389] Das ist bemerkenswert. Der Tiger verschwindet zwar, ohne die Sachlage ebenso einzuschätzen, aber Pi erkennt: Ohne den Tiger wäre er nie so aufmerksam gewesen, nie so wachsam, hätte die Gefahr der Sirenen-Insel (analog den Fabelwesen aus der griechischen Mythologie, die durch ihren betörenden Gesang vorbeifahrende Schiffe anlockten, um dann die Seeleute zu töten) womöglich nicht erkannt und durch den Tiger hatte er Beschäftigung. Der Tiger war für ihn Fluch und Segen zugleich. Er bedrohte ihn, und nur durch ihn überlebte er.

Unternehmen erkennen leider oftmals den Nutzen der Tiger nicht, der einfachheit halber (Effizienz!) werden sie einfach abgeschossen.

Eine Irritation zur Vermeidung zu großer Harmonie und zur Steigerung der Spannung in der Gruppe lässt sich beispielsweise durch Neubildung von Gruppen, Einführung neuer Strukturen, Infragestellung bestehender Hierarchien oder die bewusste Einstellung von Rebellen erreichen. Jedoch werden derartige organisatorische Veränderungen oftmals als Störung empfunden und nicht als bewusste Erneuerung.

6.5.1 Innovationstrigger

Einen interessanten Vorschlag, wie man die Tendenz zum Gleichgewicht in der Organisation (mit den daraus folgenden Auswirkungen für den Umgang mit Innovationen) verhindern kann, machen Eisenhardt & Brown.[390] **Das Konzept nennt sich „Time-Pacing" und sieht vor, die Organisation metronomisch getriggert in regelmäßigen Abständen – unabhängig von Markt- oder Technologieveränderungen außerhalb der Organisation – mit Herausforderungen zu konfrontieren.**

Ein ähnliches Konzept ist das „Event-Pacing". Hier werden die Anstöße für Veränderungen durch externe Ereignisse ausgelöst.

Das Konzept des Time-Pacing basiert auf der Beobachtung, dass sich Unternehmen im Normalfall nur als Reaktion auf Ereignisse verändern, wie etwa Aktionen von Wettbewerbern, Technologiesprünge, veränderte Kundenanforderungen oder unbefriedigende Entwicklungen der Finanz- und Wachstumskennzahlen. Gerade in Zeiten turbulenter Veränderungen im Markt ist eine solche reaktive Unternehmensstrategie anfällig für Fehlentwicklungen.

In vielen Firmen bestimmen jährliche Planungszyklen das Tempo der Veränderung – unabhängig von Veränderungen im Geschäfts- und Marktumfeld. Veränderungen selbst aktiv voranzutreiben, ist die Kernidee des Konzepts. Als fester Bestandteil der Unternehmensführung wird damit ein Instrument integriert, mit dem man versucht, das Tempo der Veränderungen innerhalb des Unternehmens den Veränderungen außerhalb des Unternehmens anzupassen bzw. die Geschwindigkeit externer Veränderungen in Ausnahmefällen sogar zu übertreffen. „For most companies, getting in step with the market means moving faster. But for some, finding the right rhythm means slowing down."[391]

Der Vorteil von Time-Pacing im Vergleich zum Event-Pacing ist vor allem darin zu sehen, dass die Veränderung damit institutionalisiert, also formalisiert wird. Der Automatismus macht die Frage nach dem Ob und Wann beim Event-Pacing hinfällig.

„Time-Pacing can counteract the natural tendency of managers to wait too long, move too slowly, and loose momentum."[392]

Selbst kleinere Anstöße durch das Time-Pacing erzeugen eine höhere Aufmerksamkeit gegenüber Veränderungen und steigern die Fähigkeit für schnelle Reaktionen. Diese Fähigkeit stellt die zum Schaffen von Innovationen notwendige Irritierbarkeit der Organisation sicher.

6.5.2 Innovation Labs

Mit dem Konzept der Innovation Labs wird der Versuch unternommen, einen gesicherten Raum (das Labor) zu etablieren, wo Innovationen in einer geschützten Umgebung entstehen können.

Große Organisationen tun sich schwer mit radikalen Innovationen, da radikale Ideen eine Bedrohung für die Organisation – die Machtstrukturen, die Karrieren, das Management und aufgebaute Verbindungen – darstellen. Christensen & Raynor plädieren dafür, radikale Ideen zu schützen, und schlagen Glashaus-ähnliche Modelle vor, in denen sich Neues ohne den kritisch-destruktiven Einfluss bestehender Vorstellungen entwickeln kann.[393] Das Fallbeispiel 5 (PARC Xerox) stützt diesen Vorschlag, zeigt jedoch auch, dass sich die Übertragung von radikalen Innovationen aus der geschützten Umgebung in den Organisationsablauf – die ja prinzipiell angestrebt wird – als schwierig erweisen kann. Auch Innovation

Labs erfordern eine Anschlussfähigkeit in der Organisation (die bei PARC Xerox nicht gegeben war).

Die bewusste Irritation findet in diesem Fall in der Laborumgebung statt. Dieser Ansatz wird auch von Hamel favorisiert, wobei Hamel noch einen Schritt weiter geht und durch den Lab-Ansatz nicht nur Innovationen, sondern andere, neue Management-Praktiken ins Unternehmen kommen sieht.[394]

6.5.3 Design-Thinking

Mit Design-Thinking ist ein Ansatz, eine Art von Methode zum Lösen von Problemen entstanden, die vor allem auf eine schnelle Umsetzung baut. Die Idee ist, so früh wie möglich mit dem Bau von Prototypen und Mustern zu beginnen, dadurch Erfahrungen zu sammeln und Erkenntnisse sofort wieder in weitere Lösungsschritte einzubringen. Damit vermeidet man insbesondere das ewige Planen und das Entwickeln von in (Powerpoint-)Präsentationen gegossenen Konzepten.

Die Entstehungsgeschichte von Design-Thinking als Konzept und Philosophie lässt sich bis zum Anfang des letzten Jahrhunderts (u.a. durch Walter Gropius mit dem Bauhaus-Design-Konzept) zurückverfolgen.[395] Inzwischen erfasst die Design-Thinking-Bewegung auch (wieder) Deutschland und erfährt starke Unterstützung – akademisch und praktisch – durch das Hasso-Plattner-Institut in Potsdam.[396]

Wenn man Design-Thinking noch etwas weiter fasst, kann man es auch als Philosophie der Erneuerung betrachten.[397] Das Schöne daran ist, und darum bin ich auch ein großer Fan davon, dass es ein Gegenentwurf ist zum technokratisch geprägten Innovieren über Innovationsstrategie, Planung und Prozesse, mit allem, was dazugehört. Prinzipiell ist es nichts Neues, es gibt viele, die die Prinzipien des Design-Thinking predigen, verfolgen und anwenden. Doch mit dem Begriff hat das Kind einen Namen und wird damit auch auf dem Markt der Konzepte und Ansätze sichtbar.

Design-Thinking ist kein festgeschriebenes Regelwerk oder gar ein Prozess. Eine mehr oder weniger formbare Masse und Menge an Grundsätzen prägt die Idee des Design-Thinking:

- *Schnelligkeit:* Mit vorhandenen Mitteln rasch zu schmutzigen Prototypen gelangen und dabei und daran viel lernen.

- *Iterationen:* Viele Vors und Zurücks, Versuche und Fehlversuche sind fest eingeplant.

- *Interdisziplinäre Gruppen:* Alles läuft in Gruppen ab, Dynamik und Austausch sind gefragt. Und ganz wichtig: Viele verschiedene Fakultäten sind an Bord. Nichts ist schlimmer als die homosoziale Reproduktion.

- *Empathie:* Alles soll reflektiert werden. Die Erwartung ist, dass es durch ein permanentes Beobachten, Erkennen, Reflektieren, Nachdenken und Optimieren zu Verbesserungen kommen wird.
- *Fokus Kunde:* Letztlich geht es um seine Bedürfnisse und Wünsche.

Bild 38 zeigt, wie Design-Thinking funktioniert. Verglichen mit anderen Methoden bietet es eine enorme Vielfalt an Vorgehensweisen. (Falls Ihnen die Darstellung hier zu klein ist, können Sie das Bild für private Zwecke im Downloadbereich der Verlags-Homepage www.publicis-books.de erhalten.)

Die zum Bau der Prototypen benötigten Einrichtungen und Labore ähneln den Innovation Labs. Inzwischen gibt es sogar öffentlich zugängliche Werkstätten und Labore und Unternehmen – zum Beispiel TechShop –, die darauf spezialisiert sind, eine Heimat und Umgebung zum Basteln, zum Probieren und Experimentieren bereitzustellen.[398]

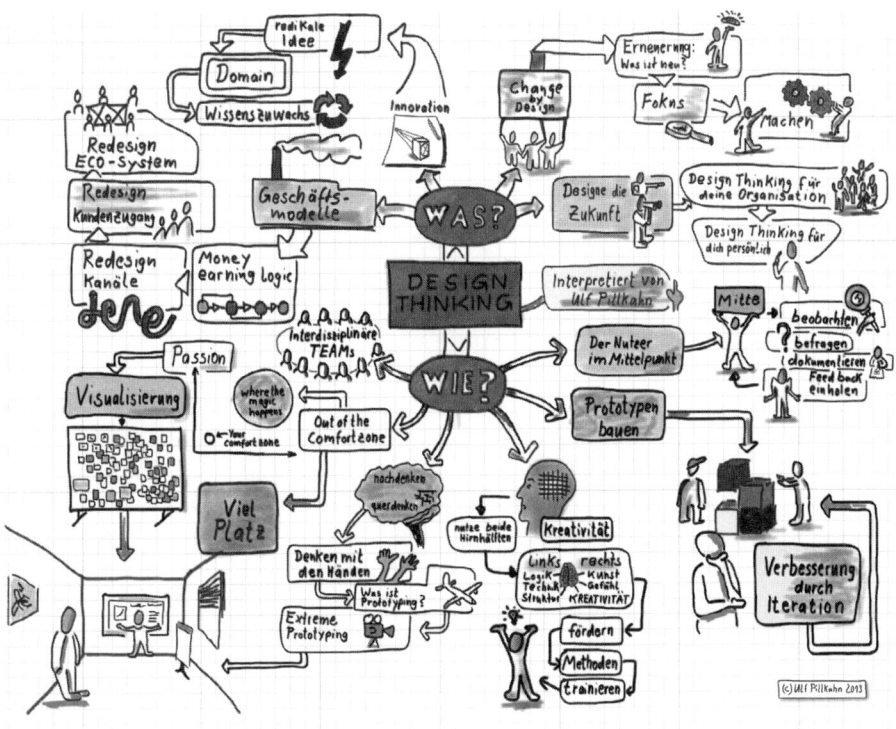

Bild 38 Design-Thinking: Philosophie und Methode

Insbesondere beim Design-Thinking wird deutlich, dass Impulse für Innovationen aus dem „Tun" entstehen und eben nicht nur durch top-down vorgegebene Innovationsstrategien und genehmigte Innovationsprojekte. Jede Form bottom-up betriebener Innovationsbemühung ist willkommen, wie auch bei der folgenden Möglichkeit der Irritation.

6.5.4 Interne Märkte

Eine schöne Beschreibung zur Durchsetzungskraft neuer Ideen in Organisation liefert Gary Hamel: „Most organizations operate a bit like the former Soviet Union in that ideas have to fight their way up through many levels of hierarchy before somebody at the top makes an allocation decision."[399] **Eine Idee kann sich demnach innerhalb der Organisation nur entfalten, wenn sie verständlich kommuniziert wird und die entsprechende politische Unterstützung und die notwendigen Ressourcen bekommt.**

Gestatten Sie mir nun einen kleinen ökonomischen Diskurs.

Plan- versus Marktwirtschaft

Es gibt zwei gegensätzliche makroökonomische Grundmodelle: Die Planwirtschaft als zentral geplantes und top-down orientiertes System der sozialistischen Gesellschaften und die Marktwirtschaft als dezentralisierte, freie Wirtschaftsformation. Das wichtigste Unterscheidungsmerkmal zwischen den beiden Systemen ist die Rolle des Privateigentums.

Eine *Planwirtschaft* wird zentral von der Regierung und den Ministerien gesteuert. Die wichtigsten Entscheidungen über Produktion und den Konsum von Gütern und Dienstleistungen werden für die Gesellschaft geplant. Selbst die Gehaltsstrukturen werden von Planern vorgegeben. Wie am Beispiel der früheren Sowjetunion zu sehen ist, kann die starre Steuerung ohne entsprechende Rückmeldungen und Anpassungen schnell zum Auseinanderdriften zwischen Plan und Realität führen.

In der *Marktwirtschaft* werden nur Rahmenbedingungen zentral vorgegeben. Die Marktmechanismen regeln weitestgehend selbst das Zusammenspiel zwischen Angebot und Nachfrage. Entscheidungen über Produktion, Dienstleistungen und Konsum werden unabhängig von der Regierung bilateral zwischen Anbieter und Nachfrager abgewickelt. Die Motivation für den Austausch ist im Wesentlichen durch persönliche Interessen geprägt.

Im Vergleich der beiden Systeme lassen sich entscheidende Nachteile der Planwirtschaft erkennen:[400]

- Der Versuch, eine ganze Volkswirtschaft zu planen und zu steuern, muss aufgrund der Komplexität ab einem bestimmten Punkt ineffizient werden. Lokale Interessen, Bedürfnisse und persönliche Präferenzen können weder erfasst noch in der Menge der zu verarbeitenden Informationen in dem System abgebildet werden.

- In einer planwirtschaftlich organisierten Volkswirtschaft werden alle wichtigen Entscheidungen an der Spitze getroffen – von Politikern, Funktionären oder Gremien. Fragestellungen im operativen Ablauf werden durch den Umweg über die Hierarchie verzögert. Im Vergleich zur Marktwirtschaft fehlen Flexibilität und Geschwindigkeit. Die Geschichte zeigt, dass die Planwirtschaft gerade in sich schnell ändernden und turbulenten Situationen an ihre Grenzen stößt.

- Jedes Wirtschaftssystem basiert auf dem Verhalten von Menschen und deren Einstellungen. Es zu steuern bedeutet insofern, die Menschen zu kontrollieren. In einer Umgebung, die von Selbstbestimmung und Eigeninitiative geprägt ist, ist die Motivation für Veränderung, Gestaltung und Einflussnahme jedoch wesentlich höher.

- Marktstrukturen sorgen für Wettbewerb und dafür, dass die fittesten Teilnehmer überleben. Dagegen ist die Planwirtschaft durch feste Strukturen gekennzeichnet, die Ineffizienz sogar schützen (auch wenn dies nicht Intention der Planwirtschaft ist). Eine Erneuerung und Weiterentwicklung ist nur mit dem Einverständnis der Spitze möglich. Sowohl Machtkämpfe und Machterhalt, als auch die fehlende Motivation für Veränderung stehen einer Erneuerung im Weg.

Zusammenfassend kann man feststellen, dass marktwirtschaftlich orientierte Wirtschaftssysteme wesentlich effizienter mit Ressourcen umgehen können, als es für zentral geplante Abläufe jemals möglich sein wird.

Vergleicht man Wirtschaftssysteme mit Innovationsmanagementsystemen, stellt man fest, dass der Unterschied nicht groß ist: Innovationsmanagement bedeutet im Wesentlichen die Steuerung und das Management von Ideen und Ressourcen.

Wenn es um Innovationen geht, ist das Silicon Valley – das Gebiet südlich von San Francisco mit seiner Vielzahl von jungen Unternehmen und der Nähe zu einigen Universitäten – ein Extrembeispiel. In den letzten Jahrzehnten starteten hier bahnbrechende Erfindungen und Neuentwicklungen – Halbleiterindustrie, Computer, Internet; völlig neue Industrien entstanden. Was ist das Geheimnis? Jedenfalls kein Masterplan, der die Entwicklung im Silicon Valley zentral steuert. Aber es gibt jede Menge Ideen, reichlich Talent, Venture Capital und ein Netzwerk, das radikalen Ideen bei deren Verbreitung hilft.

Da stellt sich die Frage, warum die meisten Unternehmen Innovationsmanagement nach dem Vorbild der Planwirtschaft organisieren. Liegt es daran, dass Führungskräfte ihre Entscheidungskraft hinsichtlich der Erneuerung überschätzen? Oder daran, dass das Interesse eher auf Machterhalt und Kontrolle liegt und damit tatsächlich mit der Planwirtschaft zu vergleichen ist?

Unternehmensinterne Märkte für Innovationen

Die meisten Organisationen sehen das Modell Silicon Valley – obwohl der Erfolg unbestreitbar ist – nicht als Vorbild zur Steuerung der eigenen Forschungs-, Entwicklungs- und Innovationstätigkeiten.

Eine Reihe von Autoren hat den Vergleich zwischen Hierarchien (Synonym für Planwirtschaft auf Unternehmensebene) und Märkten thematisiert.[401] Hierarchien gelten als Organisationsform des Industriezeitalters – ausgelegt darauf, die Transaktionskosten zu minimieren, Skaleneffekte durch Massenproduktion zu erwirtschaften und Qualität zu produzieren. Powell sieht in der typischen hierarchischen Organisationsstruktur auch nicht das Optimum: „ ... hierarchies do not represent an evolutionary end-point of economic development."[402]

Wirtschaftswissenschaftler verstehen unter „Markt" ein hypothetisches, abstraktes Konstrukt mit dem Zweck der Theoriebildung und zur Erklärung von Prozessen.[403] In der Realität erfüllt der Markt eine Reihe von teilweise überlappenden Funktionen:

- Die klassische Funktion liegt im Austausch von Produkten und Dienstleistungen. Angebot und Nachfrage bestimmen den Preis.

- Abhängig von der Anzahl der Anbieter und Kunden stellt der Wettbewerb die ökonomische Effektivität sicher.

- Unter der Annahme mehrerer Anbieter ergibt sich für Marktteilnehmer eine Auswahl – zumindest theoretisch. Persönliche Präferenzen, der Preis und weitere Informationen bilden die Grundlage für die Auswahl.

- Anders als in zentral gesteuerten Systemen werden Informationen in alle Richtungen verbreitet und nicht nur nach „oben". Die Bewertung erfolgt ebenso dezentral, zunächst ohne strategische Überlegungen.

- Früher oder später werden alle neuen Produkte oder Dienstleistungen vom Markt bewertet und eventuell aufgenommen. Die Validierung erfolgt im Markt durch vielfältige Prüfung.

- Ressourcen werden im Markt permanent der besten Verwendung zugeteilt, anders als durch jährliche Planungsrunden über langwierige Entscheidungsrunden.[404]

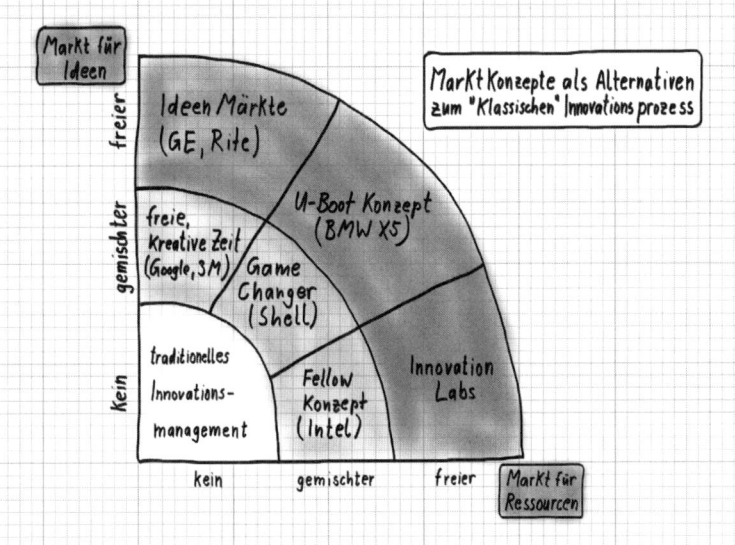

Bild 39 Beispiele für interne Märkte

- Märkte haben auch eine soziale Funktion und sind Bestandteil der Gesellschaft. Broker, Netzwerke, soziale Verbindungen, Käufer, Verkäufer und Partner bilden ein relativ kompliziertes, aber robustes Geflecht.[405]

In den vergangenen Jahren wurden einige Ansätze bekannt, die versuchen, Marktstrukturen im Unternehmensumfeld zu implementieren. Einige bekannte Beispiele sind in Bild 39 dargestellt. Dabei wird zwischen reinen Ideen-Märkten und reinen Ressourcen-Märkten unterschieden; der Markt kann vollständig ungeregelt, also frei sein oder in einer Mischform vorliegen.

Bei Google gibt es eine 20-Prozent-Regel: Die Entwickler sind angehalten, 20 Prozent ihrer Arbeitszeit ihrer eigenen Forschungsagenda zu folgen. Das hat erst einmal wenig mit einem klassischen Markt zu tun, erhöht jedoch die Freiheitsgrade und treibt die Kreativität. Andere Firmen setzen auf reine *Ideen-Märkte*. Ähnlich dem Aktienmarkt können Einsätze auf Ideen und deren Erfolg gesetzt und gehandelt werden. Ideen werden dabei nicht vom Management oder von Expertengremien selektiert, sondern durch die Marktteilnehmer, was in der Regel alle Mitarbeiter sein können. Die Firma Rite verfolgt diesen Ansatz recht erfolgreich; rund 30 Prozent ihres Umsatzes lassen sich direkt auf Ideen aus dem Ideen-Markt zurückführen: „We believe the next brilliant idea is going to come from somebody other than senior management, and unless you're trying to harvest those ideas, you're not going to get them. That's why we give everybody an equal voice, and a game to provoke their intellectual curiosity."[406]

Rigby & Zook stellten das Konzept eines internen Marktes für Ideen vor.[407] Unter der Bezeichnung *Open-Market Innovation* argumentieren sie, dass Organisationen durchlässig für Ideen von außerhalb sein sollten. Interne (marktähnliche) Strukturen sind jedoch notwendig, um eine Selektion und die für Innovationsentwicklungen notwendige Anschlussfähigkeit zu erlangen.

Projekte, die außerhalb der offiziellen Verfahren, quasi „unter dem Radar" des strategischen Managements stattfinden, werden als *U-Boote* bezeichnet. „Engagierte, kreative und motivierte Mitarbeiter starten im Untergrund ‚Geheimprojekte', deshalb die Metapher." Trägheit, Risikoscheue und Inflexibilität in den internen Strukturen werden so umgangen, jedenfalls solange wie möglich. Das Erfolgsrisiko wird von den beteiligten Mitarbeitern getragen. Als Beispiel dafür ist die Entwicklung des BMW X5 bekannt geworden.[408] Das Modell wurde ein großer Erfolg. Es entstand aus dem Nichts und konnte bis zu den ersten Prototypen trotz (!) fehlender Genehmigung und ohne die offiziellen Prozesse unter dem „offiziellen Radar" entstehen. Einer Firma könnte nichts Besseres passieren; motivierte Mitarbeiter, die die bekannte „Extrameile" gehen, sind ein Segen. Eine Förderung kann insofern nur durch lockere Regelungen bzw. „Slack-Ressourcen"[409] erfolgen (siehe S. 136). Aber genau daran scheitern solche Bemühungen oft bzw. bleiben sie die Ausnahme: Slack zählt als ineffizient und das fehlende Vertrauen auf den sorgsamen und verantwortungsvollen Umgang der Mitarbeiter mit Unternehmensressourcen sorgt für einen regelrechten Transparenz-Wahn – mit den entsprechenden Folgen.

Während es für das Experimentieren mit Ideen einige Praxisbeispiele gibt, sind Märkte für Ressourcen so gut wie nicht zu finden. Offenbar sieht man im Management zu der Top-down-Zuweisung des F&E-Budgets keine Alternative. Wie das Beispiel des BMW X5 zeigt, sind es gerade Marktstrukturen, die Ideen mit Potential mit entsprechenden Ressourcen versorgen (können). Schließlich ist die Intelligenz des Kollektivs höher als die eines einzelnen Managers.[410] Da für das Momentum eine rasche Zusammenführung von Ideen und Ressourcen wichtig ist,[411] sollte statt dem Schwarzmarkt grundsätzlich ein offizieller Markt stattfinden. Jedem Entwickler werden dann Ressourcen in Form von Zeit und Budget zur freien Verfügung gestellt. Damit ist zu erwarten, dass insbesondere bei der selbstständigen Teambildung und der Kombination der Ressourcen ein innovatives Potential entsteht – vergleichbar mit dem Silicon Valley.

Von Intel ist bekannt, dass im Rahmen des Fellow-Programms verdienten Mitarbeitern ein begrenztes Budget zur freien Verfügung steht. Von eben diesen Fellows erhofft man sich dadurch Innovationsimpulse für das Geschäft. Shell verfolgt ein ähnliches Ziel mit seinem Game-Changer-Programm. Neben dem normalen Innovationsprozess erlaubt das Programm recht unbürokratisch, vielversprechende Ideen weiterzuverfolgen, welche die Spielregeln verändern könnten. Wie die Ideen genau ausgewählt werden, ist nicht bekannt, jedoch stehen ausreichend Ressourcen zur Verfügung.[412]

Integration ins Innovationsmanagement

Es ist davon auszugehen, dass die Geschwindigkeit und die Flexibilität in Organisationen bei marktähnlichen Konstellationen höher ist als bei reinen Hierarchien – analog der Marktwirtschaft im Vergleich zur Planwirtschaft.

Organisationen mit hierarchischen Strukturen und Top-down-Kommunikationsformen sind bei linearen Innovationsprozessen oder Stage-Gate-Ansätzen ausreichend (siehe Bild 9 und Bild 10, S. 60 und S. 61). In der Regel laufen Innovationen jedoch – wie in Bild 11 auf S. 62 dargestellt – wesentlich komplexer und vielschichtiger ab. Hierarchien können weder mit der Dynamik noch mit den Unsicherheiten und den Unberechenbarkeiten in den Anfangsstadien bei der Entwicklung von Innovationen umgehen. Märkte andererseits lassen den Teilnehmern Freiheiten, Entscheidungen, Austausch und Teilnahme zu, wodurch eine Eigendynamik entsteht.

Zur Integration von Marktstrukturen in die betrieblichen Abläufe sind drei Abstufungen möglich:

1. Die Standardform des Innovationsmanagements

Das Innovationsmanagement in der einfachsten Form ähnelt den hierarchischen Organisationsformen. Ideen werden in der Regel an der Basis von Organisationen generiert, sie entstehen spontan oder bei der täglichen Arbeit. Bewertet werden sie hingegen an der Spitze der Organisation. Hier wird entschieden, welche der Ideen durch Ressourcen unterstützt und welche weiterverfolgt werden. Ideen und Ressourcen liegen asynchron vor, oder wie Hamel es formuliert: „‚Hierarchy' connotes having to seek approval from those with more authority but less information in a manner that invariably stifles creativity, extinguishes initiative, and creates unnecessary overhead and cost."[413]

Die meisten Organisationen stellen Innovationsbudgets in der einen oder anderen Form zur Verfügung, um welches sich Mitarbeiter mit einer Idee bewerben können. Das Problem dabei liegt in der Zuteilung der Budgets. Experten oder Gremien, deren Expertise sich in der Regel auf weniger innovative Projekte erstreckt,[414] beurteilen die Innovationsideen. So favorisieren Hierarchien inkrementelle Innovationen und Aktivitäten, wenn diese im Einklang mit vorhandenen Kompetenzen und Routinen sind.[415] **Vorteil dieses Innovationsmechanismus ist, dass sich Organisationen auf Dinge fokussieren, von denen sie annehmen, dass sie von Bedeutung sind bzw. der Innovationsstrategie entsprechen. Senior Executives bekommen eine Vorstellung davon, was die Organisation bewegt (so sie sich dafür interessieren), und können priorisieren und Einfluss nehmen.**

Nicht nur Organisationen werden durch Routinen und Prozesse am Laufen gehalten – auch das Management von Innovationen.[416] Innovationen, die nicht zu existierendem Wissen und Know-how der Organisation passen, werden ignoriert oder gelten als uninteressant.[417] Der Grund dafür liegt wohl vor allem darin, dass die Kompetenzen zur Aufnahme von Neuigkeiten im Unternehmen einfach nicht oder in nicht ausreichender Form vorhanden sind.[418] **Die Ausrichtung der Innovationsbemühungen orientiert sich an bestehenden Kundensegmenten und es ist zu befürchten, dass radikale Neuerungen bestehende Geschäfte kannibalisieren.[419]**

2. Innovationsmanagement und Ideenmärkte

Ideenmärkte werden wie Aktienmärkte organisiert. Die Beurteilung erfolgt durch die Marktteilnehmer. Dadurch wird die Intelligenz der Massen aktiviert.[420] Das ist besonders wichtig bei Detailwissen über Kunden, Märkte, Technologie, Zusammenhänge und Probleme. Entscheidungen werden so möglichst nahe an der Quelle gelöst und nicht über mehrere Managementebenen gefiltert, vorsortiert und bewertet.

Alle Ideen oder eine Auswahl davon werden so durch einen Markt selektiert. Jede Idee wird ähnlich einer Aktie abgebildet und alle Marktteilnehmer können ihre Meinung über Erfolg oder Nichterfolg über Einsätze abgeben. Auf diese Weise setzen sich – ähnlich dem Aktienmarkt – Einschätzungen in Form des Wertes des Anteilsscheines durch. Beispiele für solche Anwendungen finden sich bei Rite.[421] **Diese Vorgehensweise nutzt perfekt die Vorteile der Schwarmintelligenz.**

3. Innovationsmanagement und Innovationsmärkte

Zentral geplante Innovationsvorhaben leiden unter den gleichen Limitierungen, wie sie in der Planwirtschaft zu Verwerfungen führten. Erstens sind politische Orientierung, Machterhalt und persönliche Präferenzen für Individuen oder Gruppen oft wichtiger als tatsächliche Innovationen im Sinne der Organisation. Und zweitens bieten zentral geplante Inno-

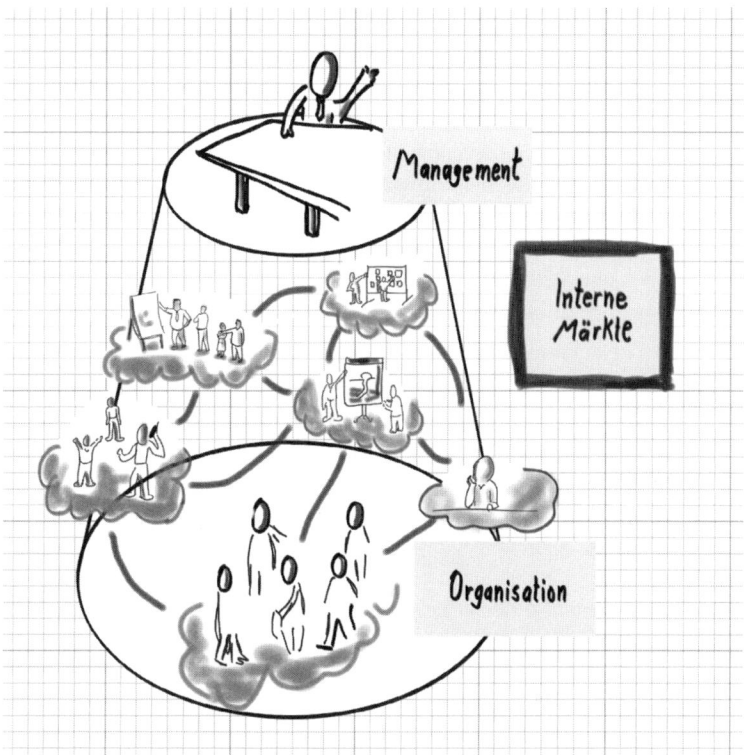

Bild 40 Marktstrukturen zur Irritation im Innovationsmanagement

vationsstrategien den Vorteil, dass sich strategische Projekte aus einer Gesamtperspektive heraus entscheiden und durchsetzen lassen.

Es bietet sich insofern an, einen Teil des Budgets (gesteuert durch das Innovationsmanagement) für strategische Innovationen und Forschungsprojekte bereitzustellen. Der andere Teil wird im Sinne des internen Innovationsmarktes eingesetzt (Bild 40). Passion und Eigenmotivation werden durch die Möglichkeiten der Selbstorganisation gefördert. Jeder Mitarbeiter bekommt ein R&D-Budget zur freien Verfügung. Ähnlich der 20-Prozent-Regel von Google oder der 15-Prozent-Regel von 3M kann jeder Mitarbeiter frei über das Budget verfügen und jeder kann und soll seine Ideen weiterverfolgen, damit auf dieser Grundlage eine innovative Eigendynamik entsteht. Eine Steigerung entsteht noch, wenn zugeteilte R&D-Budgets gepoolt werden und so auch größere Innovationsprojekte finanziert werden können. Zum Entstehen von Innovationen sollten alle Behinderungen ausgeschaltet werden – interne Innovationsmärkte erscheinen da am geeignetsten.

Beide Ansätze sollten parallel bestehen und sich ergänzen. Es gilt kein entweder/oder, da sich beide gegenseitig komplementieren. **Der Top-down-Ansatz stellt die langfristigen Innovations-Verbindlichkeiten – also die Innovationen, die systemimmanent unbedingt erfolgen müssen – sicher und unterstützt strategische Innovationsprojekte mit hohem Innovationsbedarf. Auf der anderen Seite wird durch den Innovationsmarkt gewährleistet, dass sich Ideen nicht nur von oben nach unten, sondern auch von unten nach oben durchsetzen können.**

Spontane Ideen benötigen – ähnlich wie im Silicon Valley – Leidenschaft, Entrepreneurship und Eigeninitiative. Nur so können die Kreativität und Vorstellungskraft aller Mitarbeiter mobilisiert werden.[422] Andernfalls ist die Innovationskraft durch die Vorstellungskraft der Entscheidungsgremien limitiert.

Beide Ansätze sind in Tabelle 26 gegenübergestellt.

Tabelle 26 Vergleich von Hierarchie und Markt

	Innovationsmanagement	Interne Innovationsmärkte
Ansatz	formal, strategisch	informal, experimental
Orientierung	langfristig und kurzfristig	ad-hoc, spontan
Organisation	top-down getrieben; Innovationsprogramme und Innovationsprojekte	bottom-up getrieben; selbstorganisiert
Steuerung	zentrale Steuerung und Kontrolle	minimale Steuerung
Charakteristik	detailliert geplant	chaotisch
Prototyp	Verwaltung	Silicon Valley
Leitmotiv	Ausbau strategischer Kompetenzen	Stimulierung von Kreativität und Innovation, Förderung freier Kombinationen

Es besteht kein Zweifel, dass die Etablierung interner Märkte ein mutiges Management erfordert. Einfluss wird abgegeben und nicht alle Manager fühlen sich bei so viel Kontrollverlust noch wohl. Beispiele wie Google (Fallstudie 6) oder 3M (Fallstudie 8) zeigen jedoch, dass interne Märkte praktisch möglich und vorteilhaft für Innovationen sind.

6.6 Erhöhen der Innovationsvielfalt

In der Natur bedeutet eine hohe Vielfalt in der Entwicklung einer Population eine hohe Widerstandskraft gegenüber unvorhergesehenen Veränderungen in der Umwelt.[423] Das Analoge gilt auch für Innovationen: Damit die reine Reproduktionsfunktion der Innovationstätigkeit überwunden werden kann und radikale Innovationen möglich werden, ist eine hohe Vielfalt bezüglich der verfolgten Innovationsvorschläge notwendig.[424] Betrachten wir dazu ein Beispiel aus der Natur.

Auch Männchen können nützlich sein

Der Wasserfloh gehört zur Gattung der Daphnien.[425] Das Interessante an dieser Art ist, dass sie sich in der Regel ungeschlechtlich fortpflanzt und dadurch 98 Prozent der Population Weibchen sind. Ab und zu werden jedoch auch Männchen geboren – wozu natürlich vorher ebenfalls Männchen nötig sind. Wenn man bedenkt, wie schwierig sich unter den gegebenen statistischen Bedingungen die geschlechtliche Fortpflanzung darstellen kann – mit all den Beziehungsproblemen, fragt man sich, warum sich die Weibchen doch ab und zu für die geschlechtliche Fortpflanzung entscheiden. Der Grund ist einfach: Anders als bei der geschlechtlichen Fortpflanzung findet bei der rein ungeschlechtlichen Fortpflanzung keine Kombination von Genpaarungen statt. Die Folge ist eine Eins-zu-eins-Kopie im Übergang von einer Generation zur nächsten. Das ist sicher effizient, jedoch nur so lange, bis es weniger auf Effizienz als vielmehr auf Robustheit und Überleben ankommt. Das wiederum ist der Fall, wenn die Umweltbedingungen rauer werden: Bei Trockenheit, Kälte, kürzeren Tagen, Gefahren oder Nahrungsmangel werden auch Männchen geboren.

Trotz des höheren Aufwandes, der sich durch die Befruchtung und Brutpflege ergibt, entsteht nämlich durch die Begattung ein widerstandsfähigerer Nachwuchs. Die Eier sind dann mit einer Hülle umgeben, die besser gegen Hitze, Trockenheit und Kälte schützt. Sie können bis zu zwei Jahre Trockenheit überstehen und schaffen so die Fähigkeit einer schnellen Wiederbesiedlung.

Aus Sicht des Innovationsmanagements ist diese vorausschauende Art bemerkenswert. **Sie sollte Vorbildwirkung besitzen: Übertragen auf Belange der Organisation würde es bedeuten, sich von der monosozialen Reproduktion (siehe S. 131) zu verabschieden und sowohl bei der Personalauswahl als auch bei Investitionen in Innovationen die Variation zu erhöhen.**

6.6.1 Trennung von Routine- und Nicht-Routine-Funktionen

Das Problem der Routinisierung wurde in Kapitel 4 beschrieben. Eine Möglichkeit, das Übergreifen der Routinisierung auf das Innovationsmanagement zu verhindern, ist die Trennung von Routine- und Nicht-Routine-Funktionen.[426] Das würde bedeuten, das Innovationsmanagement als betriebliche Funktion den Routinebemühungen zu entziehen. Als Vorbild könnte das Bundesbank-Modell dienen:

Stabilität durch Unabhängigkeit

Die Zentralbank eines Landes (bzw. Notenbank, Zentralnotenbank oder zentrale Notenbank) ist eine Institution, die für die Geld- und Währungspolitik eines Währungsraums oder Staates verantwortlich ist. Das Hauptziel einer Zentralbank besteht darin, Preisniveau- und Geldwertstabilität zu gewährleisten. Hinsichtlich des Grades der (Un-)Abhängigkeit der Zentralbanken gegenüber den Regierungen gibt es international ein breites Gestaltungsspektrum. Gründe hierfür sind zum einen die unterschiedlichen Definitionen von Unabhängigkeit, zum anderen die geschichtlichen Erfahrungen der jeweiligen Länder mit ihren Zentralbanken. Dass sich die Eingriffe der Zentralbanken auf die Wirtschaft auswirken, ist unbestritten, für diese Erkenntnis bekam Hayek 1974 den Wirtschaftsnobelpreis.

Allgemein kann man sagen, für die Stellung der Zentralbank im Staat gibt es zwei Modelle: Die Zentralbank ist unabhängig von den Weisungen der Regierung (wie etwa die Deutsche Bundesbank oder das amerikanische Federal Reserve System) oder sie ist der Staatsregierung weisungsgebunden (Banca d'Italia, People's Bank of China). Die Unabhängigkeit der Zentralbank dient dazu, zu vermeiden, dass die Regierung zu expansive Geldpolitik betreibt. Regierungen neigen zu einer großzügigen Geldpolitik, weil sie so kurzfristig bessere Wirtschaftsdaten erzielen und dadurch wiederum mehr Zustimmung erhalten können – und das nicht zuletzt bei Wahlen. Praktisch für die Regierungen ist dabei, dass ihnen die negativen Folgen einer expansiven Geldpolitik nicht angelastet werden.

Einige monetäre Effekte unterschiedlicher institutioneller Ausgestaltungen der Zentralbanken, insbesondere in Bezug auf die Inflation, sind empirisch nachvollziehbar.[427]

Nach den schlechten Erfahrungen mit einer an Weisungen der Regierung gebundenen Notenbank setzte sich in Deutschland nach dem Zweiten Weltkrieg das Prinzip einer unabhängigen Zentralbank durch.

Unternehmen befinden sich in einer ähnlichen Situation. Innovative Vorschläge werden in der Regel aus der Perspektive des bestehenden Geschäftes und daraus resultierender Bedrohungen oder Unterstützungen betrachtet (vgl. Erkenntnis 3, S. 34). **Eine vom operativen Geschäft getrennte Instanz könnte aus einer übergeordneten Perspektive her-**

aus wesentlich neutraler und mit einer langfristigen Orientierung Vorschläge zur Erneuerung beurteilen. Insofern würde es zu einer Irritation aus der Organisation heraus kommen.

6.6.2 Experiment: Innovations-Roulette

In Anlehnung an Roulette – das Glücksspiel – wurde das nachfolgend beschriebene Experiment zur Auswahl von Innovationsvorhaben als *Innovations-Roulette* bezeichnet. Hintergrund für das Vorgehen ist zum einen die Notwendigkeit von Vielfalt und Variation für das Innovationsgeschehen und zum anderen die Erkenntnis, dass die Innovationsfähigkeit in Unternehmen mit der Zeit nachlässt (Erkenntnis 13, S. 146).

Auf der Suche nach einem Weg, das Innovieren zu innovieren und weiter zu entwickeln und gleichzeitig die Innovationskraft unabhängiger von der Willkür und Beliebigkeit von Managern und Entscheidungsgremien zu machen und damit dem Verlockenden und Naheliegenden zu entziehen, wurde das nachfolgend beschriebene Konzept entwickelt.[428] In Anlehnung an die Zufallskomponenten im Evolutionsprozess soll durch eine Zufallsauswahl die Varianz der Innovationsstrategie erhöht werden.

Zugrundeliegende Annahmen und Randbedingungen

Trotz des Open-Innovation-Hypes[429] kann man sagen, dass es in größeren Unternehmen keinen Mangel an Ideen gibt. In der Regel steht einer Vielzahl von Ideen aber nur ein begrenztes F&E-Budget gegenüber (siehe Bild 7, S. 53), das eine Selektion notwendig macht.

Bei der Auswahl von Ideen, die weiterverfolgt werden sollen, folgen Firmen in der Regel einem mehrstufigen Innovationsprozess. **Die Grundvorstellung ist, vielversprechende Ideen auszuwählen und in Innovationsprojekte zu überführen.**

Zunächst kann man die Gesamtmenge der Ideen genauer spezifizieren und das Ideenspektrum bestimmen.[430]

Proposition 27

Es sei eine Menge an Ideen gegeben. Bewertet man jede der Ideen anhand ihres Neuigkeitsgrades in den beiden Dimensionen Technologie und Markt, lässt sich damit eine Position im Koordinatensystem ermitteln (Bild 41). Das *Ideenspektrum* ist die Fläche, die von den Maximalwerten in den beiden Dimensionen aufgespannt wird. Je größer diese Fläche, also das Spektrum ist, desto größer ist die Vielfalt und der Neuigkeitsgrad der Ideen.

Bevor aus einer Idee ein Innovationsprojekt werden kann, muss es in der Regel ein Auswahlverfahren überstehen, bei der aus der gesamten Menge

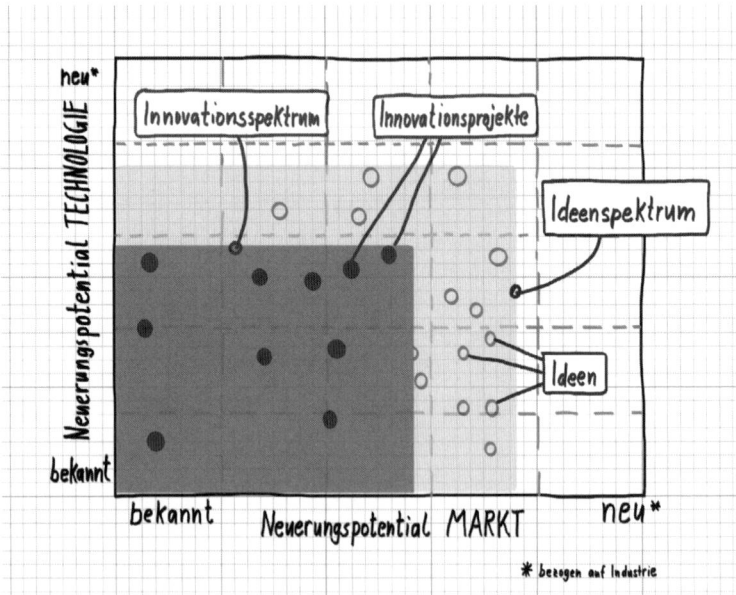

Bild 41 Ideen- und Innovationsspektrum im Zusammenhang

an Ideen vielversprechende Vorschläge selektiert und weiter verfolgt werden. Die Vorschläge werden weiterentwickelt und mit jedem Entwicklungsschritt neu bewertet. Damit sollen Flops frühzeitig erkannt und die Entwicklungsbudgets geschont werden.

Den Nachteil dieses Vorgehens kennen wir bereits: Durch die bewusste Auswahl werden vor allem Ideen bzw. Innovationsprojekte mit absehbaren Erfolgsaussichten gefördert, die sich in der Regel nah am bestehenden Geschäft orientieren.

Proposition 28

Anknüpfend am Ideenspektrum lässt sich das *Innovationsspektrum* ermitteln (Bild 41). Alle aus der Menge der Ideen ausgewählten „Kandidaten", die in ein Innovationsprojekt überführt werden, ergeben über die Maximalwerte bezüglich des Neuigkeitsgrades der beiden Dimensionen – Technologie und Markt – das Innovationsspektrum. Es ist naturgemäß kleiner als das Ideenspektrum und gibt einen Hinweis darauf, wie fokussiert eine Organisation beim Innovieren vorgeht. Ein kleines Spektrum gibt an, dass man sich im Wesentlichen am bestehenden Geschäft orientiert und auf Verbesserungen von Bekanntem konzentriert. Ist die Differenz zum Ideenspektrum sehr groß, ist das ein Indiz darauf, dass im Auswahlprozess wirkliche Neuerungen aussortiert werden.

Es ist anzunehmen, dass das Innovationsspektrum jeweils kleiner ist als das Ideenspektrum. Je größer der Unterschied zwischen den Spektren ist, desto rigoroser ist der Auswahlprozess; ein Großteil der radikalen Ideen wird aussortiert.

Die Fragestellung des Experiments

Inwieweit wirkt sich eine Irritation durch Zufallsereignisse bei der Auswahl der Innovationsprojekte auf das Innovationsverhalten der Organisation aus? Lässt sich durch die Irritation das Innovationsspektrum erhöhen?

Hypothese 14

Durch eine bewusst herbeigeführte Irritation im Innovationsprozess (bei der Auswahl der Ideen), die entschieden von der traditionellen, rationalen Beurteilung und Bewertung von Ideen und Innovationsvorschlägen abweicht, kann das Innovationsspektrum vergrößert werden. Das kann zur Initiierung von Pionier-Effekten beitragen.

Untersuchungsanordnung

Unter der Annahme, dass sich das Innovationsverhalten durch die ausgewählten und verfolgten Innovationsprojekte manifestiert, wurde ein Experiment durchgeführt: **Das Auswahlverfahren wurde dafür dahingehend irritiert, dass aus dem Ideenportfolio zufällig bestimmte Ideen zu Innovationsprojekten wurden.**

Zum Vergleich diente das Innovationsverhalten zweier Abteilungen: A ist eine Abteilung der Siemens AG, B gehört zu einem Tochterunternehmen von Siemens. Beide Abteilungen entwickeln, fertigen und vertreiben Produkte und gelten als innovativ. Vorschläge und Ideen werden dort systematisch gesammelt, bewertet und umgesetzt, also in ein Innovationsprojekt überführt. In dem nachfolgend beschriebenen Experiment wird auf die Inhalte der Ideen und Vorschläge nicht weiter eingegangen. Abteilung A symbolisiert das traditionelle Innovationssystem und dient als Referenz. Gegenüber Abteilung A wurde das Vorgehen in Abteilung B um das Losverfahren erweitert. Erkenntnisse über die Wirksamkeit des Verfahrens wurden im direkten Vergleich zwischen Abteilung B und dem traditionellen System der Abteilung A gewonnen.

Operationalisierung und Instrumente

Vor dem Auswahlverfahren wurden alle Ideen jeder Abteilung auf ihren Neuigkeitsgrad hin beurteilt und das Ideenspektrum bestimmt. Gemeinsam mit einem Innovationsmanager der jeweiligen Abteilung wurde entsprechend der Klassifikationen nach Tabelle 27 und Tabelle 28 für jede Idee ein Wert für die Dimension Technologie und ein Wert für die Dimension Markt bestimmt (Bild 42).

Tabelle 27 Skala zur Beurteilung des Neuigkeitsgrades (Technologie)

Neuigkeitsgrad Technologie	
1	Alle verwendeten Technologien sind in der Organisation verfügbar.
2	Evtl. notwendige Technologien können einfach beschafft werden (zum Beispiel Zukauf von Komponenten usw.).
3	Die verwendete Technologie ist für die Organisation neu, Wettbewerber beherrschen sie jedoch.
4	Die verwendete Technologie ist für die Organisation neu, für die Branche neu, sie wird jedoch in anderen Industrien/Branchen angewendet.
5	Bisher unbekannte Technologie, evtl. noch Forschungsbedarf.

Tabelle 28 Skala zur Beurteilung des Neuigkeitsgrades (Markt)

Neuigkeitsgrad Markt	
1	Das Innovationsprojekt zielt auf einen der Organisation bekannten Markt, in dem sie aktiv ist und mit verschiedensten Produkten/Lösungen vertreten ist.
2	Würde eine Erweiterung bzw. Ausdehnung des Marktes bedeuten (neue Region, neue Kategorien.
3	Würde das Vordringen in neue, bereits bekannte (durch andere Wettbewerber bediente) Märkte bedeuten.
4	Durch die Realisierung des Innovationsprojektes würde ein neues Marktsegment entstehen (zum Beispiel SUV im Automarkt).
5	Neuerschaffung bzw. Neudefinition eines Marktes (zum Beispiel so ähnlich wie Tablet Computer iPad).

Daran anschließend wurde das Innovationsspektrum bestimmt.

Das Experiment

Der Versuch wurde für beide Abteilungen getrennt durchgeführt; anschließend wurden die Ergebnisse verglichen.

Abteilung A

Abteilung A innovierte wie bisher entsprechend den üblichen Prozessen – in Anlehnung an den Stage-Gate-Prozess (vgl. Tabelle 29, S. 199).

In einem Zyklus von 3 Monaten wurden Ideen gesammelt und im Innovationsprozess „verarbeitet". In den Prozessablauf der Abteilung wurde nicht eingegriffen. Um einen Vergleich mit Abteilung B zu ermöglichen, wurden nur „Erst-Ideen" betrachtet. Alle Vorschläge und Ideen durchliefen eine formale Prüfung, um sicherzustellen, dass es sich bei den Kandidaten

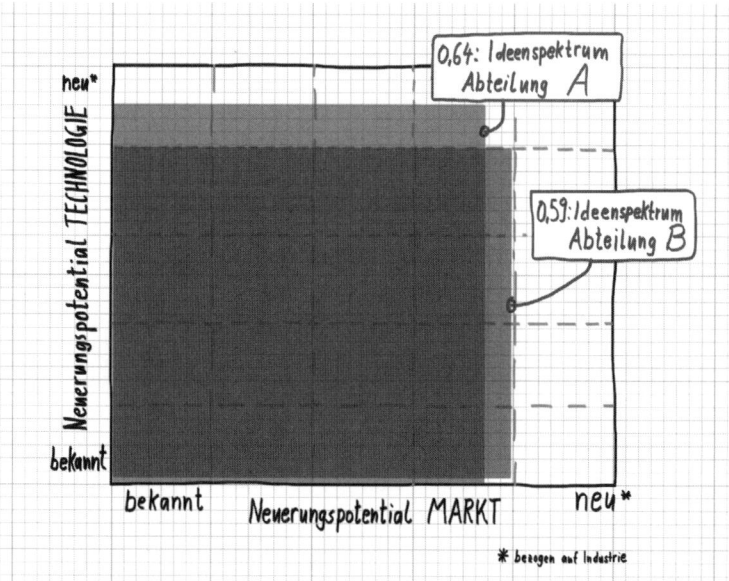

Bild 42 Ideenspektrum der beiden Abteilungen im Vergleich

tatsächlich um Innovationsideen handelte. Insgesamt wurden genau 80 Ideen und Vorschläge eingereicht und in einem Ideenpool gesammelt.

Es folgten vier Schritte:

1. *Formale Prüfung und Bestimmung des Ideenspektrums*
   Die 80 Vorschläge und Ideen wurden hinsichtlich ihres Potentials und ihrer Neuheit (aus der Perspektive des Unternehmens) für Markt und Technologie untersucht (alle Punkte in Bild 43). Das gesamte Ideenspektrum ergibt sich zu 3,7 (Idee 59) × 4,3 (Idee 71) / 25 = 0,64 (Bild 42).

2. *Auswahl der eindeutigen Vorschläge*
   Bei eindeutig guten oder schlechten Ideen wurde sofort entschieden. 9 schlechte Ideen wurden aus dem Pool entfernt und 6 eindeutig gute Ideen wurden sofort in ein Projekt überführt.

3. *Bewertung und Auswahl nach formalen Kriterien*
   Die verbleibenden 65 Ideen wurden einer intensiven Analyse und Bewertung unterzogen. In einem Zeitraum von 10 Wochen wurden so weitere 4 Innovationsprojekte bewilligt und gestartet.

4. *Ermittlung des Innovationsspektrums*
   Aus den ausgewählten Ideen (alle eindeutig guten und alle bewerteten Ideen) kann man das Innovationsspektrum ermitteln (dunkel-

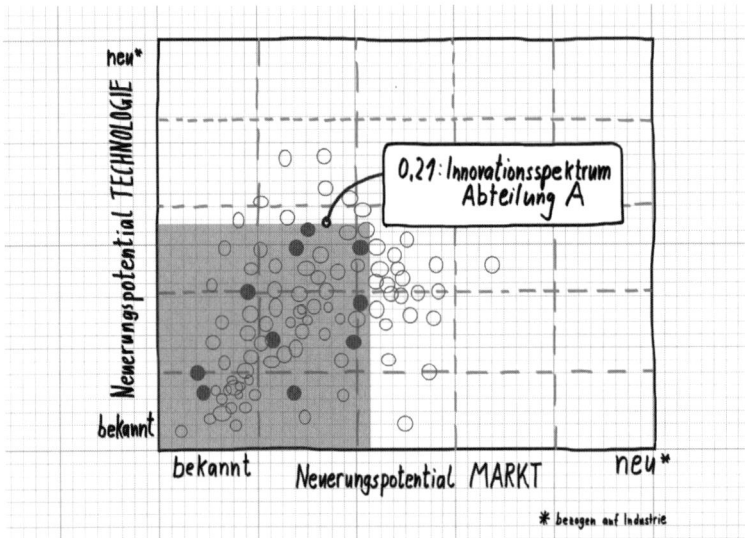

Bild 43 Innovationsspektrum ohne Innovations-Roulette – Abteilung A

graue Punkte in Bild 43): 2,0 (Idee 8) × 2,6 (Idee 39)/25 = 0,21. Die Fläche erstreckt sich über etwa nur 40 Prozent des Ideenspektrums, was auf eine sehr fokussierte und konsequente Selektion schließen lässt.

Abteilung A startete also nach dem ersten Screening 6 Projekte auf Basis der 6 eindeutig guten (naheliegenden) Ideen und etwas später weitere 4 Projekte auf Basis der nach herkömmlichen Kriterien bewerteten und ausgewählten Ideen. „Gestartet" bedeutet, dass je nach Verfügbarkeit Ressourcen und Verantwortlichkeiten für die Projekte festgelegt wurden. In der Regel wurden die Innovationsprojekte zusätzlich zum Tagesgeschäft abgewickelt.

Abteilung B

Abteilung B wurde für das eigentliche Experiment vorbereitet. Trotz anfänglichen Unbehagens erklärte man sich dazu bereit, in einem Versuch auszuprobieren, ob sich auf diese Art und Weise tatsächlich die Innovationskraft steigern lässt. Die Anordnung des Versuchsaufbaus glich im Wesentlichen, bis auf Schritt 3, dem von Abteilung A.

1. *Formale Prüfung und Bestimmung des Ideenspektrums*

    Auch hier wurden zunächst die eingereichten Ideen gesichtet und in einem Ideenpool gesammelt. Die Grundgesamtheit betrug 63. Alle Vorschläge und Ideen wurden hinsichtlich ihres Potentials und ihrer

Neuheit (aus der Perspektive des Unternehmens) für Markt und Technologie untersucht (alle Punkte in Bild 44). Das Ideenspektrum ergab sich zu 3,9 (Idee 10) × 3,8 (Idee 42) / 25 = 0,59 (Bild 42).

2. *Auswahl der eindeutigen Vorschläge*

Von der Gesamtmenge – 63 Ideen – wurden ebenso wie in A die eindeutig guten (5) und die eindeutig schlechten (6) sofort bewertet. Die 6 schlechten Ideen wurden aus dem Pool entfernt und die 5 eindeutig guten Ideen sofort in ein Projekt überführt.

3. *Losverfahren und Bewertung und Auswahl nach formalen Kriterien*

a: Da die Bewertung analog Schritt 3 bei Abteilung A in der Regel zeit- und arbeitsintensiv ist und sich über Wochen hinziehen kann, wurde das Losverfahren vorgezogen. Von den verbleibenden 52 Ideen wurden durch ein Losverfahren 5 Vorschläge (ca. 10% von der Grundgesamtheit) ausgewählt. Jeder Losentscheid führte zum sofortigen Start des Innovations(vor)projektes.

b: Weitere 5 Vorschläge wurden nach der traditionellen Vorgehensweise anhand der üblichen Kriterien bestimmt.

4. *Ermittlung des Innovationsspektrums*

Von den ausgewählten Ideen (alle eindeutig guten, alle bewerteten und alle durch Losentscheid ausgewählten Ideen) kann man das Innovationsspektrum ermitteln (alle dunkelgrauen Punkte in Bild 44):

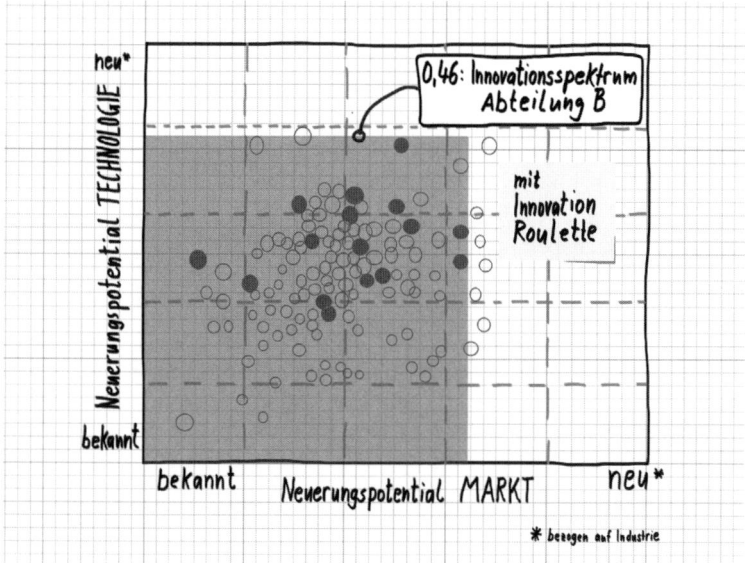

Bild 44 Innovationsspektrum mit Innovations-Roulette – Abteilung B

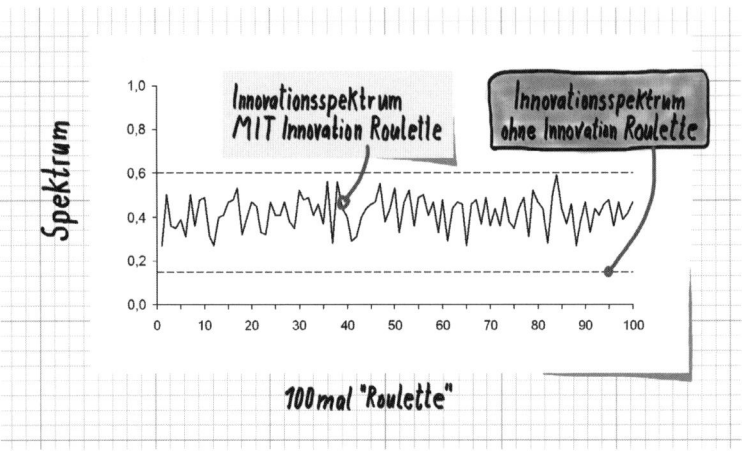

Bild 45 Das Ideen- und Innovationsspektrum (wiederholtes Losverfahren)

3,2 (Idee 20) × 3,6 (Idee 27) / 25 = 0,46. Das Innovationsspektrum ist zwar wie erwartet niedriger als das Ideenspektrum, der Unterschied fällt jedoch weniger deutlich aus als bei Abteilung A (0,21).

Ohne die Zufallskomponente ergibt sich ein Innovationsspektrum von 2,1 (Idee 3) × 1,9 (Idee 49) / 25 = 0,16 (vgl. Bild 45).

Überprüfung der Zufallskomponente

Die bisherige Untersuchung ging von einem einmaligen Zufallsereignis aus. Um den Zufalls-Effekt auch statistisch abzusichern, wurde die zufällige Bestimmung der fünf „Freilose" einhundert mal wiederholt. Für jede der einhundert Versuche wurde das Innovationsspektrum errechnet. Bild 45 zeigt das Ergebnis, es ist durchwegs höher als ohne die Irritation durch den Zufallseffekt. Bei einigen „Würfen" reicht das Innovationsspektrum nah an das Ideenspektrum.

Auswertung des Experiments

Wie Tabelle 29 zeigt, wurden aufgrund des Einsatzes des Innovations-Roulette in Abteilung B doppelt so viele Innovationsprojekte sofort gestartet und das Innovationsspektrum war mehr als doppelt so groß wie bei Abteilung A.

Einige Projekte aus Abteilung B haben einen höheren Neuigkeitswert. Die sofortige Entscheidung sorgte darüber hinaus für eine wesentlich höhere Innovationsdynamik. Ein Teil des beim Analysieren und Planen eingesparten Aufwandes floss sofort in die Innovationsprojekte.

Im Vergleich der Innovationsspektren zwischen den beiden Abteilungen zeigt sich der Nutzen der Irritation durch Innovations-Roulette. In beiden Abteilungen wurden zu Beginn alle vorliegenden Ideen auf ihren Neuheitsgrad bezüglich Markt und Technologie bewertet und so das Ideenspektrum des Ideen-Portfolios bestimmt. Ein hoher Wert bedeutet, dass die Idee auf einen Vorschlag zielt, der für das Unternehmen Neuland darstellt. Neu bedeutet immer auch, neue Kompetenzen und Fertigkeiten zu erlernen.

Tabelle 29 Vergleich zwischen Abteilung A und Abteilung B

Abteilung A	Abteilung B
Gesamtmenge: 80 Ideen	Gesamtmenge: 63 Ideen
Sofort gestartete Projekte: 6	Sofort gestartete Projekte: 11
Später gestartete Projekte: 4	Später gestartete Projekte: 5
Ideenspektrum: 0,64	Ideenspektrum: 0,59
Innovationsspektrum: 0,21	Innovationsspektrum: 0,16 (ohne Losverfahren)
	Innovationsspektrum: 0,46 (einmaliges Losverfahren)
	Innovationsspektrum: 0,41 (Mittelwert über 100 Ziehungen)

Betrachtet man nun jede Idee als Option zur Gestaltung der Zukunft, so wird im Vergleich deutlich, dass Abteilung B ein wesentlich größeres Spektrum an Vorschlägen zur Weiterverfolgung abdeckt. Abteilung A treibt Innovationen vorzugsweise auf bekanntem Terrain voran, was im Wesentlichen einer Reproduktionsfunktion entspricht.[431] Neue Märkte zu erschließen oder neue Technologien zu entwickeln, wird so verlernt. Ziel jedes Innovationsmanagementsystems sollte es sein, Projekte in jedem der vier Quadranten (Bekannter/neuer Markt; Bekannte/neue Technologie) zu verfolgen. Ein ausgeglichenes Portfolio sorgt für eine höhere Lernfähigkeit, mehr Vielfalt und letztlich eine höhere Robustheit im Wettbewerb.

Erkenntnis 21

Durch die bewusste Einbringung von Zufallskomponenten in den Innovationsprozess lässt sich eine Irritation herbeiführen. Das höhere Innovationsspektrum ist ein Indiz dafür. Somit lassen sich Pionier-Effekte begünstigen und die allmählich nachlassende Innovationskraft wieder in ein ausgeglichenes Verhältnis bringen.

6.6.3 Interpretation der Ergebnisse

Die zufällig ausgewählten Ideen unterscheiden sich von den eindeutig bewertbaren Ideen durch die höhere Unsicherheit. Doch was zunächst wie eine verrückte Idee aussah, erweist sich als ein recht wirkungsvolles Instrument. **Durch solch einen Zufallsmechanismus wird es möglich, über längere Zeiträume innovativ zu bleiben.** Die Fähigkeit zum Innovieren wird belebt und gefördert.

Neben der ursprünglich angestrebten Verbesserung der Radikalität von Innovationen ergaben sich in dem Versuch weitere positive Effekte:

- **Neue Perspektiven führen zu neuen Ideen. Die Ideengenerierung wurde erheblich gestärkt. Vorher als nicht attraktiv eingestufte Ideen führen nun zu ganz neuen Erkenntnissen.**

- **Die sofortige Entscheidung führt zu einem wesentlich höheren Innovations-Moment. Der Großteil des Aufwandes fließt in die Innovation und nicht in das Management der Innovation.**

- **Der Durchsatz – von einer Idee bis zum Innovationsprojekt – hat sich deutlich erhöht. Statt viel in die Analyse und Untersuchung zu investieren, kann sofort begonnen werden, die Idee zu bearbeiten. Selbst wenn sich herausstellt, dass die Idee nicht weiterführend ist, kann viel schneller mit neuen Ideen weitergearbeitet werden.**

- **Das Innovationsklima hat sich verbessert. Es gibt wesentlich weniger politische Spielchen im Vorfeld und in den Abstimmrunden.**

- **Die Fehlertoleranz hat zugenommen, wohl auch deshalb, weil das Losverfahren im Falle eines Misserfolgs keinen Schuldigen kennt.**

- **Der Zufall könnte dafür sorgen, dass Machtgefüge durcheinander gewürfelt werden und so die organisatorische Fitness gestärkt wird. Vetternwirtschaft, Machtmissbrauch und Kuschelkurse werden unterbunden.**

- **Das Wichtigste: der Überraschungseffekt! Die Organisation beschäftigt sich mit Themen, die vorher ausgeblendet wurden. Es ist wie ein Trainingsimpuls.**

- **Entscheidungsschwäche wurde unwichtig. Damit sind auch die bekannten Phänome des Nicht-Entscheiden-Wollens und Nicht-Riskieren-Wollens nicht mehr relevant.**

- **Das neue Instrument motivierte zum Generieren weiterer Ideen. Viele der Ideengeber rechnen wohl damit, dass die Umsetzungschance ihrer Idee durch den Losentscheid gegenüber früher wesentlich steigt.**

Natürlich kann das Verfahren weiter optimiert werden, zum Beispiel durch die Anzahl der Lose, die sich optimal auf vorhandene Kapazitäten anpassen lässt.

Wie sich das neue Verfahren in neuen innovativen Produkten, Dienstleistungen und Geschäftsmodellen auswirken wird, kann man zum jetzigen Zeitpunkt noch nicht beziffern – statistisch lässt sich ein Erfolg wahrscheinlich erst nach einigen Jahren so manifestieren, dass die klassische Managementlehre darauf reagiert. Fest steht aber, dass mit Innovations-Roulette die Innovationskraft gestärkt wird. Und ebenso steht fest, dass eine höhere Innovationskraft nicht umsonst zu haben ist. Ohne den festen Willen und die Bereitstellung von Ressourcen helfen auch die innovativsten Instrumente wenig.

Da sich die Umwelt immer dynamischer entwickelt und komplexer wird, wird das Entscheiden nicht einfacher. Die meisten Entscheidungen werden zwar unter der Annahme unvollständiger Informationen getroffen, bei der steigenden Komplexität wird das jedoch zusehends schwieriger. **Es wird Managern schwer zu vermitteln sein, dass ein Teil ihrer Entscheidungskompetenz zukünftig durch ein Losverfahren ersetzt wird.** „Companies also regard such experimentation as a waste of money, since many of the early trials will be unsuccessful and will have to be discontinued."[432] **Es ist davon auszugehen, dass vor allem Machtversessenheit und die Angst vor Kontrollverlust viele Manager vor diesem innovativen Ansatz zurückschrecken lässt. Nur wirklich große, souveräne Führungspersönlichkeiten, die im Interesse des Unternehmens und der Innovationskraft handeln, werden sich auf solch ein Experiment einlassen.**

6.6.4 Zufall bei der Personalauswahl

Das Konzept der Irritation durch Zufallskomponenten lässt sich auf weitere Auswahlprozesse in Organisationen übertragen. Ein Beispiel:

Wenn man nicht genau sagen kann, was die notwendigen Kompetenzen für zukünftige Aufgaben sein werden, kann man einen Teil der zukünftigen Mitarbeiter per Zufall auswählen. Das fördert Heterogenität in der Belegschaft, was wiederum Trägheit unterbindet und Innovationen (Klima/Kultur) fördert.[433] Dieser Effekt konnte von Hong & Page nachgewiesen werden.[434] In einem Vergleich zwischen zwei Gruppen erwies sich diejenige als leistungsfähiger, deren Mitglieder nicht gezielt nach einem Kompetenzprofil ausgewählt wurden (wie die Vergleichsgruppe), sondern bei der ein Teil der Mitglieder zufällig aus einem Pool ausgewählt wurde. „To put it succinctly, diversity trumps ability."[435]

Zu ähnlichen Ergebnissen kommen Östergaard et al[436], die einen positiven Effekt auf die Innovationsfähigkeit durch eine hohe Diversifizität der Belegschaft nachweisen.

6.7 Systematische Beobachtung der Unternehmensumwelt

Als Ursache für die Entstehung von Dornröschen-Effekten wurden zum einen die eingeschränkte Innovationstätigkeit aufgrund der Routinisierung betrieblicher Funktionen und zum anderen die selektive Wahrnehmung der Umwelt ausgemacht. Es ist davon auszugehen, dass die Gefahr des Dornröschen-Effektes durch eine systematische Beobachtung der Umwelt, insbesondere durch ein neutrales, schwach-selektives Screening und Monitoring der Unternehmensumgebung, reduziert werden kann.[437] Darüber hinaus bewirkt die Auseinandersetzung mit möglichen Entwicklungstendenzen eine aktive Vorbereitung auf die Zukunft und die Vermeidung von Überraschungen. „The challenge of uncertainty is that you cannot know for sure what capabilities will be most important for the future."[438]

6.7.1 Vorbereitung auf mögliche Veränderungen

Durch die Umweltbeobachtung ergeben sich für das Unternehmen drei Nutzenaspekte: neue Ideen und Impulse, frühzeitiges Erkennen von Bedrohungen und die Sicherheit, blinde Flecken zu vermeiden bzw. deren Anzahl gering zu halten (wenn man davon ausgeht, dass es unmöglich ist, blinde Flecken vollständig zu vermeiden). „Daher lauten die zentralen Fragen für das Management: Wer schaut wohin – und welcher blinde Fleck entsteht dadurch?"[439]

Die Strukturierung der Daten aus der Umweltbeobachtung erfolgt anhand der Beeinflussungsquelle (Makro- bzw. Mikroumwelt) und der Themen („STEEP-Faktoren": gesellschaftlich, wissenschaftlich-technologisch, wirtschaftlich, ökologisch und politisch). Das Thema Umweltbeobachtung habe ich im Buch „Trends und Szenarien als Werkzeuge zur Strategieentwicklung" detailliert behandelt. Dort wird neben den Fragen nach dem „Wie" auch auf das „Was" eingegangen und es werden Möglichkeiten der Informationsablage und -kommunikation erläutert.

6.7.2 Foresight: Der Blick in die Zukunft

Die Aufgabe „Foresight" umfasst die Ansätze zur systematischen „Entdeckung" der Zukunft. Dazu gehören das Antizipieren von Veränderungen, das Verstehen von Zusammenhängen und das vorbereitende Reagieren.[440]

Ein beliebtes Instrument im Rahmen der Foresight-Bemühungen ist das Erfassen von Trends.[441] Geht man jedoch davon aus, dass Unsicherheit die weitere Entwicklung prägt, sind Szenarien wesentlich besser zur Orientierung geeignet. Die Grundidee von Szenarien besteht darin, Unsicherheiten durch Alternativen abzubilden. Dadurch unterscheidet sich die Szenario-Methode wesentlich von anderen Prognoseinstrumenten. In der Regel wird versucht, die Zukunft so exakt wie möglich vorherzusagen. Das funktioniert jedoch nur für Trivialfälle, zum Beispiel: „In the long run we are all dead."[442]

Trends erfassen nur einen kleinen Ausschnitt der Veränderungen der Welt (Bild 46). Zur Entwicklung von plausiblen Zukunftsbildern sollten insofern auch mehr Informationen verwendet werden als lediglich die populären Trends. Das Bild zeigt deutlich die Unterschiede in der Klassifizie-

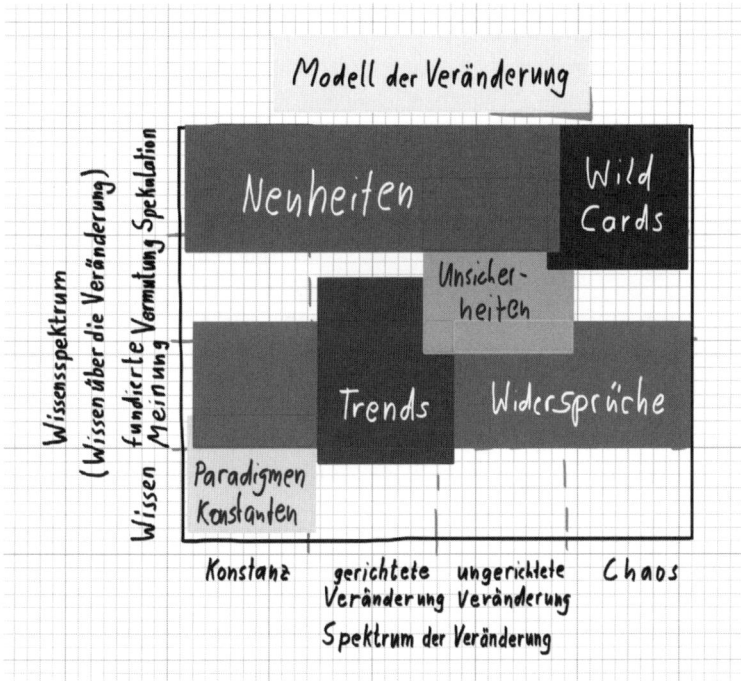

Bild 46 Zukunftselemente zur Entwicklung von Szenarien[443]

rung des Wissens: Nur wenig absolut gesichertes Wissen über die Zukunft ist verfügbar. Der Großteil liegt als Meinung, Vermutung oder Spekulation vor. Genau in diesem Bereich ergeben sich die Impulse für Veränderungen, die sich in Chancen oder Bedrohungen für das Unternehmen manifestieren – je nachdem, wie vorbereitet das Unternehmen ist.

Durch die Anwendung von Foresight-Methoden im Rahmen der Strategieentwicklung und des Innovationsmanagements wird das Selektionsverhalten der Organisation trainiert. Damit ist das Unternehmen permanent gezwungen zu entscheiden, was relevant für die Organisation ist. Die eingangs aufgeworfene Frage „Wie kommt das Neue ins Unternehmen?" wird dadurch aus einer Beliebigkeit befreit und systematisch beantwortet. Insofern ist nicht jede Art von Routine als Auslöser von Red-Queen-Effekten oder Dornröschen-Effekten zu sehen. **Im Gegenteil, etwas sollte sogar zur Routine werden: das Stellen von Fragen. Damit ist Irritation möglich. Nur die Antworten dürfen nicht zur Routine werden.**

Der bei Siemens verfolgte Pictures-of-the-Future-Ansatz (PoF) kombiniert extrapolative und retropolative Elemente, um so zu konsistenten und plausiblen Zukunftsbildern zu kommen. Diese dienen dann als Diskussionsgrundlage und Entscheidungshilfe sowohl bei der Strategieentwicklung, als auch im Innovationsmanagement. Der betrachtete Rahmen ist recht groß und unterscheidet sich insofern von dem rein auf technologische Entwicklungen ausgelegten „Technologie-Outlook". Bei dem eher kurzen Zeit-Horizont (etwa 1 Jahr) kommen klassische Markt- und Trendanalysen zum Einsatz. Hier geht man davon aus, dass es innerhalb dieses Zeitraums zu keinen sprunghaften Änderungen kommen wird, und verlässt sich auf rein extrapolative Methoden (hier ist anzumerken, dass auch bei der Anwendung der Foresight-Ansätze eine minimale Irritierbarkeit der Organisation gegeben sein muss). Doch es muss auch weitergehen: Nur durch die Anschlussfähigkeit (irgendjemand muss mit den Erkenntnissen weiterarbeiten oder daran anknüpfend Folgeaktionen starten) der Erkenntnisse ist die Nutzung innerhalb des Unternehmens gewährleistet.[444]

6.8 Diskussion der vorgestellten Ansätze

Jedes Unternehmen muss für sich und die konkreten Anwendungsfälle die geeigneten Instrumente auswählen. Das Wichtigste ist aber, dass überhaupt etwas unternommen wird. Ganz bewusst möchte ich für die vorgestellten Konzepte keine Allgemeingültigkeit postulieren. Sowohl die Unternehmen als auch das Branchenumfeld, in dem sie operieren, sind so unterschiedlich, dass allgemeingültige Aussagen – obwohl sehr beliebt – als unseriös abgelehnt werden müssen.

Entscheidend ist, dass man sich als Unternehmen nicht darauf verlässt, dass sich „irgendwie" das Innovationsverhalten schon entwickeln wird. Wie die Fallstudien gezeigt haben, ist diese Annahme größtenteils falsch und gleicht einem Blindflug. Um das Innovationsniveau konstant hoch zu halten (bzw. zu entwickeln), bedarf es Irritationen auf verschiedenen Ebenen (Bild 36, S. 168). Die meisten der vorgestellten Instrumente und Methoden eignen sich hervorragned zum Experimentieren. Es gibt keine Garantie für den Erfolg, aber in jedem Fall gibt es etwas zu lernen – über die Organisation und das Verhalten in verschiedenen Situationen. Das ist eine Art, sich auf den Ernstfall vorzubereiten.

Irritation gleicht einem Trainingsimpuls, der Athlet bleibt nur fit, agil und in Form, wenn er/sie regelmäßig trainiert.

6.9 Prognose: Anwendung der Theorie

Anhand von drei Beispielen – Google Inc., Siemens AG und Volkswagen AG – wird die Theorie nun zur Anwendung gebracht. Das Innovationsverhalten wird in einen größeren Zusammenhang untersucht und es wird jeweils eine Hypothese für die weitere Unternehmensentwicklung erarbeitet. Diese wiederum könnte zur Ableitung von Handlungsempfehluungen verwendet werden.

Ganz genau wird man insofern erst in einigen Jahren nachweisen können, in welchem Ausmaß sich die Aussagen der *Theorie der bewussten Irritation* auf zukünftige Geschehnisse anwenden lassen.

Internet: Google

Booz, Allen und Hamilton Inc. stellt jährlich die Entwicklungen der Firmen mit den weltweit größten Forschungs- und Entwicklungsbudgets in einem Report zusammen – „The Global Innovation 1000".[445] Die Autoren dieses Reports zählen Google zu einer der „High-Leverage-Companies": Diese Firmen setzen (relativ zum Umsatz) zwar weniger als die Hälfte (44 %) der anderen der 1000 betrachteten Firmen für F&E-Ausgaben ein, performen jedoch bei wichtigen Kennzahlen wesentlich besser als die anderen (das Umsatzwachstum ist etwa dreimal so hoch, die Marktkapitalisierung sechsmal).

„High-leverage companies are often famous for their skill in one particular stage, but a closer look shows that they reinforce that skill with competence at all stages of the value chain. Google, for example, excels at ideation. The search engine leader generates new ideas with blistering speed, in part because of what Google calls its ‚70-20-10 Rule': Staff, especially engineers, are encouraged to spend 70 percent of their time on core business, 20 percent on related business, and 10 percent on areas entirely of their own choosing. Some ideas — such as Froogle (the shopping search engine), Orkut (the social network), and Google Finance — have moved more slowly at the development or commercialization stages than other ideas, but the integrated nature of the whole Google portfolio carries the momentum of ideation forward."[446]

Das Portfolio (Bild 47) der von Google initiierten Innovationsprojekte (vgl. Tabelle 33, S. 239) zeigt sich ausgeglichen. Deutlich heben sich aber die Projekte, die nicht unmittelbar mit dem Kerngeschäft verbunden sind, ab, sie sind zahlenmäßig sogar überlegen. Der Internet-Pionier beschränkt sich also nicht auf Verbesserungen der Suchmaschine, sondern stößt mit neuen Technologien auch in neue Märkte vor.

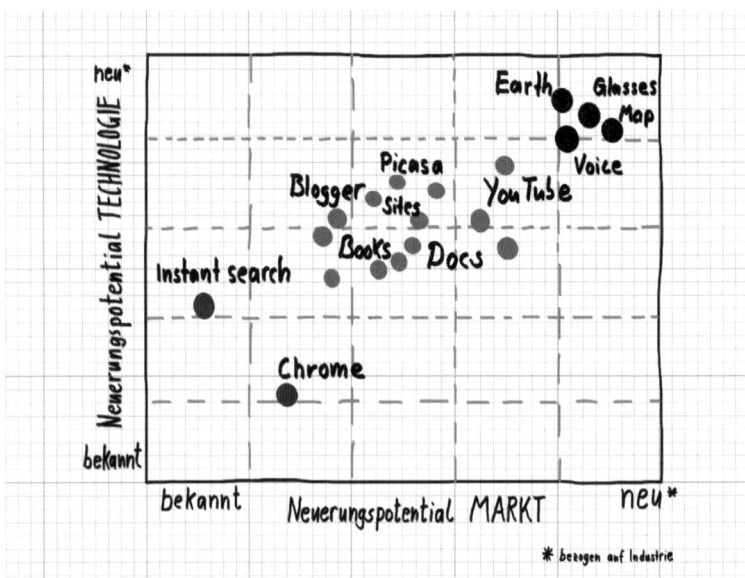

Bild 47 Das Innovationsspektrum von Google

Nimmt man an, dass Google die Vorgehensweise und das aggressive Innovationsverhalten fortführt,[447] wird die Unberechenbarkeit in vielen Segmenten zunehmen. Es gibt Anzeichen, dass die Firma, die durch die Suchmaschine so erfolgreich wurde, im Bereich der Energieübertragung experimentiert. Der Betrieb von Smart Grids durch Google-Technik wäre keine Überraschung.

Die Firma zwingt sich durch die 10-Prozent-Regel, sich permanent mit neuen Dingen auseinanderzusetzen. Die Irritation erfolgt in dem Fall durch eine „Investitionsregel" und sorgt damit für eine andauernde Wissensschöpfung. Somit ist davon ausgehen, dass Google auch weiterhin eine Innovationsmaschine bleibt.

Hypothese 15

Google folgt dem Pionier-Effekt und es ist anzunehmen, dass auch in Zukunft viele Innovationen hervorgebracht werden.

Infrastruktur: Siemens AG

Siemens sieht sich selber als Technologiekonzern (wird in den Medien jedoch häufig auch als Mischkonzern bezeichnet). Wie für alle Technologieunternehmen spielen auch für Siemens Innovationen eine entscheidende Rolle; der ehemalige Konzernchef Klaus Kleinfeld sagte dazu: „Innovation is our lifeblood." Von den etwa 400.000 Mitarbeitern sind mehr als 10.000 in der Forschung und Entwicklung beschäftigt.

Innovationsverhalten von Siemens

Siemens findet sich mit einem Forschungs- und Entwicklungs-Etat von mehreren Milliarden Dollar seit Jahren in der Liste der „Top-Spender" im ‚Global Innovation Report 1000'. Auffällig ist, dass die Ausgaben absolut betrachtet relativ konstant bleiben, sich der Anteil vom Umsatz und der Rang im Global Innovation Report (Top Spenders) jedoch seit Jahren rückläufig entwickeln (Tabelle 30).

Tabelle 30 Die Entwicklung der Forschungsausgaben der Siemens AG

Siemens	2011	2010	2009	2008	2007	2006	2005	2004
F&E-Ausgaben gesamt (Mill. US$)	5,4	5,2	5,2	5,3	5.7	6.2	6.5	6.2
Anteil vom Umsatz (%)	5,2	5,1	5,6	4,9	5,2	5,8	7	7
Rang	22	20	16	15	21	9	6	7

Eine eindeutige Innovationsstrategie ist schwerlich erkennbar (siehe auch Fallstudie, Kap. 8.4). Im Geschäftsbericht der Siemens AG heißt es dazu: „‚OpenInnovations' ist unser Programm zur Fokussierung auf trendsetzende Technologien, zur Identifikation von Technologie- und Anwendungstrends sowie zur Umsetzung innovativer Ideen in marktreife Produkte und Dienstleistungen."[448] Und weiter: „CT [Corporate Technology] ist den Grundsätzen von Open Innovations verpflichtet und sorgt so kontinuierlich dafür, dass Informationen aus Wissenschaft und Technik in das Unternehmen eingebracht werden."[449] Kann man daraus folgern, dass die technische Weiterentwicklung des Konzerns durch Open Innovation gesteuert wird? Ich hoffe, hier wurden lediglich Buzzwords eingebaut!

Betrachten wir zuerst Innovationskultur und Innovationsverhalten: Experten aus dem Hause Siemens empfehlen als instrumentelle Unterstützung des betrieblichen Technologie- und Innovationsmanagements einen sogenannten „Innovation Business Plan".[450] Sie heben die Bedeutung von Innovationen und der Innovationsfähigkeit für den Unternehmenserfolg hervor.[451] Die Grundannahme ist, dass es durch eine hinreichende Analyse möglich ist, sich für „die ‚richtigen' Innovationsvorhaben und den „passenden" Innovationsmix zu entscheiden und so letztlich bevorstehende Marktentwicklungen frühzeitig zu antizipieren."[452]

„Denn erfolgreiche innovative Unternehmen sind in der Lage, Marktsignale, Kundenbedürfnisse und Wettbewerbssituationen richtig zu deuten und sich rechtzeitig für „die richtigen" Produkte und Dienstleistungen zu entscheiden. Diese Fähigkeit lässt sich deutlich verbessern, wenn es gelingt, die Fülle der verfügbaren Informationen auf wenige entscheidende Themen zu verdichten und so aufzubereiten, dass das Management diese beurteilen sowie die entsprechenden Änderungen im Produktportfolio als Produkteinführungen und -ausläufe veranlassen kann."[453]

Aus diesen Ausführungen lässt sich schließen, dass Innovationsentscheidungen bei Siemens Managemententscheidungen sind. Informationen werden gesammelt, verdichtet und zur Entscheidung vorgelegt – vorzugsweise mit Hilfe von Portfolios: „Portfolioanalysen sind dafür konzipiert, interne und externe Informationen wie zum Beispiel Marktattraktivität und Wettbewerbspositionen zu verknüpfen, Strategien abzuleiten und Handlungsempfehlungen vorzubereiten."[454] Das Management kommt aufgrund der Analysen zu Entscheidungen, die dann umzusetzen sind. Zwar verweisen die Autoren darauf, dass „eine Balance zwischen vielen kleinen Innovationsschritten und radikalen Innovationen zu finden ist"[455] und nennen diese Mischung „passgenauen Innovationsmix".

„Eine einseitige Verengung auf inkrementelle Innovationen würde zwar kurzfristig die Profitabilität steigern, aber mittel- bis langfristig das Umsatzwachstum beeinträchtigen. Um also im Wettbewerb auf lange Sicht zu bestehen, sollte das Unternehmen sein Budget auf inkrementelle wie auch auf radikale Innovationen verteilen, und zwar im angemessenen Verhältnis: Ein passgenauer Innovationsmix ist erforderlich."[456]

6 Therapie: Stimulierung durch Irritation

Bemerkenswert an den Ausführungen ist, dass die Geschäftsstrategie die Basis für die Entscheidungen ist. **Damit wird die Richtung top-down vorgegeben. Alle Ideen und Projekte, die nicht unmittelbar zur Geschäftsstrategie passen, haben kaum Chancen, sich durchzusetzen.** Noch deutlicher wird die Reduzierung des Innovationsmanagements auf eine rein unterstützende Funktion durch die Selektion mittels Portfoliobewertung. Durchaus kritisch ist der von Siemens praktizierte Umgang mit neuen Ideen zu sehen, nach dem ein „Owner" als Verantwortlicher die Idee vorantreiben muss.[457] Einerseits ist dieser Ansatz verständlich, da nur so Ideen mit Potential weiterentwickelt werden, andererseits wird so sichergestellt, dass ausschließlich Ideen gefördert werden, die schon einen Bezug im bestehenden Geschäftsportfolio haben. Für radikal neue Ideen ist es fast ausgeschlossen, dass sich ein Owner findet, da mit der Verantwortung hohe Kosten und ein hohes Risiko in Bezug auf den persönlichen Nutzen und den Nutzen des Unternehmens verbunden sind.[458]

Lassen Sie uns nun auf das Portfolio der Siemens AG eingehen. Auffällig ist, dass sich Siemens aus Geschäftsfeldern mit schnellen Innovationszyklen zurückgezogen hat: Infineon/Epcos (1999), Mobile Phones (BENQ 2004), Telekommunikation (NSN 2007, vollständiger Ausstieg 2013), IT-Services (2010), OSRAM (2013). Andererseits übernimmt Siemens andere Firmen nach einem bestimmten Muster. 2004 wurde das amerikanische Unternehmen „US Filter" übernommen und die Wasseraktivitäten wurden in der Organisationseinheit Siemens Water Technologies zusammengefasst. Vor der Übernahme war Siemens auf die kommunale Wasserbehandlung konzentriert. US Filter verfügte über attraktive Technologien für die Desinfektion von Wasser mit UV-Licht, Entsalzung und Membrantechnologien. Siemens Water Technologies kann nach dieser Akquisition auch Anlagen zur Behandlung von industriellem Prozessabwasser anbieten. „Wir verfügen nun über die komplette Technologie-Palette für physikalische Wasseraufbereitung und Abwasserentsorgung", freute sich 2004 der damalige Siemens-Water-Technologies-Chef Radke.[459] Inzwischen steht der Bereich zum Verkauf. Durch den Kauf des dänischen Windkraftanlagen-Bauers Bonus Energy stieg Siemens 2004 in das Geschäft mit Windenergie-Anlagen ein, vorher aus der Solarenergie aus: „Siemens dagegen ist aus dem Solargeschäft ausgestiegen, bevor es richtig begonnen hat: Vor zwei Jahren ging der Unternehmensteil Siemens Solar an Shell."[460] Im Jahre 2009 stieg man wieder ein. Dieses mal jedoch zu spät: Man erwarb die israelische Firma Soleil, in der Hoffnung, dass die Solarthermie-Technologie das Tor zum großen Markt der erneuerbaren Energiegewinnung für Siemens aufstößt. Die Rahmenbedingungen änderten sich jedoch sehr schnell und die Photovoltaik setzte sich gegenüber der Solarthermie durch. Soleil steht zum Verkauf – nun zur Hälfte des Einkaufspreises. Diese „strategische Orientierungslosigkeit" wirkt sich inzwischen sogar auf den Markennamen Siemens aus.[461]

In der Anpassung an Änderungen zeigt sich Siemens langsamer als die Konkurrenz: „Als vor zwei Jahren der Gasturbinen-Boom in den USA, von dem beide satt verdient hatten, jäh mit dem Enron-Kollaps endete, reagierte GE schneller als Siemens. Der amerikanische Konzern stellte vom Verkauf von Turbinen auf Wartung und Reparatur um – und stieß flugs in neue Märkte vor."[462]

Die dargestellten Indizien und die Investitions- und Innovationstätigkeiten von Siemens in den letzten Jahren zeigen, dass sich Siemens bewusst aus „schnellzyklischen" Branchen (Kommunikation, Halbleiter, Informationstechnik) zurückzieht und die „langsamen" Branchen auf- und ausbaut (2012 erwarb man die britische Firma Invensys für 2,2 Mrd Euro, um die Bahnautomatisierung zu stärken). Erhöht sich die Dynamik in einer Industrie, in der Siemens tätig ist, lassen sich schwierige Anpassungsvorgänge beobachten, meistens verbunden mit Kosteneinsparungen, Entlassungen oder eben dem Verkauf der betroffenen Sparte. Keine Frage, Siemens ist ein enorm großer Konzern mit vielfältigen Geschäftsaktivitäten in verschiedenen – sehr unterschiedlich funktionierenden – Märkten. Die Orchestrierung ist und bleibt eine Herausforderung.[463]

Zeichnet sich hier ein typischer Dornröschen-Effekt ab? Gezielte Irritationen könnten den Konzern sicher aufmerksamer gegenüber Veränderungen in der Umwelt machen und so eine bessere Adaptierung ermöglichen.

Hypothese 16

Unternehmen müssen sich an Veränderungen in der Unternehmensumwelt anpassen, entweder den Wandel prägen oder dem Wandel folgen. Das setzt das Erkennen der Veränderung und das Verarbeiten der Erkenntnis voraus. Erst dann kann man entsprechend reagieren. Siemens kann nicht immer und in allen Bereichen – sicher bedingt durch die Größe und die Strukturen – schnell genug auf Veränderungen reagieren – insbesondere wenn die Industriedynamik steigt. Damit unterliegt die Firma dem Dornröschen-Effekt.

Automobilindustrie: Volkswagen AG

Carroll und Teo untersuchten die Automobilindustrie in den USA von 1885 bis 1981 und beschrieben die Auswirkungen von Innovationen auf die Entwicklung (und das Überleben) von Unternehmen. Das Industrieumfeld verändert sich im Laufe der Zeit und Unternehmen reagieren darauf nur zögerlich. Andererseits fällt es insbesondere den großen Firmen schwer, Innovationen zu initiieren. „So, if there are many routines to be adjusted, the firm is unlikely to develop or introduce the innovation."[464] Die Autoren räumen zwar ein, dass Änderungen am organisatorischen

Design auch Risiken bergen, bestätigen jedoch den größeren Nutzen von Innovationen im Vergleich zu den Risiken. Bezogen auf die amerikanische Automobilindustrie zeigt sich, dass Innovationsträgheit die Lebenszeit von Unternehmen negativ beeinflusst.

Mit dieser Erkenntnis und den zuvor beschriebenen Effekten lassen sich auch für die deutsche Automobilindustrie Entwicklungen antizipieren.

Mit „Crashtest" lieferte Karl-Heinz Büschemann 2010 eine gelungene Analyse des aktuellen Zustands der deutschen Automobilindustrie und ihrer Zukunftsaussichten. Und die sind eher düster. Die Unternehmen sind, so der Autor, von Ingenieuren dominiert, die nach wie vor an den herkömmlichen Verbrennungsmotoren herumoptimieren. Das Ende des Ölzeitalters zeichnet sich ab, aber umweltfreundliche Alternativen sind nicht eingeplant. Wichtige Entwicklungen werden in gefährlicher Weise ignoriert. Das ist ein typisches Merkmal des Red-Queen-Effektes.

Vor allem in Umweltfragen sieht er sie als Bremser: „Gerade die deutschen Marken haben sich als umweltpolitisch wenig vorausschauend erwiesen", schreibt der Chefreporter des Wirtschaftsressorts der „Süddeutschen Zeitung". Ob Katalysator oder Partikelfilter – die Deutschen waren dagegen. Ob Elektromotor oder Hybridantrieb – aus Deutschland kommen keine Impulse. Ob Klimawandel oder verstopfte Straßen – den Deutschen fällt dazu nichts ein. Pionier-Effekte sind nicht bekannt und wohl auch nicht zu erwarten. Im Vergleich zu den anderen Fallbeispielen lässt das nichts Gutes für die Zukunft erwarten, was umso dramatischer ist, da die Bedeutung des Automobilbaus für die deutsche Wirtschaft von hoher Bedeutung ist.

Die Strategie von Volkswagen zielt darauf, bis 2018 Branchenführer zu werden und in dieser Position weltweit die meisten Automobile zu bauen und zu verkaufen. Dass General Motors als ehemals größter Hersteller Insolvenz anmelden musste und Toyota genau in dem Moment massive Probleme mit der Herstellerqualität bescheinigt bekam, als es zum größten Hersteller wurde, bringt Volkswagen nicht von dem Ziel ab.

Mit dem Red-Queen-Effekt wird das Beobachtungsfeld enger und damit werden die Innovationsbemühungen stark fokussiert. Kommt es in dieser verfestigten Situation zu plötzlichen Änderungen im Unternehmensumfeld, werden Unternehmen überrascht. Nicht selten führt dies zu inneren Blockaden, zum Dornröschen-Effekt. Genau das ist in der aktuellen Situation zu befürchten. Das traditionelle Bild vom Automobil hat sich seit Jahrzehnten nicht verändert: Otto- oder Dieselmotor, betrieben mit fossilen Treibstoffen, Tankstellen-Infrastruktur, Abgas und Feinstaub als (weitestgehend akzeptierte) Umweltbelastung, Kfz-Steuer, ADAC, Straßen und vor allem das Automobil als Statussymbol. Nun beginnt dieses Gedankenmodell sich von mehreren Stellen her zu verändern. Das könnte größere

Verschiebungen im Gesamtsystem „Mobilität" nach sich ziehen. Veränderungen sorgen immer für Gewinner und Verlierer, und so wie sich die deutsche Automobilindustrie derzeit präsentiert, ist sie auf eine Veränderung absolut nicht vorbereitet.[465]

Hypothese 17

Volkswagen ist ein sehr erfolgreiches Unternehmen – noch. Durch die Fokussierung auf das Ziel, „Branchenführer" zu werden, muss vor allem das Massengeschäft ausgebaut werden. Das bedeutet insbesondere Effizienzsteigerungen in der Produktion, Festhalten an Bewährtem, Optimierung aller Abläufe und vor allem keine Experimente. Die Forschungs-Etats werden entsprechend platziert und ausgerichtet. Das sind typische Muster des Red-Queen-Effekts.

6.10 Irritation als Chance oder Bedrohung

Veränderungen kann man als Chance wahrnehmen oder als Bedrohung. Es ist eine Frage der Einstellung. Agile Unternehmen erkennen in veränderten Marktbedingungen frühzeitig Gelegenheiten für Wachstum und Erneuerung. Für schwerfällige Organisationen hingegen bedeuten schon kleinere Änderungen der Rahmenbedingungen erhebliche Hürden. Innovative Unternehmen wiederum treiben die Veränderung aktiv voran.

Mit Irritation kann der nachlassenden Innovationsfähigkeit von Unternehmen durch entsprechende Impulse entgegengewirkt werden. Dabei ist eine wichtige Voraussetzung zur Irritierung der Organisation die Irritierbarkeit derselben. Um diese zu ermöglichen, sollte in der Organisation ein allgemeines Einverständnis über die nachlassende Innovationsfähigkeit herrschen.

Die Beispiele von Google, Siemens und Volkswagen zeigen deutlich, dass die in diesem Buch vorgestellten Effekte auf aktuelle Situationen anwendbar sind. Auch wenn die Fallstudien auf mehrere Jahre alten Daten basieren und die verfügbaren Informationen kaum für eine dauerhafte Prognose ausreichend sind, lassen sich bei den drei Unternehmen klare Parallelen zu anderen der vorgestellten Fallstudien erkennen und die Folgen erahnen.

7 Kritischer Ausblick

Die Faszination, die von Innovationen ausgeht, ist ungebrochen. Es herrscht Einigkeit darüber, dass für den zukünftigen Unternehmenserfolg eine hohe Innovationsfähigkeit essentiell ist. Dennoch ist es für viele Unternehmen schwierig, diese Erkenntnis in der Organisation umzusetzen: „If innovation were easy, we wouldn't be talking about it."[466] Obwohl das Interesse am Management von Innovationen und dem damit verbundenen Wunsch nach der Steigerung der Innovationsfähigkeit (im akademischen Umfeld und der praktischen Anwendung gleichermaßen) sehr ausgeprägt ist, scheinen vermeintlich offensichtliche und kurzfristige Erfolge und Ergebnisverbesserungen äußerst verlockend zu sein. Und damit ist auch schon das Spannungsfeld für die Entstehung von Innovationen umrissen – **Entscheidungen zwischen riskanter Erneuerung und operativer Effizienz werden zu oft zugunsten Letzterer getroffen.**

Es gilt vor allem, die Dominanz der Wertschöpfungsprozesse zugunsten der Wissensschöpfung zu verschieben, die Tendenz des einengenden Geistes zu öffnen und die Vielfalt von Wissen und der Intelligenz in der Organisation zuzulassen und zu nutzen.

Dieses Buch soll dazu beitragen, das Verständnis von Innovationsmanagement zu verbessern und gleichzeitig dem Nachlassen des Innovationseifers in der Organisation durch Irritierungsmaßnahmen und Stimulierungen zu begegnen und damit eine Erneuerung zulassen.

Bevor im Kapitel 8 die zehn Fallstudien, die Ausschnitte aus hundert Jahren Innovationsmanagement zeigen, etwas ausführlicher dargestellt sind, sind in diesem Kapitel noch einmal die wichtigen Erkenntnisse und Kernaussagen zusammengefasst und allgemeine Axiome für das Innovationsmanagement zusammengestellt. Damit möchte ich der ungebrochenen Sehnsucht nach Automatismen und Regeln begegnen.

7.1 Kernaussagen zur Innovation – die Nuggets der Irritation

Es lässt sich wohl kaum verheimlichen, dass mich eine gewisse Affinität zum Thema Innovationen antreibt. So vieles könnte man in dem Zusammenhang verbessern. Ich würde mir so wünschen, dass Organisationen mehr Andersartigkeit, frisches Denken und Vielfalt statt Passivität und Konformität fördern und belohnen. Mehr Freiräume für Kreativität und weniger Krawatten und Kennzahlen. Ich bin jedoch auch Realist und weiß um die Schwierigkeiten bei dem Thema. Ich weiß, dass sich viele Menschen für Innovationen interessieren, aber oftmals gilt das nur solange sie die eigene Komfortzone nicht verlassen müssen. Wenn Sie – lieber Leser – also bis hierher gekommen sind, ist zu vermuten, dass Sie a) eine ähnliche Affinität antreibt wie mich oder b) dass Sie tatsächlich etwas ändern und die Komfortzone verlassen wollen oder c) beides. Für alle diese Fälle und damit eine Anwendung und Übertragung von Erkenntnissen leichter fällt, habe ich so genannte Nuggets formuliert, unterteilt in drei Kategorien, die im Folgenden zusammenfassend dargestellt sind.

7.1.1 Wie belastbar ist die „Theorie der bewussten Irritation"?

Die in diesem Buch präsentierte Betrachtungsweise des Zusammenhangs zwischen der Entstehung von radikalen Innovationen und Unsicherheit bzw. Irritationen ist neuartig; insofern steht der eigentliche Entdeckungszusammenhang im Vordergrund, nicht die individuellen, auf die Fallstudien bezogenen Ergebnisse. Trotzdem wird im Rahmen der Betrachtung sehr deutlich, dass das beschriebene induktive Vorgehen und die Verwendung von Fallstudien eine geeignete Methodik darstellen, um die grundsätzliche Wirkung von Irritationen zu belegen. Um die dargestellte Theorie aber umfassender und belastbarer zu machen, sind jedoch weitere empirische Untersuchungen notwendig, die die Erkenntnisse belegen und die Theorie bestätigen. **Beliebige Organisationen und Unternehmen – auch die oder das Ihre – haben die Chance, das Mittel der Irritation zu testen.**

Man könnte die Analysen der Vorschläge abwarten. Oder man besinnt sich, dass Innovationen immer ein Überraschungsmoment haben und mit Neuartigkeit zusammenhängen. Man fängt einfach mal an! Es gibt so viele Möglichkeiten der Irritation: Einfach mal Krawatte weglassen oder Querulanten einstellen oder Innovationen nicht nach Risiko auswählen, sondern nach Innovationspotential – oder eben würfeln.

Es kann keine Garantie für die Entstehung von radikalen Innovationen geben. Aber durch günstige Bedingungen für die Entstehung, eine hohe Innovationsfähigkeit und eine hohe Anzahl von Versuchen kann man die Wahrscheinlichkeit eines Erfolges erhöhen.

7.1.2 Der Nutzen von Umwegen

In der neoklassischen Ökonomie spielen Irritationen und Überraschungen keine Rolle, da davon ausgegangen wird, dass Akteure sich rasch adaptieren und sich Gleichgewichtszustände zügig wieder einstellen.[467] Die von Schumpeter propagierte „schöpferische Zerstörung" kann durch Gleichgewichtszustände nicht erklärt werden. In der klassischen Diskussion wurden Innovationen als externe Größen behandelt, neuere – insbesondere evolutionstheoretische Ansätze – betonen stärker die endogenen Faktoren.[468] Durch die vielen Einflussfaktoren, Abhängigkeiten, Zusammenhänge und die letztendliche Entscheidung über Erfolg oder Nicht-Erfolg durch den Markt ist die Entstehung von Innovationen als ein komplexer Prozess zu betrachten. **Das Modell des klassischen Innovationsmanagements (basierend auf der linearen Vorgehensweise) vermag Komplexität, Interaktion, Abhängigkeiten, Kreativität, Entscheidungsvorgänge und so weiter nicht zu erfassen. Die Theorie der bewussten Irritation ist ein Versuch, das Innovationsverhalten insofern zu verstehen und zu erklären, als dass die Innovationsfähigkeit nur durch eine permanente Irritation erhalten werden kann.**

Die vor allem aus der Biologie bekannte und eng an Darwin geknüpfte Evolutionstheorie ist zusammen mit Elementen des Zufalls ein wesentlicher Baustein dieser Theorie. Drei Punkte sind dabei hervorzuheben:

Effizienz im Innovationsmanagement

Im Zusammenhang mit Innovationen wird häufig die Frage nach der Effizienz des Innovationsmanagements gestellt. Das ist jedoch die falsche Frage. Denn während Venture Capitalists erreichen wollen, dass bei einer Reihe von Vorhaben *ein* richtiger Erfolg dabei sein sollte (und die restlichen eben einfach mehr oder weniger misslungene Versuche bleiben), geht es im betrieblichen Umfeld in der Regel darum, *alle* Innovationsvorhaben zum Erfolg zu führen. Aber für Innovationen sollte gelten: „The goal is to make sure you have a big winner, not to make sure there are no losers."[469] Fehlschläge im Umfeld von Innovationen sind demnach völlig anders zu bewerten als Fehlschläge im operativen Geschäft bzw. der Wertschöpfung.

Das Streben nach Effizienz im Innovationsmanagement führt bei Nichtbeachtung dieses Unterschiedes automatisch zur Inkrementalisierung der Bemühungen, da vermeintlich riskante Unterfangen vermieden werden.

Unsicherheit im Innovationsmanagement

Unsicherheiten, in all ihren vielfältigen Erscheinungsformen, gelten als entscheidender Faktor für Erneuerung – auch in Form von Innovationen. Die strikte Orientierung zur Vermeidung von Unsicherheiten verbessert zwar die Planbarkeit, führt aber auch zu nachlassender Innovationskraft. Eine Erkenntnis, die aus diesem Buch deutlich wird, liegt darin, Unsicherheit nicht nur als Bedrohung für bestehende Betriebsabläufe zu sehen, sondern insbesondere als Quelle von Innovationen zu betrachten (Erkenntnis 17, S. 161).

Unsicherheit muss also differenziert betrachtet werden. Für die Innovationskraft eines Unternehmens ist der positive Umgang mit Unsicherheiten definitiv vorteilhaft, zum Beispiel in Form von Irritationen.

Innovationsfähigkeit als Ergebnis des Innovationsmanagements

Ein Ausgangspunkt für die Entwicklung der Innovationstheorie durch gezielte Irritation ist Christensens Untersuchung zu radikalen Innovationen.[470] Er konstatiert, dass eine rein betriebswirtschaftliche Beurteilung und Entscheidung zwar sinnvoll sein, sich jedoch von einer Gesamtbeurteilung unterscheiden kann. Anders formuliert: Aus betriebswirtschaftlicher Sicht mögen Innovationsentscheidungen im Moment richtig sein, für das Unternehmen und seine langfristige Wettbewerbsfähigkeit sind sie weniger eindeutig zu beurteilen.

Das Innovationsverhalten von Unternehmen bleibt nicht konstant, es unterliegt verschiedenen Einflüssen: Die Größe und das Alter von Unternehmen korrelieren mit der Innovationskraft. Die Radikalität nimmt ab und (inkrementelle) Verbesserungs-Innovationen werden bevorzugt (Hypothese 10, S. 120). Die durch Alter und Größe induzierte Trägheit manifestiert sich über den Red-Queen-Effekt und den Dornröschen-Effekt. Der Pionier-Effekt dagegen ist das Ergebnis einer auf Erneuerung ausgerichteten Innovationstätigkeit.

Die Struktur und die Kommunikationswege der Organisation prägen das Innovationsverhalten: Unternehmen sind nur so innovativ, wie das System, die Organisation und das Management und die Entscheidungsvorgänge es zulassen (Erkenntnisse 3, 4 und 5 – Seiten 34, 54, 68). Umwege sind beim Innovieren oft sehr hilfreich, sie stehen aber im eklatanten Gegensatz zu den als effizient geltenden Abkürzungen im betrieblichen Umfeld.

Das Innovationsverhalten bewegt sich auf Pfaden: Das Wissen der Organisation gibt die Richtung für die Beobachtung des Unternehmensumfeldes vor und begrenzt damit auch das Beobachtungsfeld. Das führt zu blinden Flecken, wichtige Entwicklungen werden übersehen – der Dornröschen-Effekt schlägt zu.

Für die Entstehung von Innovationen sind Umwege wichtiger als die sonst im Unternehmensumfeld angestrebten Abkürzungen. Um langfristig nachhaltig und effizient zu bleiben, ist es notwendig, kurzfristig ineffizient sein zu können.

7.1.3 Die Kultivierung des Zufalls

Innovationen können auf unterschiedlichste Weise entstehen. Unternehmen sollten mehrere Wege gehen und sich nicht nur auf inkrementelle Innovationen konzentrieren. Die Fallstudien von Polaroid, Siemens Mobile Phones und Firestone zeigen deutlich, wie gefährlich das sein kann.

In Kapitel 6 wurden einige Möglichkeiten vorgestellt, um im Sinne der Theorie der bewussten Irritation die Innovationskraft von Unternehmen zu steigern. Sie gehen weit hinaus über die aus der Innovationsforschung bekannten Förderungsbemühungen. Mit *Innovations-Roulette* werden Ideen nach dem Zufallsprinzip weiterverfolgt.

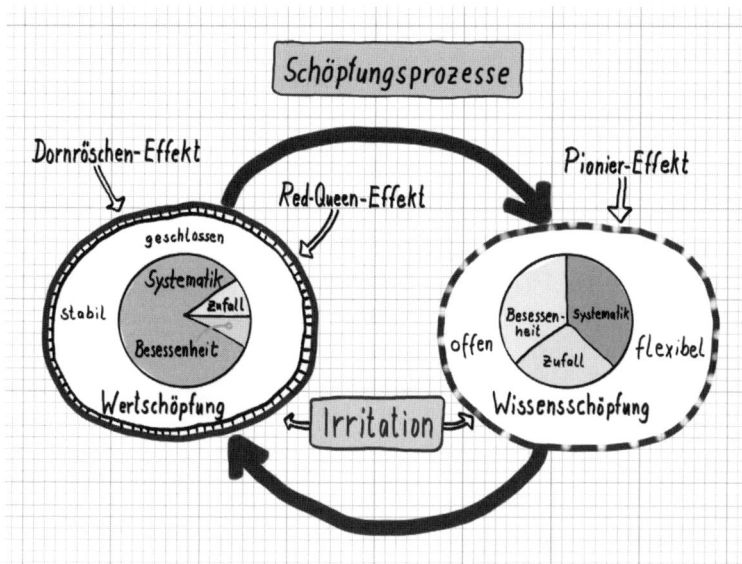

Bild 48 Wie alles zusammenhängt

Ein anderes Instrument sind die *internen Märkte*, die je nach Ausgestaltung verschiedene Formen von Entrepreneurship und Eigeninitiative fördern und eine gute Ergänzung zu den zentral geplanten Innovationsstrategien sind.

Nicht weniger uninteressant sind *lokale Helden – die Besessenen*, die in Anlehnung an Steve Jobs als visionär gelten und, mit Budget ausgestattet, ihre Ideen voranbringen können. **Wenn man diese Ansätze implementieren kann, ist es relativ sicher, dass kontinuierlich neue Impulse generiert werden.**

Der in diesem Buch vorgestellte Ansatz soll vor allem erklärend sein und damit helfen, die Innovationsfähigkeit gezielter beeinflussen zu können als bisher: Abgeleitet aus der Evolutionstheorie zeigt sich, dass Mutationen respektive Irritationen eine wichtige Quelle für Veränderungen und Innovationen sind. Die vorgeschlagenen Irritationen zielen auf die positive Beeinflussung der drei Effekte und die damit verbundene Verbesserungsmöglichkeit der Innovationskraft. **Das Innovations-Roulette ist eine extreme Form der Irritation. Innovationsentscheidungen fallen nach dem Zufallsprinzip und ergänzen so die willkürlich getroffenen Entscheidungen. Das erscheint berechtigt, denn Zufall spielt bei der Erneuerung im Allgemeinen und bei Innovationsvorgängen im Besonderen eine größere Rolle, als es die auf Planung, Stabilität und Verlässlichkeit ausgerichteten Betriebsprozesse vermuten lassen.[471] Dabei ist nicht zu vergessen, dass auch die als Serendipity bezeichneten Zufallsentdeckungen entlang des gewollten oder gewürfelten Weges eines Vorwissens und eines Mindestlevels an Aufgeschlossenheit gegenüber Neuem und Unbekanntem bedürfen.**

7.2 Das Dilemma der Balance

Das Dilemma zwischen kurzfristiger und langfristiger Gestaltung und den sich daraus ergebenden Spannungen und Problemen ist kein ausschließliches Thema der Innovationsforschung. Vielmehr ist es ein allgemeines, aus vielen Bereichen der Gesellschaft und der Wissenschaft bekanntes Phänomen, verbunden mit dem stetigen Kampf zwischen Beständigkeit und Erneuerung. Ganze Nationen sind gescheitert, weil sie nicht die richtige Balance zwischen den beiden Extremen gefunden haben (Osterinseln, Römisches Reich, Inkas ...). Balance ist ein stetiges Thema unserer Gesellschaft: Beim Ausgleich zwischen Familie und Beruf, in der Erziehung, in der Mitarbeiterführung, in der Zukunftsplanung, in der Politik ... In der Natur sorgt die Evolution für eine permanente Erneuerung, Anpassung und Weiterentwicklung unter den Teilnehmern und Wettbewerbern. In der Wirtschaft müssen wir selbst für die Zukunftsfähigkeit sorgen.

Es hat sich gezeigt, dass die richtige Balance, die flexible Justierung und der Umgang mit Unsicherheiten wichtiger für den langfristig wirtschaftlichen Erfolg sind als strategische Planungen. Genau in diesem Bereich unterscheiden sich Unternehmen noch deutlich, dort liegt das Potential für den Ausbau für Wettbewerbsvorteile.

Eine wichtige Erkenntnis erwächst aus der Betrachtung von Unsicherheit in Bezug auf Entstehung von Innovationen. Demzufolge muss die traditionelle Auffassung von Unsicherheit im Sinne von negativ-ungünstig, da bedrohend für den betrieblichen Ablauf, ergänzt werden um die schöpferische Bedeutung und Auslegung als Quelle für Erneuerung.

Organisationen, die jegliche Art von Unsicherheit und Ungewissheit konsequent ausschließen wollen und die Vermeidung von Risiken anstreben, verlieren die Fähigkeit zur Erneuerung.

In diesem Zusammenhang spielen Prozesse und Routinen eine entscheidende Rolle. Sie manifestieren die Bestrebung nach Automatisierung und Effizienz und prägen auch die Orientierung im Innovationsmanagement. Je routinierter und präziser jedoch die Planung des Neuen und Unbekannten vorgenommen wird, desto geringer wird letztlich der Grad der Erneuerung ausfallen. Linear-sequentiell ausgerichtete Strukturen verhindern radikale Innovationsbemühungen. **Insofern erscheint eine Unterscheidung und differenziertere Gestaltung betrieblicher Funktionen in Bereiche, die sich an Konstanz, Gleichförmigkeit, Kontrolle und Planbarkeit ausrichten (Fertigung, Einkauf) und andere Bereiche, die sich an Erneuerung und Veränderung orientieren (zum Beispiel Innovationsmanagement) sinnvoll.** Aber Vorsicht: Auch Fertigung oder Einkauf könnten von radikalen Veränderungen profitieren.

Entscheidend für den Erfolg des Innovationsmanagements sind die Balance von Reproduktion und Innovation und die Variation verschiedener Formen des Innovierens. Die bewusste Irritation im Rahmen des Innovationsverhaltens ist insofern eine Ergänzung, kein Ersatz.

7.3 Und wie geht es weiter?

Für die weiterführende Forschung ergeben sich zahlreiche Anknüpfungspunkte. Einerseits bieten sich die Erkenntnisse und Hypothesen zur weiteren Vertiefung an, andererseits können der theoretische Bezugsrahmen und die Bausteine der Theorie der bewussten Irritation Ausgangspunkte für die Ausgestaltung der Theorie sein. Die nachfolgend vorgebrachten Fragestellungen sollen vor allem Anregungen für die eigene Praxis sein.

Die erste Frage lautet:

Brauchen wir eine vollständige Theorie?

Erst in der Fähigkeit, die durch eine Theorie erfassten und beschriebenen Phänomene auf zukünftige Entwicklungen zu übertragen, bewährt sich eine Theorie. Eine gute Erklärung der Vergangenheit gibt Hinweise auf die Zukunft: „The good news is that theory that explains the past can – if used properly – provide insight into the future."[472]

Empirische Untersuchungen könnten dazu beitragen, die Gültigkeit der hier vorgestellten Theorie zu belegen bzw. den Gültigkeitsbereich abzugrenzen. Mit der Auswertung weiterer Fallstudien könnten weitere Effekte beschreibbar werden, die ebenfalls zur Fundierung der Theorie beitragen. Andererseits: Was hilft die beste Theorie, wenn sich Organisationen in der Praxis doch wieder von der Versuchung leiten lassen, Innovationen effizient zu gestalten und alle Risiken minimieren zu wollen, und die Wissensschöpfung auf den Prüfstand der Innovationsbürokraten stellen?

Insofern wäre genau jetzt die beste Gelegenheit, einige der hier angesprochenen Dinge umzusetzen.

Wie ist Irritation zu dosieren?

Neben der Gültigkeit der Theorie der bewussten Irritation ansich ist für deren praktische Nutzung die Dosierung der Irritation von Bedeutung. Willkürliche und beliebig gesetzte Irritationen können zu Chaos führen, statt – wie beabsichtigt – die Innovationsfähigkeit zu erhöhen.

Wenn Irritationen genutzt werden sollen und wenn sie eventuell sogar in bestehende Innovationsmanagement-Ansätze integriert werden sollen, ist auf jeden Fall eine organisationsspezifische Betrachtung der Umsetzungsmöglichkeiten und potentieller Folgen notwendig.

Welche Rolle spielt der Zufall?

Wir wissen, dass der Zufall sowohl im (geplanten) Innovationsmanagement, als auch im (tatsächlichen) Innovationsverhalten eine weit größere Rolle spielt als weithin vermutet und in der Praxis berücksichtigt. Offen bleibt jedoch, ob und gegebenenfalls wie sich der Zufall tatsächlich begünstigend steuern und sich so die Innovationsfähigkeit erhöhen ließe. Allerdings wissen wir auch, dass in dem auf Planung, Steuerung und Kontrolle ausgerichteten Vorgehen von Organisationen nach deren Meinung der Zufall eine Störgröße darstellt, die es zu unterbinden gilt. Aber ein Blick auf die Erfindungen, die einzig auf Zufall statt auf absichtsgeleitetes Handeln zurückzuführen sind, offenbart den darin liegenden Trugschluss.

Damit ergibt sich die Frage und insofern ein weites, bisher wenig Beachtung findendes Forschungsfeld: Sind Zufallserfindungen lediglich durch die Steigerung der Anzahl der Versuchsanordnungen zu begünstigen? Und falls nicht, welche Möglichkeiten gibt es dann?

7.4 Axiome für erfolgreiches Innovieren

„Das ist der Weisheit letzter Schluss: Nur der verdient sich Freiheit wie das Leben, der täglich sie erobern muss."[473]

Wir wissen, dass man Innovationen nicht so einfach herbeiführen kann, aber es gibt Grundsätze und hinreichende Bedingungen, die bei Beachtung zumindest die Eintrittswahrscheinlichkeit erhöhen:

1. **Die Welt ändert sich, auch wenn wir es nicht merken.**

2. **Innovationen kann man nicht erzwingen.**
   Weder mit Geld noch mit Macht kann man Innovationen anordnen. Das ist so ähnlich wie beim Fußball. Eine alte Fußballweisheit besagt, dass Geld keine Tore schießt. Und Geld kann auch keine Innovationen herbeiführen. Was aber geht – wie beim Fußball: Man kann mit entsprechenden Rahmenbedingungen (gute Spieler, guter Trainer, hervorragende Trainingsmöglichkeiten usw.) die Innovationsfreude beeinflussen: gute Mitarbeiter, gute Chefs (also wirklich gute Chefs, die mehr als Zahlenwerke und Kennzahlen beherrschen), Freiräume für Ideen und Kreativität usw.

3. **Innovationen brauchen Vielfalt.**
   Und Vielfalt braucht Kreativität und Querdenker, die sich über Bestehendes hinwegsetzen können. Wenn man immer das Gleiche tut, kommt auch immer das gleiche Ergebnis heraus. Statt dem Reflex der Verkürzung zu folgen, lieber mal Umwege gehen. Innovationen brauchen Raum für Experimente. Der kürzeste Weg ist hierbei nicht immer der beste: es braucht Umwege (Serendipity) und viele Versuche.

4. **Damit aus Ideen Innovationen werden können, braucht es Zeit, Geduld und Schutz vor Bürokraten und Controllern.**
   Es muss Gelegenheiten zum Nachdenken geben – lieber mehr als weniger. Nur wenige Innovationen entstehen in einem Schritt und in einem Projekt, vielmehr bedarf es des Schutzes vor den „Nichtwissenden". Auch die Entwicklung der Post-Its bei 3M hat über 10 Jahre gedauert, ebenso die Durchsetzung des Nespresso-Konzepts!

5. **Innovationen kann man nur teilweise planen.**

   Auch der Zufall braucht seine Chance. Um planen zu können, benötigt man vollständiges Wissen über das Planungsobjekt. Bei Innovationen, die durch Neuartigkeit charakterisiert sind, ist das ausgeschlossen.

6. **Die Organisation muss bereit sein für Neues.**

   Das fängt beim Management an. Eine starre, statische, bürokratische Umgebung lässt keinen Spielraum für Veränderung. Organisationen müssen irritierbar sein.

7. **Die Fähigkeiten der Organisation sind besser zu nutzen und beweglich zu halten.**

   In den meisten Organisationen bleiben große Bereiche von Kreativität, Intelligenz und Kompetenz der Mitarbeiter ungenutzt. Mit einer systematischen Wissensschöpfung und einem funktionierenden Austausch zwischen Wissens- und Wertschöpfung wäre ein guter Anfang gemacht.

8. **Monokulturen sind zu vermeiden und die Auswahlkriterien für Ideen zu verändern.**

   Die begrenzte Vorstellungskraft der Innovationsmanager und anderer involvierter Protagonisten verhindert und bremst oft das Innovationsverhalten oder zielt nur auf das Offensichtliche. Es braucht einige „Tricks", um diese internen Blockaden aufzulösen.

9. **Die Systematik im Innovationsmanagement ist zu verändern, Besessenheit und Zufall sind zu kultivieren.**

   Es gibt nicht die eine, allgemeingültige Anleitung für Innovationen. Vielfalt im Denken, Vielfalt in den Abläufen und das Ermöglichen von Erneuerung sind das kaum kopierbare Geheimnis. Nur Selberdenken macht schlau.

10. **Es einfach tun!**

    Man kann viel über Innovationen philosophieren (Paralyse durch Analyse). Letztlich hilft nur, einfach anzufangen, auch wenn es zunächst kleine Schritte sind.

7.5 Machen wir es konkret

Was würden Sie am liebsten in ihrer Organisation ändern? Greifen wir dazu noch einmal den Ansatz von Bild 14 – „Raum für Reflektionen" – auf. Doch nun geht es nicht um die Frage, welche Prozesse und Barrieren in Ihrer Organisation, in Ihrem Unternehmen Änderungen verhindern und was Sie gerne verändern möchten. Überlegen Sie stattdessen mögliche Provokationen und Irritationen für ihr Umfeld (Bild 49)!

Bild 49 Platz für Notizen: Wie können Sie Ihr Umfeld provozieren, irritieren, anregen und/oder mit Impulsen versehen?

Machen wir es konkret 223

7.6 Schlussgedanken

Bei einem Unternehmen wie Siemens (und vielen, vielen anderen) wäre Steve Jobs wahrscheinlich nie als Mitarbeiter eingestellt worden! Warum eigentlich, wo er doch bekanntermaßen ein brillanter Geist, Visionär und Innovator war? Er hat mit der Firma Apple neue Märkte erschaffen und damit ein Vermögen von 100 Milliarden US-Dollar angehäuft. Ist es nicht genau das, was Firmen wollen – Geschäftserfolg durch Innovationen?

Nun, Jobs brach sein Studium ab und hatte demzufolge keinen Studienabschluss. In Personalbüros wird so etwas nicht gern gesehen, folgt man dort doch dem Anspruch, nur die besten Leute einstellen zu wollen. **Abschlussnoten sind nach wie vor das entscheidende Kriterium bei der Auswahl von Absolventen. Alternativen wären zum einen viel zu aufwändig, und zum anderen sind Notendurchschnitte ein guter Einstieg in eine Unternehmenskultur, die auf KPI (Key Performance Indicators) aufbaut.** Der neue Mitarbeiter bekommt dann eine Rolle im riesigen Maschinenraum der Organisation und erfüllt die Funktion möglichst ohne Reibungsverluste. Leute wie Steve Jobs sind durch den fehlenden Studienabschluss schwer einzuschätzen und noch schwieriger zu vergleichen, also chancenlos.

Es bleibt andererseits fraglich, ob jemand wie Jobs bei einem Unternehmen wie Siemens hätte arbeiten wollen, sich also überhaupt beworben hätte? Schwerlich! Viel zu bürokratisch, viel zu träge, viel zu durchschnittlich und so visionär wie ein Starkstromkabel – würde er sich vielleicht gedacht haben.

Vielleicht hätte Jobs in einem solchen Unternehmen aber auch gar nicht richtig „performen" können – was die Entscheidung, ihn nicht einzustellen, bestätigt hätte.

Im Übrigen war auch der Microsoft-Gründer Bill Gates ein Studienabbrecher, während Jeff Bezos sein Studium in Princeton abschloss, bevor er den größten Online-Buchhandel der Welt aufbaute. **Studienabschlüsse sind also wahrscheinlich kein geeigneter Indikator für die Einschätzung der Fähigkeit, unternehmerisch zu handeln.**

Hier schließt sich der Kreis, denn wie eingangs beim Vergleich von SIMPad und iPad schon festgestellt wurde: Wenn es um Innovationen geht, sind nicht die Fakten entscheidend, ausschlaggebend sind einzig Leidenschaft und die Besessenheit, etwas verändern zu wollen und etwas Einzigartiges zu erschaffen.

Kann man also davon ausgehen, dass irgendwo auf der Welt gerade jemand ein Studium abbricht, um genau die eine Idee zu verfolgen, die vielleicht irgendwann genau das Marktsegment aufrollt, in dem es sich Ihr Unternehmen so gemütlich eingerichtet hatte? Weil Ihr Unternehmen nur die „passenden" Leute eingestellt hat, die genau die eine Spezialfunktion in einer veralteten Struktur ausfüllen. Und leider hat Ihr Unternehmen die eine Idee in ihrem „Innovationsprozess" als zu riskant aussortiert. **Genau in dem Moment wird daran gearbeitet, Sie und Ihr Unternehmen zu verdrängen.** Nur weil man es nicht sieht, bedeutet das nicht, dass dem nicht so ist. Lediglich Träumer und Ignoranten hoffen darauf. Paranoia schadet in dem Fall sicher nicht.[474] Die Geschichte ist voll von Fehleinschätzungen und Irrtümern bezüglich der technischen Entwicklungen und der Entwicklung des Marktes. Es ist eine Illusion, dass sich genau Ihre Branche dem entziehen kann.

Richtige Innovationen hervorzubringen ist eben doch eine Kunst. In den letzten Jahren hat sich das Management immer weiter gegenüber der Fachkenntnis abgegrenzt und erhoben. Immer in der Absicht, es richtig zu managen. Damit kann man es aber maximal „besser machen". Es kommt jedoch darauf an, es „anders zu machen". **Ein gutes Innovationsmanagement reicht gerade für Mittelmaß. Für außergewöhnliche Innovationserfolge braucht es auch Genialität. Die Kunst ist es, diese zu kultivieren.**

Irritieren Sie Ihre Organisation, damit sie aufmerksam bleibt!

Halten wir uns an Astrid Lindgrens wunderbaren Satz aus „Pippi Langstrumpf": „Lass dich nicht unterkriegen, sei frech und wild und wunderbar!"[475]

8 Fallstudien

Achtung: Die Inhalte für die Fallstudien wurden vor etwa zwei bis drei Jahren zusammengestellt. Da die neueren Entwicklungen für die Fallstudien selbstverständlich nicht relevant sind, habe ich die Informationen über die Unternehmen nur partiell um neue Fakten ergänzt. Schließlich geht es nicht darum, wie diese Unternehmen heute funktionieren, sondern wie sie sich im betrachteten Zeitraum entwickelt haben.

8.1 Fallstudie 1: Texas Instruments (TI)

Texas Instruments ist ein Unternehmen im Hochtechnologie-Sektor und ist permanent dem Dilemma ausgesetzt, einerseits das Geschäft und den Ablauf zu steuern und zu kontrollieren, und andererseits nicht den kreativen, unternehmerischen Spirit zu verlieren. Jelinek führte dazu 1979 eine Reihe von Interviews über alle Ebenen des Unternehmens.[476] Ihr besonderes Augenmerk galt der Frage, wie Ideen entstehen, wie diese sich im Unternehmen entwickeln und wie innerhalb dieser komplexen Organisation daraus Innovationen werden.

Wie viele Unternehmen begann TI als „Start-up". Gegründet 1941, entwickelte das Unternehmen das weltweit erste Transistorradio, und der spätere Nobelpreisträger Jack S. Kilby und Robert Noyce erfanden den integrierten Schaltkreis. Mit dem kommerziellen Erfolg wurde Texas Instruments größer und damit wurde aus dem „Close Coupling" der ersten Tage „systematizing, formalizing, dezentralizing and delegating".[477] In dieser Zeit wurden ab 1973 sogenannte PCC gegründet (Product-Customer-Centers), die in einer Matrix mit den OST (Objectives, Strategies and Tactics) organisiert waren. Die Idee dabei war, die kurzfristig orientierten und sehr erfolgreichen PCC mit den langfristig orientierten OST zu kombinieren. Für „Wild-Hare-Ideen" wurde das System IDEA aufgebaut. Ziel war, damit die Entstehung von Innovationen zu systematisieren und zu formalisieren. Mintzberg nennt das auch „programmieren".[478] Viele Versuche und Fehlstarts führten letztlich zu dem gewünschten System, das Jelinek aus Sicht der lernenden Organisation als vorbildlich betrachtete. Die Umstellung auf das neue System dauerte etwa sieben Jahre.

Wie sich jedoch herausstellte, war das System eine Fehleinschätzung: Mintzberg kommentiert den Versuch der formalisierten Innovationsbemühungen: „Indeed, even Texas Instruments' highly touted OST system – on which Jelinek based her conclusion about institutionalizing innovation – failed no less than did the famous systems of General Electric."[479] Das System wurde ab 1976 nur drei Jahre nach Abschluss seiner Einführung durch eine übliche Hierarchie ersetzt, denn das komplexe Managementsystem inklusive der Matrix-Struktur und der zahlenbasierten Planung unterdrückte Entrepreneurship und Eigeninitiative. Sogar Jelinek räumte später ein: „Somehow the focus seemed to be on the system itself, rather than the innovation it was expected to generate. The OST was thoroughly institutionalized and that, together with other aspects of formalization seemed to cost TI its innovative spark."[480]

Erkenntnis 22

Die komplexe und starre Matrix-Struktur von Texas Instruments verhinderte Eigeninitiative und unternehmerisches Denken und Handeln. Ein zu starker Fokus auf die Struktur geht immer zu Lasten des Inhalts – in dem Fall der Innovationen.

8.2 Fallstudie 2: Polaroid

Polaroid wurde 1937 durch Edwin Land gegründet. Die Gründung basierte auf der Erfindung von lichtpolarisierenden Filtern. Durch das Engagement des Firmengründers wurde Polaroid ein Synonym für eine Kamerageneration – die Sofortbildkamera. Das erste Modell kam 1948 auf den Markt. Das war der Beginn einer über 30jährigen Erfolgsgeschichte. Das Kamerasystem blieb ähnlich, erfuhr jedoch zahlreiche technische Verbesserungen und Designanpassungen. Polaroid wuchs jährlich um 23 Prozent, mit einem Gewinnwachstum von etwa 17 %. Diese Entwicklung führte zur Herausbildung von spezifischen Kompetenzen und Fähigkeiten. „Polaroid was clearly a technology-driven, not market-driven company. Land considered science to be an instrument for the development of products that satisfy deep human needs – needs that could not be understood through market research. He therefore did not believe in performing market research as an input to product development; Polaroid's technology and products would create a market."[481] Mit dem Erfolg verfestigte sich die Annahme, dass Kunden das unmittelbare Ergebnis als physikalisch vorliegende Fotografie schätzen. Aufkommende Geräte, wie Camcorder, die Bilder speichern, wurden nicht als Konkurrenz betrachtet.[482]

Erkenntnis 23

Eine einzigartige Technologie bei Polaroid und der damit verbundene Erfolg führten zum Tunnelblick. Die Digitaltechnologie wurde lange nicht als Bedrohung angesehen bzw. nur unter dem Aspekt der Weiterentwicklung der Sofortbild-Technologie. Der Wettbewerbsvorteil wurde aufgegeben.

8.3 Fallstudie 3: Semco

Semco wurde 1953 vom österreichischen Ingenieur Curt Semler in Brasilien gegründet. Das Unternehmen stellt nach einem patentierten Verfahren Ölzentrifugen zur Verarbeitung von ölhaltigen Früchte her.[483] Bis in die 80er Jahre entwickelte sich Semco zu einem Hersteller und Lieferanten von Pumpen für zahlreiche Anwendungen und zum Partner von Werften. Das Spektrum der Produkte und Dienstleistungen vergrößerte sich weiter, von Klimaanlagen bis zu Bürogebäuden und Umweltplanungen. Es gibt zahlreiche Partnerschaften mit multinationalen Unternehmen (zum Beispiel Johnson Control). Das Unternehmen überstand mehrere Krisen, als die Wirtschaft Brasiliens unter zahlreichen politischen Turbulenzen und Finanzkrisen litt.

Im Jahre 1980 übergab Curt Semler – nach einigen Unstimmigkeiten zwischen Vater und Sohn – die Verantwortung an den Sohn Ricardo Semler mit den Worten: „Do what you need to do."[484] In kürzester Zeit strukturierte dieser die Firma um und brachte sie zurück in die Profitabilität.

Danach begann für Semco eine Phase, die gekennzeichnet war durch partizipatives Management. Auslöser war die Feststellung Semlers, dass die Firma zwar erfolgreich war, aber die Angestellten größtenteils unzufrieden waren. Zusammen mit Clovis da Silva Bojikian – dem geistigen Vater der folgenden Veränderungen im Unternehmen – gestaltete Semler die Firma Semco um. Die Grundidee war, die Mitarbeiter durch Beteiligung und Einbindung in wichtige Entscheidungen stärker zu motivieren. „Employees who participated in important decisions would naturally be more highly motivated and make better choices than those who simply followed orders from above."[485] Motivierte Mitarbeiter sind produktiver – so die These.

Es begann mit der Cafeteria, die durch die unendlichen Beschwerden ein ständiges Ärgernis war. Semler und Bojikian übergaben die Cafeteria an einige Mitarbeiter zur selbstständigen Organisation und zum Betrieb. Die Beschwerden endeten und die Veränderungen gingen weiter. Mitarbeitern wurde erlaubt, ihre Büros selber zu gestalten und die Arbeitszeiten selber festzulegen.

„I believe in responsibility but not in pyramidal hierarchy. I think that strategic planning and vision are often barriers to success. I dispute the value of growth. I don't think a company's success can be measured in numbers, since numbers ignore what the end user really thinks of the product and what the people who produce it really think of the company."[486]

Drei Ingenieure schlugen vor, eine unabhängige Abteilung zu gründen: sie nannten sie „Nucleus of Technological Innovation" (NTI). Sie verzichteten auf einen Chef und wollten auch keine weiteren Mitarbeiter. Organisiert wurden sie in einer Struktur mit absoluter Freiheit in der Wahl ihrer Projekte, Mittel und Aufgaben. Das Ziel war, Ideen in Innovationen zu überführen und neue Geschäfte zu generieren. Der feste Bestandteil ihres Gehaltes sank deutlich, dafür gab es Erfolgsbeteiligungen bei neuen Geschäften. Im ersten halben Jahr wurden 18 Projekte gestartet und nachfolgend entstand ein permanenter Strom an Erfindungen, Veränderungen und Erneuerungen.[487]

Der Erfolg des NTI-Programms ermutigte Semco, das Modell auszuweiten und sogenannte Satelliten zu organisieren, die relativ selbständig operierten.

Der Erfolg war beeindruckend (wobei Semco mit ungefähr 3.000 Mitarbeitern und 200 Millionen US-Dollar Umsatz zu dem Zeitpunkt noch kein Großunternehmen war): Trotz der turbulenten wirtschaftlichen Bedingungen in Brasilien wuchs die Firma in den folgenden 14 Jahren um durchschnittlich 28 Prozent pro Jahr.[488]

„A company based on innovation, Semco does not follow the standards of other companies with a predefined hierarchy and excessive formality. At Semco, people work with substantial freedom, without formalities and with a lot of respect. Everybody is treated equally, from high-ranking executives to the lowest ranked employees. This means the work of each person is given its true importance and everybody is much happier at work."[489] Dieses „Anderssein" gipfelt in der Feststellung: „Eine Firma ist erfolgreich, wenn es den Managern gelungen ist, sich überflüssig zu machen."[490] Diese Erkenntnis erwächst aus dem unerschütterlichen Vertrauen in Menschen allgemein und in seine Mitarbeiter insbesondere. In einem Interview verrät Ricardo Semler: „Die Alternative zum Vertrauen existiert doch nur theoretisch. Die Idee, dass am Ende schon das Richtige herauskommt, wenn man jeden Tag alles kontrolliert, ist eine Illusion."[491] Für Manager der „Kontrollfraktion" wäre eine solche Einstellung befremdlich; doch Semler ist sich sicher, dass seine Firma nicht mehr existieren würde, hätte sie mehr geplant und kontrolliert.

Erkenntnis 24

Die Firma Semco ist hochinnovativ, obwohl oder weil sie keinem Innovationsprozess oder einer Innovationsstrategie folgt, und hat auch kein Innovationsmanagement oder ähnliche Instrumente installiert.

8.4 Fallstudie 4: Siemens Mobile Phones

Bis ins Jahr 2005 hat Siemens Mobiltelefone entwickelt und verkauft. Am
1. Oktober 2005 verkaufte der Elektrokonzern den Bereich „Mobile Phones" an BENQ, einen taiwanesischen Hersteller von Elektrogeräten. Ende
September 2006 meldete BENQ für Deutschland Insolvenz an und been-
dete alle Aktivitäten. Für Siemens war das Geschäft mit den mobilen Tele-
fonen am Ende ein Desaster. Doch wie kam es dazu? Um die Entwicklung
zu verstehen, muss man etwas weiter zurückgehen.

Den Einstieg in die digitale, mobile Welt hätte man bei Siemens Anfang
der neunziger Jahre beinahe verschlafen. Motorola und Nokia gaben
von Anfang an den Ton und das Tempo vor. Da der Markt aber rasant
wuchs und Platz für mehrere Anbieter ließ, war es auch den langsameren
Münchnern möglich – auch dank der bekannten Marke – sich als Han-
dyanbieter zu etablieren. In der ganzen Euphorie und den boomenden
Absätzen Ende der neunziger Jahre verpasste man aber den Ausbau der
eigenen Entwicklung, vermied Investitionen und begnügte sich mit einer
Fast-Follower-Strategie.[492] Das führte dazu, dass man zwar langsamer als
der Markt wuchs, aber doch meistens Gewinn erwirtschaftete. Mit dem
Ende des Handy-Booms kam auch die Ernüchterung bei Siemens. Sinken-
den Gewinnen und einer geringeren Nachfrage versuchte man mit Spar-
programmen entgegenzuwirken.

Statt Innovationen voranzutreiben und zu investieren, hoffte man auf
eine Erholung am Markt und darauf, weiterhin auf der Welle mitzu-
schwimmen – „Mitnahmegeschäft Handy". Als die Nachfrage dann wieder – in einem nun gesättigten Handymarkt – anzog, waren die Kunden
anspruchsvoller, reifer geworden. Eine undurchsichtige Modellpolitik ver-
unsicherte Kunden, weiteres Sparen wirkte sich auch auf die Qualität aus.

Man hatte zwar mehrfach betont, den Marktanteil erhöhen zu wollen,
hatte aber bis auf „Kosten einsparen" kein Rezept. Die Entwicklung wurde
weitestgehend eingestellt und beschränkte sich im Wesentlichen darauf,
eine per Lizenz erworbene Plattform „Siemens-like" zu adaptieren. Allein,
mit Kosten senken und Know-how-Abfluss kann man keine Marktanteile
zurückgewinnen. Trotz niedrigster Herstellkosten wurde zu dem Zeitpunkt schon kein Geld mehr verdient – im Gegenteil, laut eigener Aussage wurden täglich Verluste von 1 Million Euro angehäuft.[494]

Die Kostenpositionen der damals sechs führenden Hersteller von Mobilte-
lefonen sind in Bild 50 dargestellt. Die Kosten der Bauteile sind Bestandteil der Herstellkosten. Es ist erkennbar, dass Siemens zwar die geringsten
Herstellkosten (81 Euro) ausweist, was auf eine hohe Effizienz in der Fertigung schließen lässt, jedoch auch pro Gerät den geringsten Netto-Erlös
erzielen konnte (25 Euro im Vergleich zu 64 Euro bei Samsung). „Siemens

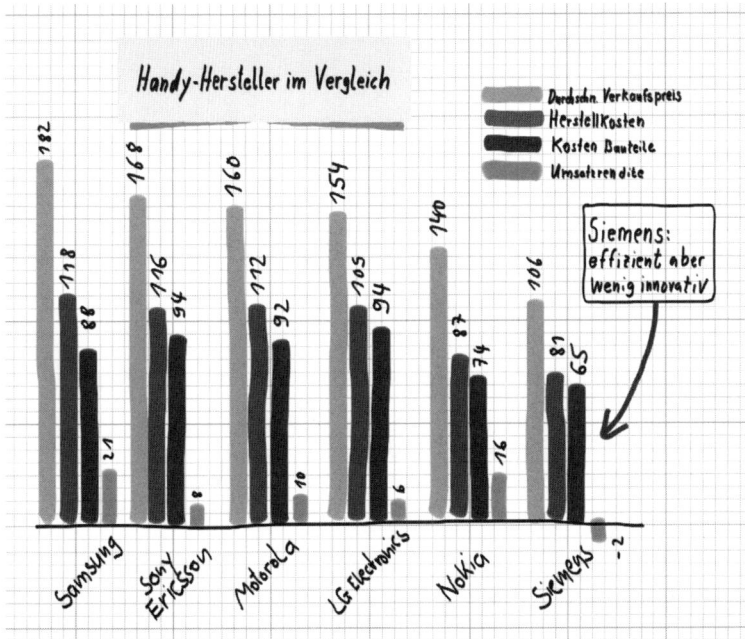

Bild 50 Endgerätehersteller 2005: Verkaufspreis und Kosten im Vergleich[493]

hat von den sechs führenden Anbietern die niedrigsten Kosten – und ist trotzdem das einzige unter ihnen, das mit seinen Handys kein Geld verdient. Die Strategie, Handys mit niedrigem Preis in den Markt zu drücken, klappte nicht. Zu spät reagierte Siemens auf pfiffige neue Handytrends wie Kameras, MP3-Player oder schicke Telefone für Geschäftskunden."[495]

Viele Indizien sprechen hier für den Red-Queen-Effekt: „Siemens baut die falschen Handys, die aber effizient." So lässt sich die Situation Anfang 2005 charakterisieren. Man wollte etwas ändern, wusste aber offensichtlich nicht so richtig, was, und versuchte im Wesentlichen, über die Kosten und den Preis die Wettbewerbsfähigkeit zu erhalten. Seith identifiziert sechs „Sünden" und versucht damit das Handydesaster bei Siemens zu erklären: An erster Stelle steht „Trends verschlafen", gemeint sind vor allem Entwicklungstrends. Das erste UMTS-Handy wurde von Motorola eingekauft. Es wurde geschätzt, dass die Siemens-Entwicklung etwa ein halbes Jahr hinter dem Markt zurücklag.[496]

Das unterschied zum Beispiel LG oder Samsung von Siemens. Die Asiaten verfolgten ihre Ziele konsequent und ließen durch die entsprechend hohen Investitionen keinen Zweifel daran aufkommen, dass sie Marktführer werden wollten.[497] Mit allem Nachdruck wurde investiert, wurden neue Märkte erschlossen, und auf Kundenbedürfnisse konnte man zügig reagieren.

Ende Juni 2007 bringt Apple mit dem iPhone das erste Mobiltelefon der Firma auf den Markt. Das Smartphone ist ein voller Erfolg. Das Interessante daran ist vor allem, wie es Apple in einem hart umkämpften Markt, der durch Red-Queen-Effekte gekennzeichnet ist, gelang, sofort hochprofitabel zu sein. 2004 verkaufte Siemens ca. 8 Millionen Endgeräte, Apple verkaufte 2009 knapp 21 Millionen Exemplare verschiedener iPhone-Modelle.[498]

> **Erkenntnis 25**
>
> Die Innovationsdynamik im Markt für Mobiletelefone war für die Mobilfunksparte von Siemens zu hoch. Es reicht nicht, mit „Innoviatiönchen" wettbewerbsfähig zu bleiben. Der Fall zeigt deutlich, wie schnell man mit einer Fast-Follower-Strategie den Anschluss zu den Wettbewerbern verlieren kann und wie eine wenig überzeugende Innovationsstrategie bis zur Geschäftsaufgabe führen kann.

8.5 Fallstudie 5: Microsoft

Microsoft wurde 1975 von Bill Gates und Paul Allen gegründet. Die Erfolgsgeschichte hin zum heute größten Softwarehersteller ist durch viele Glücksfälle und Zufälligkeiten gekennzeichnet.

Alles begann mit MS-DOS

Erst mit einer Anfrage von IBM, das ein Betriebssystem für ihre erste PC-Architektur PS/2 suchte, kam der Durchbruch. Microsoft – das bis dahin hauptsächlich in BASIC programmierte – hat kein eigenes Betriebssystem und kauft von der Firma „Seattle Computer Products" das Betriebssystem QDOS für 50.000 $, um es leicht zu modifizieren und als MS-DOS für 186.000 $ an IBM zu verkaufen.[499] Damit wird MS-DOS zum Standard – der Beginn einer einzigartigen Erfolgsgeschichte. Obwohl andere Software-Strukturen – beispielsweise Apples OS – technisch eindeutig besser sind, setzt sich erst MS-DOS und später Windows als Quasistandard durch. Gemeinsam mit Intel und IBM wurden die Entwicklungen im Computerbereich vorangetrieben. Bis heute dominiert die Kooperation von Intel und Microsoft den Computermarkt.

Betrachtet man Microsoft und die Entwicklung der letzten Jahre, gerade im Vergleich zu Wettbewerbern, wird die nachlassende Innovationskraft deutlich. Microsoft ist ein Musterbeispiel für den klassischen Dornröschen-Effekt.

Obwohl sich Apple mit der eigenen Computerarchitektur nie gegen die Intel-Microsoft-Kooperation durchsetzen konnte (außer bei Nischenanwendern wie Designern) gelingt es Apple in anderen Bereichen immer öfter und immer besser, Microsoft hinter sich zu lassen (Tabelle 31). „While Apple continues to gain market share in many products, Microsoft has lost share in Web-browsers, high-end laptops and smart-phones. Despite billions in investments, its Xbox line is still at best an equal contender in the game console business."[500]

Tabelle 31 Microsoft-Produkte im Vergleich

	Microsoft	Konkurrenzprodukt
Media Player	MP3 Player Zune (1 % Marktanteil; inzwischen eingestellt)	Apples iPod (70 % Marktanteil)
Smartphone	Kein eigenes Modell; Ende 2010 Windows Phone 7	Apples iPhone, Nokias N-Klasse, RIMs Blackberry, Googles Nexus usw.
Tablet-PC	Lange kein eigenes Modell: dann als Slade geplant, aktuell Surface	Apples iPad
Suchmaschine	Bing	Google
Browser	Internet Explorer (nach ca. 90 % in 2002 nun bei ca. 60 % Marktanteil)	Apples Safari, Mozillas Firefox, Googles Chrome
Spielekonsole	XBox	Nintendos WII, Sonys PS
Social Media	Die Entwicklung quasi verschlafen. Zukauf von Yammer, Netbreeze (für Kundenkontakte)	Facebook, Twitter usw.
Elektronische Bücher	Kein eigenes Gerät; alternativ Tablet-PC	Amazons Kindle

Microsoft ist unfähig zur Innovation

Dick Brass war 1997 bis 2004 bei Microsoft; er war verantwortlich für die Entwicklung des Tablet-PC. In einem Kommentar, veröffentlicht in der New York Times, gibt er einen Einblick in das System Microsoft. Im Gegensatz zu früher sei Microsoft heute nicht mehr das Unternehmen, das die Zukunft bringe. Andere Unternehmen haben das übernommen. Brass bescheinigt Microsoft „Unfähigkeit zur Innovation" und „kreatives Versagen". „Unlike other companies, Microsoft never developed a true system for innovation."[501]

Nach wie vor agiert Microsoft hochprofitabel

Es besteht kein Zweifel daran, dass Microsoft nach wie vor sehr erfolgreich operiert. Die Gewinnentwicklung spricht für sich. Die einzigen Gewinnbringer sind aber das Betriebssystem Windows und das Officepaket – quasi die Grundausstattung eines jeden PC.

„Ballmer verwaltet mit Erfolg Microsofts altbewährte Milliardenprodukte Windows und Office."[502] Damit bewegt sich der Software-Hersteller zwar in einer Komfortzone, der Erfolg hängt jedoch sehr stark vom PC-Geschäft ab. Die Grundkonfiguration hat sich seit den Anfängen kaum geändert und der überwiegende Anteil der Forschungs- und Entwicklungsaufwendungen wird für die Klassiker eingesetzt.

Die Impulse für neue Technologien, Produkte und Lösungen kommen dagegen ausschließlich von anderen Akteuren im Markt. Dass schon kleinste Änderungen an der Konstellation zu erheblichen Problemen für Microsoft sorgen, zeigt die missglückte Portierung des Office-Paketes für Tablet-Geräte.

Microsoft verfügt zwar über erhebliche Barreserven (ca. 31 Mrd. $) und ist damit in der Lage, bestimmten Entwicklungen durch Zukäufe zu folgen. Dennoch kann man von einer typischen Dornröschen-Situation ausgehen. Viele große Firmen waren in der Vergangenheit ähnlich erfolgreich und fühlten sich unangreifbar und unverletzlich. Viele Firmen und sogar ganze Industrien wurden von Veränderungen in der gewohnten Konstellation derart überrascht, dass sie sie entweder gar nicht oder zu spät bemerkten und daraufhin falsch reagiert haben. Das Auftreten dieses Verhaltens gestaltet sich derart zahlreich, dass es nicht mehr als Einzelphänomen abgetan werden kann. Der Niedergang erfolgreicher Unternehmungen ist kein ungewöhnlicher Vorgang; Beispiele dazu findet man in vielen Veröffentlichungen.[503]

> **Erkenntnis 26**
>
> Microsoft ist nach wie vor eines der erfolgreichsten Software-Unternehmen der Welt. Auffällig ist, dass sich dieser Erfolg im Wesentlichen auf Innovationen zurückführen lässt, die schon einige Jahre zurück liegen. Bei aktuellen Entwicklungen spielt Microsoft lediglich eine Nebenrolle. Die Firma lebt von der Substanz und den Innovationserfolgen der Vergangenheit. Das ist der Beginn des typischen Dornröschen-Effekts.

8.6 Fallstudie 6: Google

Google fasziniert Autoren seit Jahren, sei es um die Gründe des Erfolges zu ergründen[504] oder um in die Gedankenwelt der beiden Gründer Larry Page und Sergey Brin einzutauchen.[505]

Google wurde gegründet, um die Idee einer verbesserten Suche im Internet umzusetzen. Anders als bis dahin üblich wurden die Internetseiten nicht (wie zum Beispiel bei Yahoo!) nach der Anzahl der Schlüsselworte auf der Seite, sondern aufgrund der Verlinkung und der Zugriffe Dritter auf die Domain gelistet. Grundlage der Idee war die Vorstellung, dass eine Internet-Domain, die stark verlinkt ist, einen wesentlich höheren Nutzen darstellt als eine mit vielen Schlüsselwörtern ausgestattete Internet-Domain. Der neue Algorithmus war wesentlich weniger anfällig für Manipulationen und setzte sich rasch als neuer Standard zur Suche im Internet durch. Heute ist Google eine der am schnellsten wachsenden Firmen der Welt.

Die Vision

Auf der deutschen Homepage von Google ist die Vision wie folgt angegeben: „Das Ziel von Google besteht darin, die Informationen der Welt zu organisieren und allgemein nutzbar und zugänglich zu machen." Für eine noch relativ junge Firma ist das ein recht ehrgeiziges Zukunftsbild. Einen Überblick über das Unternehmen gibt Tabelle 32.

Tabelle 32 Google als Unternehmen im Überblick

Gründung	04. September 1998
Branche	Internetdienstleistungen
Mitarbeiter	19.665 (30. September 2009)
Umsatz	$ 21.796 Mrd. (2008)
Gewinn	$ 4.227 Mrd. (2008)
Ausgaben F&E	$ 2,793 Mrd. (12,8 % vom Umsatz, 2008)
Vision	Alle Informationen verfügbar machen

Geld verdient Google mit Werbung. Entsprechend der Suchanfrage werden an der Seite – sehr subtil – Werbebanner eingeblendet. Die Kosten für AdSense (so der Name für diese Art der Werbung) trägt der Auftraggeber. Schätzungen gehen davon aus, dass 80 % aller Suchanfragen weltweit über Google gehen.[506] Die Einnahmen verwendet die Internetfirma, um diese Vormachtstellung in andere Bereiche auszudehnen.

„Google hat eine Spitzenposition beim Aufbau komplexer IT-Systeme, beim Experimentieren und Improvisieren, bei der analytischen Entscheidungsfindung, der partizipativen Produktentwicklung und anderen relativ ungewöhnlichen Innovationsformen. Seiner häufig chaotischen Ideenfindung setzt der Konzern präzise, datengetriebene Bewertungsmethoden für neue Konzepte entgegen."[507] Diese Einzigartigkeit lockt die besten Fachleute an, es gibt pro offene Stelle immer noch 100 Bewerber.

Innovationskultur und -philosophie

So wie Google die Anwender und die einfache Anwendbarkeit im Mittelpunkt der externen Bemühungen hat, orientiert sich das Unternehmen intern daran, alles auf Innovationen auszurichten; die Wertschöpfung folgt der Wissensschöpfung. Das ist ein entscheidender Unterschied zum Großteil der anderen Unternehmen.

Es gibt eine 70-20-10%-Regel: 70% der R&D-Investitionen gehen in das Kerngeschäft (die Suchmaschine), 20% in angrenzende Geschäfte, die aber nicht direkt das Kerngeschäft betreffen. 10% jedoch – und das ist das Entscheidende – gehen in völlig neue Geschäftsfelder und Produkte. Die Unsicherheitsrate beträgt also im Minimum 10%.

Eine weitere Quelle für Unsicherheit ist der 20%-Anteil für Mitarbeiter im R&D. Die Regel besagt, dass ein Teil der Arbeitszeit für eigene Projekte eingesetzt wird.

Fehlertoleranz geht vom Chef aus: „Bitte scheitern Sie möglichst schnell – dann können Sie es gleich noch einmal probieren." (Eric Schmidt) Und Larry Page ergänzt „Wenn wir keine solchen Fehler machen, riskieren wir nicht genug."[508]

Laszlo Bock berichtet: „Wir mögen Chaos. Kreativität entsteht, wenn Menschen zufällig aufeinandertreffen und nicht wissen, wo sie hingehen."[509]

Marissa Mayer (Google Vice President Search Products/User Experience; inzwischen CEO von Yahoo) berichtet in einem Interview von den neun Prinzipien, an denen sich das Unternehmen bei den Innovationsbemühungen orientiert:[510]

1. **Innovation, nicht Perfektion.**

   Innovationen müssen und können gar nicht perfekt sein, wenn sie gerade im Entstehen sind. Die Perfektion und Reife entstehen durch frühzeitiges Experimentieren und das Einbinden der Nutzer. Dafür gibt es die Google-Labs.

2. **Ideen kommen überall her.**

   Es gibt eine interne Liste aller Ideen und Projekte, die jeder kommentieren kann. Das führt zu weiteren Ideen.

3. **Lizenz, um Träume zu realisieren.**

Seit 2000 bekommen Entwickler 20% der Zeit, um eigene Ideen zu verwirklichen. Wir vertrauen den Leuten, dass sie interessante Dinge tun und erfinden. Innerhalb eines halben Jahres entstanden durch diese Freiheit 50 neue Produkte (z.b. GMail, AdSense und Google News).

4. **Ideen fördern, nicht killen.**

„Any project that is good enough to make it to Labs has a kernel of something interesting in there somewhere, even if the market doesn't respond to it. It's our job to take the product and morph it into something that market needs."[511]

5. **Informationen für alle.**

Um zu vermeiden, dass Entwicklungen doppelt erfolgen und andererseits Unterstützung fehlt, werden wöchentliche 5- bis 7zeilige Tätigkeitsreports indexiert und zur freien Einsicht im Intranet veröffentlicht.

6. **Nutzer, Nutzer, Nutzer.**

Wenn wir etwas Sinnvolles für die Anwender bereitstellen, wird sich früher oder später ein Weg finden, damit Geld zu verdienen.

7. **Daten sind unpolitisch.**

Es gibt zwischen 50 und 100 Experimente, die live im Netz laufen. Wir testen mit sogenannten „1% Tests", welche Designs den höchsten Zuspruch der Nutzer bekommen. Wir schauen auf die Daten. Das ist, was zählt.

8. **Kreativität und Begrenzungen ziehen sich an.**

Kreativität wird durch Begrenzungen herausgefordert. [Anmerkung: Das ist organisatorisch gesehen unmöglich, wird sich demzufolge also auf inhaltlich-fachliche Begrenzungen beziehen.]

9. **Du bist brillant? Wir wollen dich.**

Seit der Gründung von Google hat sich die Zahl der Mitarbeiter vertausendfacht. Was aber gleich blieb, ist der Typ Menschen, der für Google arbeitet, und die Art der Arbeit, der Probleme und Ideen, an denen gearbeitet wird. Die Kultur ist gleich geblieben und erlaubt uns, erfolgreich Geschäfte aufzubauen, ohne Kompromisse in unseren Standards und Werten eingehen zu müssen.

Diese Prinzipien verdeutlichen eine Google-eigene Innovationsphilosophie, die sich deutlich von anderen Praktiken unterscheidet: Zum einen ist die extrem hohe Passion, der Wille, innovativ sein zu wollen, in jeder Ecke des Unternehmens zu spüren. Zum anderen ist es akzeptiert, dass Hierarchien zur Auswahl der Innovationsprojekte ungeeignet sind. So wie auch Mattos (2008) berichtet, sind Führungskräfte verpflichtet, alles zu tun, um Innovationen zu fördern, es gibt für sie keine formale Macht, Innovationen zu stoppen. Der Anwender ist das Maß der Dinge und nicht vordergründig der schnelle Gewinn.

Innovative Produkte, Erfolge und Misserfolge

Fast täglich kündigt Google neue Produkte oder Projekte an (Tabelle 33). Die Produkte lassen sich zu Gruppen zusammenfassen, die für die Firma eine Art Innovationsfelder darstellen könnten:

- Optimierung des Computers
- Mobile Anwendungen (Mobilität der Anwender als neue Herausforderung)
- Werbung (neue Formen und intelligente Platzierung)
- Suchen und Finden (Googles Kerngeschäft und Vision)
- Kommunikation und Zusammenarbeit (vom autarken PC über die Nutzung in Gruppen hin zur Vernetzung von Gruppen)

Darüber hinaus lässt sich eine Reihe von neuen Produkten keiner dieser Gruppen zuordnen. Sie sind Anzeichen dafür, dass das Unternehmen zunächst einen Nutzen stiften will und später überlegt, wie man damit Geld verdienen kann (beispielhaft sei hier Google Health genannt, ein Dienst zur Verwaltung der Patientenakte). CEO Schmidt erklärt die Strategie so: „Präsenz zuerst, Umsätze später ... Wer es schafft, ein tragfähiges Angebot für den Endnutzer aufzubauen, wird immer Möglichkeiten finden, Geld damit zu verdienen."[512] Mit jeder Maßnahme erweitert Google sein Spektrum, ein Ende ist nicht absehbar.

Google hat mit dem Mobiltelefon „Nexus One" Neuland betreten. Statt wie bisher Internet-Dienstleistungen bis auf die Werbung kostenlos anzubieten, wurde nun ein Produkt an Endkunden vertrieben. Das Geschäftsmodell unterscheidet sich grundlegend von den bisherigen, zeigt aber die Experimentierfreude des Unternehmens. Inzwischen gibt es auch Tablets von Google und das Unternehmen steigt gerade (Frühjahr 2013) ins Geschäft mit Chromebooks ein, mit denen man Software aus dem Web benutzt. Das Geschäftsmodell unterscheidet sich deutlich vom traditionellen Vorgehen.

Im Interview berichtet Jonathan Rochelle von Google 2009 über das Innovationsverhalten: „In fact, I said the 70/20/10 part was the part we definitely DO measure and constantly adjust back if it strays away from that ratio. The part that is hard to measure is the actual ‚Innovation' – how do you measure ‚Innovation'. My feeling on that part of measurement is that we don't currently have any sort of ‚innovation score' process ... Lots

Tabelle 33 Produktinnovationen von Google

Produkt/Werkzeug	Kurzbeschreibung	Nutzen
Gmail	Webbasierter E-Mail-Client	Verfügbarkeit/Speicherplatz
Toolbar	Werkzeuge für den PC	Vereinfachung
Maps	Orientierung über das Internet	Einfache Orientierung
Earth	3D-Darstellung der Erde	Technische Machbarkeit, Interesse
Books	Zugriff auf alle Bücher	Einfachheit
Picasa	Bilder-Datenbank	Verfügbarkeit
Blogger	Zugriff auf Blogs	Übersichtlichkeit
Docs	Dokumentenbearbeitung	Visualisierung von Daten
Android	Betriebssystem für Mobiltelefone	Bedienbarkeit
Voice	Permanente Telefonnummer	Unabhängigkeit
Chrome	Web-Browser	Geschwindigkeit
Sites	Werkzeug zum Erstellen von Webseiten	Vereinfachung
Buzz	Medienplattform zur Integration verschiedener Kommunikationsmöglichkeiten	Intelligente Filterung der Inhalte und Kombination mit Ortsangaben
Wave	Kollaborations-Werkzeug	Einfache Zusammenarbeit
Google Accounts	Authentifizierung	Sicherheit
Google Checkout	Abrechnungssystem	Sicherheit
Google Apps	Office-Applikation, über Cloud-Computing verfügbar	Bequemer Zugriff und immer aktuelle Software
Instant Search	Vor-Orientierung in Ergebnissen	Zeitersparnis
Google Glasses	Zusatzfunktionen über das Interface einer Brille gesteuert	Zugriff auf Informationen, Monitoring und Speicherung
Google Car	Autonome Steuerung eines Autos	Technische Machbarkeit, Entlastung

of launches, including highly aspirational/risky launches, combined with new features in current products – give us an intuitive sense that we are continuing to be innovative. Perhaps we will feel that we need to measure innovation, only at the time we know in our hearts that it is waning? I would hope it can remain intuitively positive."[513]

Lernfähigkeit

Der weltweit größte Suchmaschinenbetreiber wird den exklusiven Verkauf seines Mobiltelefons „Nexus One" über die eigene Website beenden. Das Multifunktionshandy soll künftig weltweit über den stationären Handel vertrieben werden. Bisher verfolgte Google diese Strategie nur in Europa. „Der Online-Shop ist nur von technikaffinen Menschen angenommen worden, aber viele Kunden möchten Geräte anfassen, bevor sie sie kaufen, und sie wollen einen weit reichenden Service haben", schreibt Google-Manager Andy Rubin in einem Blogeintrag auf der offiziellen Unternehmensseite. Nach nur fünf Monaten gesteht das Unternehmen damit ein, dass das Projekt ein Flop war. Mit dem Nexus One wollte Google gleich in zwei neue Geschäftsfelder vorstoßen. Zum einen hatte der Konzern bislang keine eigenen Geräte verkauft. Zum anderen versuchte sich der dominierende Suchmaschinenanbieter im Onlinehandel. Eine ganze Serie von Geräten wollte das Unternehmen über die eigene Website verkaufen. Nach dem gescheiterten Versuch dürfte daraus vorerst nichts werden.[514]

Erkenntnis 27

Google zeichnet sich durch eine ganz eigene „Innovationsphilosophie" aus. Diese ist gekennzeichnet durch viel Leidenschaft und den unbedingten Willen, etwas wirklich Neues zu erschaffen. Chaos und Unsicherheit sind bis zu einem gewissen Grad erwünscht, der Pionier-Effekt ist Programm.

8.7 Fallstudie 7: PARC Xerox

Xerox wurde im Jahre 1906 als Haloid Corporation gegründet und entwickelte Technologien und Lösungen im Bereich Dokumentenmanagement. Im Jahre 1930 erfand der Physiker und Patentanwalt Chester M. Carlson eine Drucktechnologie, die er Xerographie nannte und die später die Grundlage für Kopierer wurde. Von dem Namen wurde auch der neue Firmenname abgeleitet. Joe Willson, damaliger Präsident der Firma, beschreibt die Strategie: „We were spending money we didn't have for a product nobody wanted."[515] In den folgenden Jahren war das Unternehmen jedoch sehr erfolgreich in der Entwicklung und Vermarktung der neuartigen Kopierertechnologie. Im Jahre 1970 gründete Xerox dann das „Palo Alto Research Center". Es sollte im Auftrag der Unternehmensleitung forschen und entwickeln. In dieser Zeit verlor das Unternehmen den Patentschutz für die Xerographie und fürchtete, Marktanteile an japanische Kopiererhersteller zu verlieren. Um dem entgegenzuwirken und auch weiterhin die marktbeherrschende Stellung der Firma im Bereich der Bürotechnologie zu behalten, sollte PARC neue Technologien für Xerox entwickeln.

PARC sollte eine interne Denkfabrik werden und es wurden junge, motivierte und exzellente Wissenschaftler eingestellt. Diese hatten alle Freiheiten und ließen ihrer Fantasie freien Lauf: „Es herrschte totale intellektuelle Freiheit", erinnert sich der ehemalige Mitarbeiter John Warnock. „Jede Idee wurde als Herausforderung angesehen." „Wir waren alle enorm talentiert, jung und voller Energie", fügt sein Kollege Larry Tessler hinzu. „Das Management sagte nur: Legt los und erschafft die neue Welt, die wir nicht verstehen."[516]

Die Erfindungen wurden wie am Fließband produziert. 1971 baute Gary Starkweather den ersten Laserducker. Robert Metcalfe und sein Team erfanden das Ethernet, das noch heute Computer verbindet. Die grafische Benutzeroberfläche mit Fenstern, Menüs, Auswahlbuttons, Checkboxen und Icons war zwar nicht neu, wurde bei PARC aber nutzbar gemacht. Dass dabei Bildschirminhalt und Ausdruck gleich aussahen, erfand man quasi nebenbei (WYSIWYG – What You See Is What You Get, ein Trendwort der späten 1980er Jahre). Die zahlreichen einzelnen Erfindungen kombinierten die Forscher zu einem Bürocomputer – dem „Alto". Desktop, Monitor, Harddisk (später kam noch der Computermaus dazu) bildeten ein System, das jeder bedienen konnte.[517]

Alles schien bereitet für ein Milliardengeschäft – doch die entscheidenden Leute im Hauptquartier von Xerox vergaben die Chance: „Keiner in New York verstand die Vision", erinnert sich John Warnock. „Es schien dort niemand über die Zukunft des Büros nachgedacht zu haben. Die hatten keine Vorstellung davon, wie sie unsere Einfälle in Produkte umsetzen sollten."[518]

Doch schon zwei Jahre vor dieser Phase hatte sich Steve Jobs mit seinem Team im Xerox PARC den „Alto" zeigen lassen.[519] Jobs war begeistert: „Es war das Beste, das ich in meinem Leben gesehen hatte", erinnert er sich. „Innerhalb von Minuten war mir klar, dass alle Computer einmal so arbeiten würden."[520]

Auch das PARC-Team freute sich über den Zuspruch: „Diese Leute haben in einer Stunde mehr über die Auswirkungen unserer Arbeit begriffen, als jeder Xerox-Manager in all den Jahren", sagt Larry Tessler.

1984 bringt Apple den ersten „Macintosh" auf den Markt – den ersten Computer mit optischer Maus und Benutzeroberfläche für den Massenmarkt. Es entsteht ein ganz neuer Markt für Computer, der rasant wächst. Xerox hat von dem Erfolg im Computerbereich kaum etwas, lediglich für den Laserkopierer gelingt eine erfolgreiche Vermarktung.

Das Management von Xerox hatte das Potential nicht erkannt, es wurden immer Ideen gesucht, die zur Strategie und zur Servertechnologie passten. Steve Jobs war in seiner Betrachtung weniger eingeschränkt und erkannte sofort die Gelegenheit.

Die Perspektive auf die Erfindungen des PARC-Labors war aus Sicht von Xerox sehr begrenzt (Bild 51). Es ging dem Unternehmen darum, die Kopierer zu verbessern und zu optimieren, um den Wettbewerbsvorteil zu festigen und die Bedrohung durch auslaufende Patente zu umgehen. Eine viel offenere Perspektive nahm Steve Jobs ein. Er sah die Erfindungen als „Lösungen" für ein bis dahin nicht vorhandenes Problem. Die Genialität lag in der Kombination der Einzelteile zu einem Ganzen, das sich verkaufen und einfach bedienen ließ.

Abgesehen von Laserdrucker hat Xerox aus dieser kreativen Revolution und der Entstehung des Computers wenig Nutzen gezogen. Bis heute ist Xerox – mehr oder weniger erfolgreich – ausschließlich in dem Segment des Dokumentenmanagements tätig.

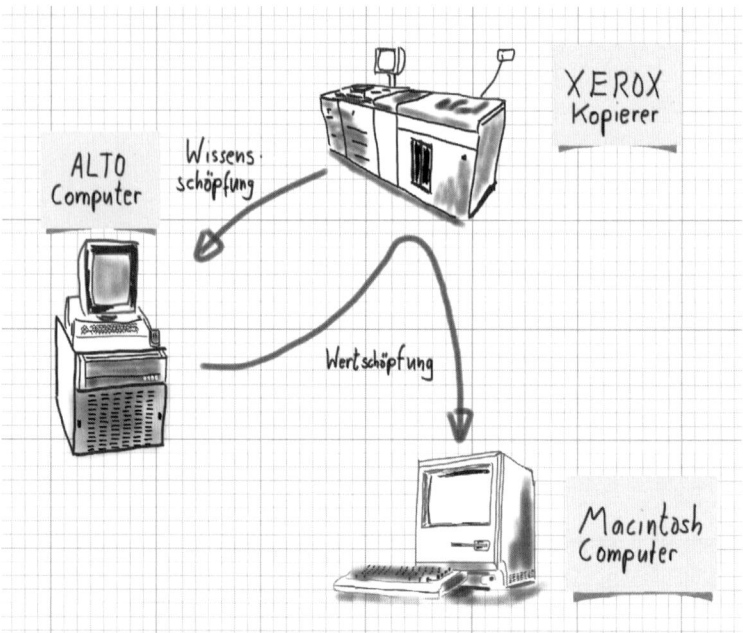

Bild 51 Zwei Perspektiven auf eine „Lösung"

Der Fall ist eines der wenigen Beispiele dafür, dass ungenutzte Ideen und Erfindungen in keiner Bilanz auftauchen. In der Regel hört man nie etwas davon, da die Ideen in Labors oder riesigen Datenbanken schlummern. In diesem konkreten Fall verpasste es Xerox, die Technologie- und Marktführerschaft zu übernehmen.

Das alte Team der Kreativen vom PARC zerfiel, Alan Kay und andere gingen zu Apple oder Microsoft, John Warnock gründete Adobe, Robert Metcalfe die Netzwerkfirma 3com.

Erkenntnis 28

Eine hohe Motivation und die Freiheit der Entwickler führten bei PARC zu einem Feuerwerk an Innovationen. Die meisten Erfindungen, die „im PARC" entstanden, fanden jedoch bei Xerox keine Anschlussfähigkeit. Durch die eingeschränkte Perspektive im Management des Unternehmens fanden die Ideen keine Unterstützung. „Spill-over-Effekte" führten jedoch dazu, dass eine ganz neue Industrie geschaffen wird.

8.8 Fallstudie 8: 3M (Minnesota Mining and Manufacturing Company)

3M ist bekannt für seine Innovationskultur. In zahlreichen Abhandlungen wird darüber berichtet, wie es der Firma, die im Jahre 1902 mit der Herstellung von Sandpapier in dem Ort Two Harbour startete, gelang, dauerhaft innovativ zu sein.[521]

Von den über 60.000 Produkten, die die Firma entwickelt und verkauft, sind die allgegenwärtigen (meist gelben) Post-Its die wohl bekanntesten (auch für diese Arbeit wurden einige – in unterschiedlichen Farben – verwendet). Nayak & Ketteringham haben die Entstehung als eine Mischung aus Beharrlichkeit und Zufall beschrieben.[522] Ursprünglich war der Chemiker Spence Silver auf der Suche nach einem extrem harten Klebstoff. Bei einem Experiment im Jahre 1963 entstand ein Klebstoff, der weder hart noch besonders adhäsiv war. Da für diese Art Kleber noch keine Anwendung vorstellbar war, galt der Versuch zunächst als gescheitert. Erst im Jahre 1974 kam es durch Zufall zu einer ersten Nutzung. Silvers Kollege Arthur Frey verwendete den Kleber, um ein Lesezeichen im Buch gerade so zu fixieren, dass es nicht heraus fiel und dabei auch keinen Schaden am Buch anrichtete (und die Geschichte, dass es dabei im Kirchenchor um Notenhefte ging, die im Stehen gehalten wurden, was oft zum Verlust der Markierungen führte, hält sich hartnäckig). Die Herstellung der Post-Its gestaltete sich schwierig, da es keine Maschinen gab, die die Blöcke zuverlässig produzieren konnten. Es sollte weitere zwei Jahre dauern, bis es zum Durchbruch kam und selbstentwickelte Fertigungsanlagen und ein neuer

Fertigungsprozess zuverlässige Ergebnisse lieferte. Tatsächlich entstand der eigentliche Wettbewerbsvorteil im Herstellungsprozess, da nur wenige Hersteller in der Lage waren, den Klebstoff in der Massenfertigung richtig zu dosieren und zu platzieren.

1978 ging die Firma 3M mit den Post-It-Notes auf den Markt. Zunächst war es ein Flop, da kaum jemand das Prinzip verstand. Erst als 3M Muster verteilte, zeigte sich die Nützlichkeit und es wurde ein riesiger Erfolg.[523]

Die Post-Its sind nur ein Beispiel von vielen Innovationen; ein weiteres Beispiel zur Demonstration – die ausführliche Darstellung der Entwicklung eines Innenohr-Implantats – findet sich bei Van de Ven et al.[524]

Die Art und Weise, wie 3M Innovationen vorantreibt, gleicht einem Mythos.[525] Die Firma versucht permanent, mit neuen Produkten in neue Märkte vorzudringen und neue Wege zu probieren, um innovativ zu bleiben.[526] Ein Grund dafür mag sein, dass auf Top-Management-Ebene das Thema Innovation nicht als Randerscheinung, sondern als das zentrale Thema des Unternehmens gesehen wird: „Innovation may be an important element of other corporate strategies; but for us, at 3M, **innovation essentially is our strategy.**"[527]

> **Erkenntnis 29**
>
> Für 3M sind Innovationen von enormer Bedeutung. Das Unternehmen hat verstanden, dass man Innovationen nicht erzwingen kann, und versucht, Innovationen indirekt zu fördern und durch persönliche Freiheiten zu stimulieren.

8.9 Fallstudie 9: Edison und GE

Thomas Alva Edison gilt als einer der größten Erfinder, der je gelebt hat. In seinem Labor in Menlo Park produzierte er Erfindungen in Hochgeschwindigkeit: Telegraph, Telefon, Phonograph, Generator, Voltmeter, Glühlampe, Filament, Vakuumpumpe und viele weitere Neuheiten. Weniger erfolgreiche Erfindungen entstanden ebenso: Thermosensor, Thermalsensor, Tinte für Blinde, elektrische Saatmaschine oder der Vakuumspeicher für Lebensmittel. Sie konnten sich jedoch nicht durchsetzen.[528]

Edison selbst formulierte das Ziel, alle zehn Tage eine kleinere Erfindung zu generieren und etwa jedes halbe Jahr eine Durchbruchinnovation hervorzubringen. Tatsächlich meldete er in den sechs Jahren, in denen er mit seinen Ingenieuren in Menlo Park das weltweit erste systematische Forschungslabor betrieb, 400 Patente an.

Auch heute, mehr als 100 Jahre nach dieser produktiven Zeit, zählt Edison als Prototyp des genialen Erfinders und die Zeit gilt als „the most concentrated outpouring of invention in history".[529] Trotz vieler historischer

Berichte gibt es kaum Ausführungen darüber, wie es Edison mit seiner Mannschaft schaffte, den Innovationserfolg so eindrucksvoll und über eine so lange Zeit zu wiederholen. Zwischen fünf und fünfzehn Ingenieure arbeiteten in dieser Zeit permanent für Edison. „We were all intended in what we were doing and what the others were doing."[530] Es wird berichtet, dass er stark vernetzt war und über das Netzwerk permanent mit Neuigkeiten versorgt wurde. Seine Genialität bestand darin, Zusammenhänge und mögliche Nutzenoptionen zu erkennen. Von einem Innovationsprozess oder einem dem Innovationsmanagement ähnlichen Ansatz ist nichts bekannt. Viele Ideen und Projekte wurden parallel verfolgt. Etablierte Praktiken, Regeln und Überzeugungen in Frage zu stellen und zu brechen war wohl eine Motivation Edisons und ein Treiber seiner Agilität.

Die Aufmerksamkeit der Berichte richtet sich in der Regel auf Edisons Genialität und seine individuellen Fähigkeiten. Der Mythos, der um seine Person entstand, half ihm bei der Durchsetzung und bei der Finanzierung durch Investoren.

Im Jahr 1890 vereinigte Thomas Alva Edison die meisten zur Verwertung seiner Erfindungen und Patente gegründeten Unternehmen unter dem Dach der Edison General Electric Company. 1892 wurde sie mit dem größten Konkurrenten, der Thomson-Houston Company von Elihu Thomson, zur General Electric Company vereinigt, mit Stammsitz in Schenectady, New York. Chef von GE wurde Charles A. Coffin, der bis dahin Leiter von Thomson-Houston war. Er führte das neue Unternehmen die ersten 20 Jahre. GE war eines der zwölf Unternehmen, die im 1896 neu eingeführten Dow Jones Index gelistet wurden, und ist das einzige der ersten zwölf, das sich bis heute in dem Index gehalten hat.[531]

„Edison's method of invention and development in the case of the electric light system was a blend of economics, technology (especially experimentation) and science. In his notebooks pages of economic calculation are mixed with pages reporting experimental data, and among these one encounters reasoned explication and hypothesis formulation based on science — the web is seamless. His originality and impact lie as much in this synthesis as in his exploitation of the research facilities at Menlo Park."[532]

General Electric konnte nicht an Edisons Innovationserfolge, die in den Laboren in Menlo Park entstanden, anschließen.

Erkenntnis 30

Edison installierte eine Systematik, die über einen größeren Zeitraum viele erfolgreiche Innovationen hervorbrachte. Obwohl die fehlende Innovationsstrategie und die extreme Informationsverarbeitung auffallen, gilt das Vorgehen als der Beginn der institutionellen Forschung und Entwicklung.[533]

8.10 Fallstudie 10: Firestone Tire & Rubber

Die Entwicklung der Reifenindustrie in den USA zwischen 1930 und 2000 gleicht dem Niedergang einer ganzen Branche. Die anfängliche Marktdominanz wurde durch die Einführung einer neuen Technologie aufgehoben und führte im weiteren Verlauf zur Wettbewerbsunfähigkeit.[534]

Firestone wurde am 3. August 1900 von Harvey Samuel Firestone in Akron im Bundesstaat Ohio gegründet. Mit anfänglich 12 Mitarbeitern wurden luftbefüllte Reifen hergestellt. Mit der Erfindung und Verbreitung des Automobils stieg auch die Nachfrage nach Autoreifen. Firestone gilt als ein Pionier in der Massenproduktion von Autoreifen. 1906 wurde Firestone einer der Orginalausrüster von Ford Motors.[535] Obwohl der Beginn der Ära luftbefüllter Reifen durch den Eintritt von Hunderten von Herstellern gekennzeichnet war, überstanden nur vier Reifenhersteller den starken Wettbewerb (U.S. Rubber – später Uniroyal, Goodyear, B.F. Goodrich und Firestone). Alle vier Wettbewerber waren 1917 unter den größten 100 amerikanischen Unternehmen. Später kam General Tire als fünfter Wettbewerber hinzu und diese stabile Wettbewerbersituation hatte einige Dekaden Bestand. Auffällig war, dass vier der fünf Wettbewerber in Akron ihren Firmensitz hatten, und es wurde geschätzt, dass im Jahre 1926 etwa 60 % aller in den USA verkauften Reifen in der Region Akron („Rubber City") hergestellt wurden.

In den fünfziger und sechziger Jahren erlebte Firestone zweifellos den Höhepunkt des Erfolges. Firestone wuchs schneller als die übrige Industrie und konnte den Umsatz in einer Dekade verdoppeln. Zwischen 1960 und 1969 wurden neue Produktionskapazitäten – fünf neue Fabriken – aufgebaut. Als Ursache des Erfolges von Firestone galt unter anderem die gute Management-Praxis – das Unternehmen wurde als das am besten gemanagte Reifenunternehmen der USA angesehen:

- Fokus auf das Geschäft mit Reifen, Erweiterung des Portfolios nur in nah angrenzende Arbeitsgebiete (zum Beispiel Stahlreifen für LKW).

- Die Entwicklung neuer Modelle und Designs war ein kontinuierlicher Strom.

- Die enge Verbindung zu den Endkunden erlaubte schnelles Reagieren auf Markttrends und Veränderungen im Marktanteil, die Zulieferungen an Ford Motors summierten sich auf ungefähr 50 % der Produktionskapazität.

- Die Firmenkultur war gekennzeichnet von der Idee der Firmenloyalität, viele der Mitarbeiter verbrachten ihr gesamtes Erwerbsleben bei Firestone und alle Topmanager hatten ihre Karriere im Unternehmen begonnen und hier alle ihre Erfahrung gesammelt.

„Thus, in the 1950s and 1960s, Firestone owed its success in large part to managers who exemplified best management practices."[536] Die Sichtweisen und Annahmen des Firestone-Managements wiesen auf ein stabiles Unternehmens-Umfeld: eine stetig steigende Nachfrage nach Autoreifen und der Wettbewerb zu den vier Rivalen. Optimismus prägte das Verhalten des Firmenchefs im Jahre 1969: „We are confident that the progress made in all areas of our operations during the past year and the past decade has given us a solid foundation for future growth. As we enter the new decade we believe our Company is on the threshold of one of the greatest growth periods in our history."[537]

Schon Mitte der sechziger Jahre zeichneten sich jedoch Veränderungen in der gesamten Branche und den bis dahin geltenden Annahmen ab.

1948 hatte die französische Firma Michelin – auf Anregung von Citroën – einen neuen Reifentyp vorgestellt: den Radialreifen. Im Vergleich zu den bis dahin verbreiteten Diagonalreifen zeichnete er sich durch eine höhere Lebensdauer und besseres Fahrverhalten aus. Ab 1966 verkaufte Michelin seine Radialreifen in den USA als „Allstate" über den Händler Sears. Die Vorteile der neuen Technologie sorgten für eine schnelle Verbreitung.

Für die etablierten Reifenhersteller hätte ein Umstieg auf die neue Technologie erhebliche Investitionen bedeutet, da die verwendeten Fertigungsanlagen nicht ohne Weiteres um- oder aufzurüsten waren. Der Wettbewerber Goodyear reagierte mit einer Aufwertung und Erweiterung der Diagonalreifen-Technologie – dem Gürtelreifen. Der Vorteil war, dass vorhandene Fertigungskapazitäten einfach umgestellt werden konnten. B.F. Goodrich – ein anderer der fünf Wettbewerber – stellte komplett auf Radialreifen um und hoffte so, frühzeitig vom neuen Marktwachstum zu profitieren.

Obwohl die neue Reifentechnologie der Radialreifen einen deutlichen Bruch in der bestehenden Reifenwelt bedeutete, reagierten die Manager von Firestone mit den in der Vergangenheit so erfolgreichen Strategien. Die Entwicklungsabteilung von Firestone kam nur Monate nach Goodyears Einführung von Gürtelreifen mit einer ähnlichen Generation von Reifen auf den Markt und stellte die Produktion Schritt für Schritt auf die neue Technologie um. Für das Executive Board war die Entwicklung bis zu diesem Zeitpunkt lediglich eine Frage der Anpassung und Weiterentwicklung: „A certain amount of development and improvement, but nothing major. It was pretty much business as usual."[539]

Die Fallstudie von Firestone zeigt eindrucksvoll, wie gefährlich der aktuelle Unternehmenserfolg für die weitere Entwicklung des Unternehmens sein kann (Bild 52). Der Erfolg verleitet zur Strategie der Bewahrung, wodurch eine gewisse Blindheit gegenüber Neuerungen entsteht: „Closer analysis reveals that Firestone failed not despite, but because of its historical success."[540] Es fehlte einfach ein Schema für die neue Situation (vgl. S. 160).

Erkenntnis 31

Das Festhalten von Firestone an der alten Technologie und das Ignorieren neuer Entwicklungen führten zu massiven Wettbewerbsproblemen und späterem Verlust der Eigenständigkeit. Als Ursprung der Probleme kann jedoch die relativ eingeschränkte und fokussierte Innovationstätigkeit identifiziert werden. Außerhalb dieser Vorstellung stattfindende Innovationen wurden als „Störung" bewertet, was zu Blockaden in der Organisation führte.

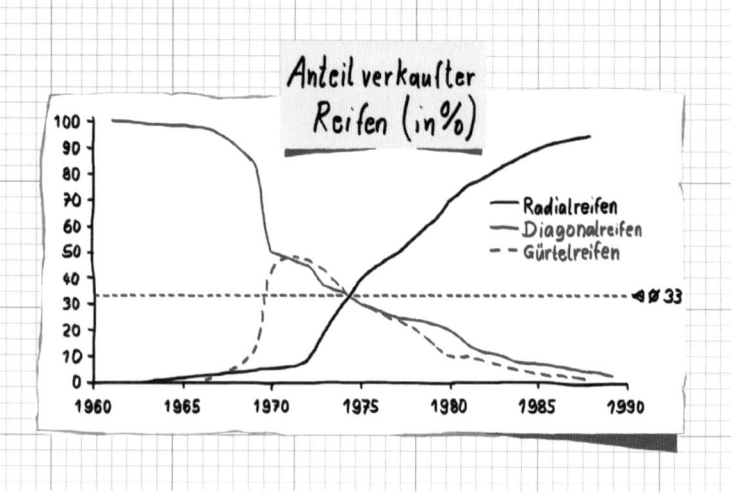

Bild 52 Die Entwicklung des Reifenmarktes in den USA[538]

9 Verzeichnisse

9.1 Bilder und Tabellen

Bilder

Tabellen

9.2 Propositions, Hypothesen und Erkenntnisse im Überblick

Propositions

Proposition 1

Die in Unternehmen oder Organisationen angestrebten und erbrachten Leistungen dienen der Schaffung von Werten, die Abnehmer finden, wodurch sich ein Gewinn erzielen lässt. Diese als *Wertschöpfung* bezeichnete Schaffung von Mehrwerten ist ein Grundbaustein des technischen Fortschritts und des menschlichen Gestaltungsanspruchs.

Proposition 2

„Was nicht gedacht ist, kann nicht erfunden und später vermarktet werden."
Insofern kann Wissen als Grundlage jeder schöpferisch-gestalterischen Tätigkeit gelten. Als *Wissensschöpfung* sei der systematische Aufbau und die Anwendung von Wissen bezeichnet.

Proposition 3

Unternehmen operieren eingebettet in einem Umfeld, sie sind Teil der Gesellschaft. Die resultierende Beziehung hat sowohl gestaltenden (zum Beispiel als
Innovationsführer) als auch anpassenden Charakter (zum Beispiel durch Nachahmung). *Umweltwissen* ist notwendig, um beurteilen zu können, wie gut angepasst das Unternehmen an die Umwelt ist.

Proposition 4

Die andere Form des Wissens, die noch schwieriger zu fassen ist und einen öffnenden, das bedeutet komplexitätssteigernden Charakter hat, ist das *Innovationswissen*. Die Spannweite kann von technischem Detailwissen bis zum Wissen
über Geschäftsmodelle reichen. Da man heute noch nicht einschätzen kann,
woraus morgen einmal eine Innovation entstehen könnte, sind seine Ausprägungen unendlich vielseitig.

Proposition 5

Die Veränderungsgeschwindigkeit in unserer Welt nimmt zu. Diese gefühlte Beschleunigung wird durch den technischen Fortschritt getrieben – neue Technologien erlauben eine immer schnellere Verarbeitung und Übertragung von
Informationen und Werten, und das in immer größeren Mengen, überall.

Proposition 6

Im Bemühen um Wettbewerbsfähigkeit müssen sich Unternehmen und Beteiligte der Veränderungsgeschwindigkeit stellen. Nur wenn es die Akteure schaffen, der Veränderung im Unternehmensumfeld zu folgen und sich zu adaptieren, werden sie sich mittel- und langfristig behaupten können.

Proposition 7

Das *moderne Management* basiert auf der Taylorschen Teilung von Denken (Management) und Handeln (Mitarbeiter). Der Gestaltungsanspruch bewegt sich
im Spannungsfeld zwischen totaler Steuerung (inklusive Planung) und Fremdsteuerung und wird durch Unprognostizierbarkeit, Unüberschaubarkeit, Widersprüchlichkeit, Mehrdeutigkeit, Subjektivität und organisatorische Belange
geprägt.

Proposition 8

Innovation als Produkt: Als Innovation wird ein Produkt bezeichnet, welches
erstmalig und erfolgreich zur Anwendung (durch den Kunden) kommt. Es
zeichnet sich durch Neuartigkeit aus.

Proposition 9

Innovation als Prozess (synonym auch Vorgang und Verhalten): Als Innovation wird eine neuartige Veränderung bezeichnet, die sich (in der Regel verbessernd) auf einen Prozess (als Vorgang) oder das Verhalten auswirkt.

Proposition 10

Als *inkrementell* werden Innovationen bezeichnet, die in ihrer Erneuerung auf existierenden Technologien aufsetzen und weder in der Anwendung und im Nutzerverhalten, noch während der Neuentwicklung von Produkten Veränderungen bestehender Organisationsstrukturen und Abläufe erfordern.

Proposition 11

Als *radikal* werden Innovationen bezeichnet, die durch grundlegende Änderungen bzw. Neuerungen sowohl in der Technologie, als auch im Markt gekennzeichnet sind. Diese auch als Sprünge empfundenen Veränderungen erfordern in der Entwicklung und in der Anwendung ein Neulernen bzw. einen Paradigmenwechsel, was mit einer hohen Unsicherheit für den Erfolg verbunden ist.

Proposition 12

Innovationsmanagement im engeren Sinn umfasst alle innerbetrieblichen Funktionen und Maßnahmen zur Förderung und Realisierung von Innovationsvorhaben.

Im Unterschied dazu schließt *Innovationsmanagement im erweiterten Sinn* die Teilbereiche Technologiemanagement und Diffusionsmanagement mit ein. Wissensmanagement wird hier nicht genannt, da davon auszugehen ist, dass Wissen die Grundlage jeglicher Innovation und Erneuerung ist.

Proposition 13

Innovationsprozesse sind der Versuch, Innovationsvorhaben eine Richtung zu geben, sie zu formalisieren und zu systematisieren. Insbesondere die modellartige Systematik baut sehr stark auf Prozesse.

Proposition 14

Als *Fischstäbchen-Strategie* bezeichnet man das häufig praktizierte Vorgehen, alle Ideen, Vorschläge oder Konzepte (in der Regel durch Templates) in vergleichbare Formate – eben wie Fischstäbchen – zu überführen. So wie zwischen Fisch, wie er in der Natur vorkommt, und Fisch, als Fischstäbchen verarbeitet, erhebliche Unterschiede bestehen, sind Templates zwar miteinander vergleichbar, die Konzepte und Ideen jedoch nicht. Der Informationsverlust ist riesig. Auf diese Weise sortiert man gute Ideen aus.

Proposition 15

Unsicherheit ist eine wichtige Voraussetzung für innovative Tätigkeit. Wäre alles eindeutig, gäbe es keinen Anreiz für Forschung und auch keine Neuerung. Eindeutigkeit ist demzufolge eine ungünstige Voraussetzung für Erneuerung und Innovation.

Proposition 16

Ungewissheit beschreibt einen Zustand des Nichtwissens und die Vorstellung von Unbekanntem. Das „Nicht-Wissen" von „Nicht-Wissen" ist stets subjektiv.

Proposition 17

Unsicherheit charakterisiert eine Situation, bei der mögliche Verlaufsoptionen bekannt sind, ohne dass man ihnen jedoch Eintrittswahrscheinlichkeiten zuordnen kann.

Unsicherheiten lassen sich drei Quellen zuordnen:

1. *Informationsbasierte Unsicherheit*
   Sind die Informationen vollständig und valide? Entsprechen sie dem Wissensstand?
2. *Ressourcenbasierte Unsicherheit*
   Hat man Zugriff auf benötigte Ressourcen? Auch in Zukunft?
3. *Wissenschaftlich-technologische Unsicherheit*
   Welche neuen Technologien und wissenschaftlichen Erkenntnisse könnten für Veränderungen sorgen?

Damit wird auch klar, dass alle wissenschaftlichen Aussagen mit einer Unsicherheit behaftet sind. Aussagen ohne Unsicherheitsaspekt sind bedeutungslos bzw. trivial.

Proposition 18

Risiko stellt die kalkulierbare Form von Unsicherheit dar. Für den Eintritt lassen sich Wahrscheinlichkeiten ermitteln; damit ist Risiko in der Regel versicherbar.

Proposition 19

Als *Zufall* bezeichnen wir Ereignisse, die nicht mit unserer Erwartung übereinstimmen. Mit der begrifflichen Benennung geht eine Wertung der Nichterkennbarkeit einher. Zufälle können als Glück (positiv) oder Pech (negativ) auftreten. Auch wenn sie nicht immer leicht zu erkennen sind, so sind beide Formen feste Bestandteile unseres Lebens.

Proposition 20

Von Anpassung kann man sprechen, wenn die Innovationsanstrengungen des *Unternehmens* hinsichtlich Umfang, Dynamik und Veränderungsmöglichkeit und -fähigkeit denen der *Industrie* (also der „Industriedynamik") entsprechen.

Proposition 21

Auf Grundlage der Fallstudien werden Ähnlichkeiten und Muster im Verhalten der untersuchten Organisationen identifiziert. Im Rahmen des Buches bezeichnen wir diese „Auffälligkeiten" als *Effekte.*

Proposition 22

Eine *Idee* ist ein Gedankenkonstrukt, welches in der Regel einer Handlung vorausgeht. Sie ist somit der Ursprung jeder Veränderung und Erneuerung.

Proposition 23

Die als *Serendipity* bezeichneten zufälligen Erfindungen und (radikale) Innovationen entstehen in einem dreistufigen Prozess:

1. Zufälliges Ereignis – zufällig in Zeit, Ort, Kombination oder anderen Bedingungen, die bisher unberücksichtigt oder anders waren.
2. Bewusstes Erkennen des neuen Phänomens bzw. einer neuartigen Situation.
3. Beurteilung der Relevanz und weitere Erforschung oder Verwurf.

Proposition 24

Routinen entstehen durch sich wiederholende Tätigkeiten. Der dadurch gewonnene Automatismus im Arbeitsablauf reduziert die Fehleranfälligkeit und erhöht somit die Gleichförmigkeit und die Effizienz. Routineaufgaben verhindern jedoch die Erneuerung und damit innovative Ansätze, da mit der Verfestigung von Strukturen und Abläufen eine Veränderung oder Erneuerung schwerer fällt bzw. auf Widerstand stößt.

Proposition 25

Im Rahmen dieses Buches werden Irritationen als Impulse betrachtet, die sowohl Grund für als auch Ergebnis durchbrochener Erwartungshaltungen sind. Sie sind für die Entwicklung von Unternehmen und insbesondere Innovationen eine Notwendigkeit.

Proposition 26

Eine Grundvoraussetzung für die Irritation ist die Irritierbarkeit der Organisation.

Proposition 27

Es sei eine Menge an Ideen gegeben. Bewertet man jede der Ideen anhand ihres Neuigkeitsgrades in den beiden Dimensionen Technologie und Markt, lässt sich damit eine Position im Koordinatensystem ermitteln (Bild 41). Das *Ideenspektrum* ist die Fläche, die von den Maximalwerten in den beiden Dimensionen aufgespannt wird. Je größer diese Fläche, also das Spektrum ist, desto größer ist die Vielfalt und der Neuigkeitsgrad der Ideen.

Proposition 28

Anknüpfend am Ideenspektrum lässt sich das *Innovationsspektrum* ermitteln (Bild 41). Alle aus der Menge der Ideen ausgewählten „Kandidaten", die in ein Innovationsprojekt überführt werden, ergeben über die Maximalwerte bezüglich des Neuigkeitsgrades der beiden Dimensionen – Technologie und Markt – das Innovationsspektrum. Es ist naturgemäß kleiner als das Ideenspektrum und gibt einen Hinweis darauf, wie fokussiert eine Organisation beim Innovieren vorgeht. Ein kleines Spektrum gibt an, dass man sich im Wesentlichen am bestehenden Geschäft orientiert und auf Verbesserungen von Bekanntem konzentriert. Ist die Differenz zum Ideenspektrum sehr groß, ist das ein Indiz darauf, dass im Auswahlprozess wirkliche Neuerungen aussortiert werden.

Hypothesen

Hypothese 1

Erfolgreiche Unternehmen zeichnen sich dadurch aus, dass sie Wert- und Wissensschöpfung verfolgen und fördern und dafür sorgen, dass beide so miteinander verbunden sind, dass sie sich gegenseitig positiv beeinflussen können.

Hypothese 2

Innovationen kann man nicht erzwingen, also bieten weder die Bürokratie noch das klassische Management geeignete Rahmenbedingungen. Man kann sie lediglich fördern bzw. geeignete Bedingungen herstellen und so die Wahrscheinlichkeit der Entstehung erhöhen. Eine Voraussetzung dafür ist intellektuelle Freiheit, deren Anteil in den Bereichen der Wissensschöpfung am größten sein sollte.

Hypothese 3

Formalisierte Innovationsprozesse sind im Wesentlichen für inkrementelle Innovationen ausgelegt. Die Entstehung von radikalen Innovationen ist durch das zugrunde liegende Bewertungsschema und die schrittweise Qualifizierung nahezu ausgeschlossen.

Hypothese 4

Im Bestreben, die Innovationsfähigkeit zu erhöhen, greifen Unternehmen reflexartig zur Systematik. Trotz belegbarer Erfolglosigkeit wird das Instrumentarium geschärft und die Prozesse werden „neu aufgesetzt". Auf dem Millimeterpapier der Bürokratie werden Innovationssysteme in der Regel nicht von den Innovatoren, sondern von den Verwaltern entworfen und entsprechend nach verwaltungstechnischen Belangen optimiert. Ich möchte hier ganz deutlich darauf hinweisen: Die Leidenschaft, die für Innovationen essentiell ist, kann man weder durch Systematik noch durch Bürokratie substituieren.

Hypothese 5

Innovationen entstehen häufig durch Zufall. Sie können jedoch durch Oberflächlichkeit, Unwissenheit oder Ignoranz leicht übersehen werden. Da Zufall kaum planbar ist, wird dieser in der Regel sowohl von der Strategieplanung als auch vom Innovationsmanagement vermieden, ja sogar bekämpft.

Hypothese 6

Es gibt kaum Belege dafür, dass das analytisch-strategische Innovationsmanagement zu mehr, besseren oder erfolgreicheren Innovationen führt. Es ist an der Zeit, dieses Paradigma der Systematik in Frage zu stellen. Selbstorganisation in Kombination mit Leidenschaft, Besessenheit und Zufall erscheint wesentlich vielversprechender. Eine weitere – dritte – Philosophie des Innovationsmanagements könnte sich auf das Innovationsprojekt und dessen bestmögliche Förderung als zentralen Punkt konzentrieren.

Vielleicht muss man Innovationen auch als Kunst verstehen, um zu begreifen, dass das normale Handwerkszeug für einen durchschnittlichen Künstler hinreichend ist. Doch erst die Genialität macht den Unterschied der Ausnahmekünstler gegenüber den „Handwerkern" und erklärt dann auch, warum das iPad so erfolgreich ist und das SIMPad floppte.

Hypothese 7

Mit zunehmender Produkt- und Industriereife tendieren Unternehmen dazu, nur noch inkrementelle Innovationen im Bereich der Prozessverbesserung vorzunehmen, obwohl vom Markt weiterhin Produktinnovationen getrieben und so zur Bedrohung werden können.

Hypothese 8

Unter der Annahme, dass radikale Innovationen als *Einzelphänomene* zu behandeln sind, erscheint ein auf Statistik ausgelegtes Untersuchungsdesign wenig zielführend. Ebenso ist die Erwartungshaltung, mit monokausalen Zusammenhängen – „wenn man XYZ tut, gelangt man zu radikalen Innovationen mit Erfolgsgarantie" – zu Erkenntnissen zu gelangen, als naiv zu bezeichnen (auch wenn es so praktiziert wird, etwa mithilfe der Key Performance Indicators).

Vielversprechend erscheint der Ansatz, anhand von *Fallstudien* zu untersuchen, welches Verhalten und welche Strukturen (radikale) Innovationen unterstützen bzw. blockieren. Damit muss jede Organisation für sich ihren eigenen Weg finden.

Hypothese 9

Gelingt es, Unternehmen früh genug zu beeinflussen, etwa im Bereich der Routinisierung und Habituation – zum Beispiel durch Irritationen –, dann ist eine positive Wirkung auf das Anpassungs- und Innovationsverhalten der Organisationen zu erwarten: Red-Queen- und Dornröschen-Effekt können vermieden, der Pionier-Effekt kann begünstigt werden.

Hypothese 10

Unternehmen stehen vor einem Dilemma: Um einerseits innovative – also tatächlich neuartige – Gedanken, Ideen und Konzepte verwirklichen zu können, muss man als Organisation fähig sein, mit Unsicherheiten und Unbekanntem umzugehen. Das bedeutet zum Beispiel, dass ein ungewisser Ausgang von Innovationsprojekten von allen Beteiligten akzeptiert wird und vor allem in den internen Abläufen überhaupt darstellbar ist. Andererseits verlangt Planbarkeit die Vermeidung von Chaos und den Ausschluss jeglicher Unsicherheitsfaktoren.

Es ist zu erwarten, dass in diesem Entweder-oder-Wechselspiel zwischen Ungewissheit und Planbarkeit die Mehrzahl der Entscheidungen zugunsten der Stabilität und gegen das Neue gefällt wird.

Hypothese 11

Unzufriedenheit ist Motor und Quelle für Innovationen und die damit verbundene Unsicherheit ist eine wichtige Voraussetzung für innovative Tätigkeiten. Wäre alles eindeutig, gäbe es keinen Anreiz für Forschung und auch keine Neuerung. Eindeutigkeit ist demzufolge ungünstig für Innovationen.

Hypothese 12

Organisationen verändern sich im Laufe ihrer Existenz – oft schleichend und kaum wahrnehmbar. Sie verlieren ihre Innovationskraft mit zunehmendem Alter und zunehmender Größe, selbst Gruppen sind davon betroffen.

Hypothese 13

Im inhärenten Bestreben nach Steigerung der Effizienz liegt begründet, dass Unternehmen versuchen, Arbeitsabläufe zu automatisieren. Folglich prägen Routinen in einem gleichförmigen Arbeitsumfeld das Tätigkeitsspektrum der Akteure und begrenzen die Handlungsspielräume. Mit der Zunahme der Routinisierung lässt sich ein Abnehmen der Innovationsfähigkeit feststellen. Insbesondere radikale Innovationsvorhaben werden als Bedrohung für etablierte Routinen gesehen.

Hypothese 14

Durch eine bewusst herbeigeführte Irritation im Innovationsprozess (bei der Auswahl der Ideen), die entschieden von der traditionellen, rationalen Beurteilung und Bewertung von Ideen und Innovationsvorschlägen abweicht, kann das Innovationsspektrum vergrößert werden. Das kann zur Initiierung von Pionier-Effekten beitragen.

Hypothese 15

Google folgt dem Pionier-Effekt und es ist anzunehmen, dass auch in Zukunft viele Innovationen hervorgebracht werden.

Hypothese 16

Unternehmen müssen sich an Veränderungen in der Unternehmensumwelt anpassen, entweder den Wandel prägen oder dem Wandel folgen. Das setzt das Erkennen der Veränderung und das Verarbeiten der Erkenntnis voraus. Erst dann kann man entsprechend reagieren. Siemens kann nicht immer und in allen Bereichen – sicher bedingt durch die Größe und die Strukturen – schnell genug auf Veränderungen reagieren – insbesondere wenn die Industriedynamik steigt. Damit unterliegt die Firma dem Dornröschen-Effekt.

Hypothese 17

Volkswagen ist ein sehr erfolgreiches Unternehmen – noch. Durch die Fokussierung auf das Ziel, „Branchenführer" zu werden, muss vor allem das Massengeschäft ausgebaut werden. Das bedeutet insbesondere Effizienzsteigerungen in der Produktion, Festhalten an Bewährtem, Optimierung aller Abläufe und vor allem keine Experimente. Die Forschungs-Etats werden entsprechend platziert und ausgerichtet. Das sind typische Muster des Red-Queen-Effekts.

Erkenntnisse

Erkenntnis 1

Im Hinblick auf zukünftige Innovationsstimulierungen ist die Anhäufung von Wissen – Wissen auf Vorrat – eine gute Vorbereitung. Da sich die Relevanz von Wissen zum einen verändert und zum anderen erst ex post eindeutig feststellen lässt, ist vor allem die Vielfalt und die Menge von Wissen für zukünftige Innovationen von Bedeutung.

Erkenntnis 2

Die beiden Schöpfungsprozesse unterscheiden sich in ihrer Art fundamental und folgen absolut verschiedenen Mechanismen. Der Erfolg von Unternehmen wird allein durch die Wertschöpfung erbracht (beschrieben durch Kenngrößen wie Gewinn, Wachstum oder Marktdominanz). Die Verfahren, Handlungsmuster, Prozesse und Strukturen, die die Wertschöpfung erfolgreich machen, werden weitestgehend unreflektiert auf die Wissensschöpfung übertragen. Auf dieser Illusion aufbauend entstehen Begriffe wie „Innovationsfabrik" oder „Denkfabrik".

Erkenntnis 3

Die Wertschöpfung dominiert und prägt die Wissensschöpfung. Investitionen in Wissensschöpfung sind unternehmensintern legitimiert – und nach Unternehmenssicht nur dann legitimiert, wenn sie eindeutig der zukünftigen Sicherstellung des heutigen Geschäftes dienen.

Gründe für diese sektorale Wissensbeschaffung liegen zum einen im allen Unternehmensaktivitäten zugrunde liegenden und stark ausgeprägten Nutzenkalkül (ich investiere nur in Dinge, die mir berechenbar nutzen) und zum anderen im von Psychologen formulierten Availability-Bias 37 (das aktuelle Geschäft ist bekannt, mögliche zukünftige Geschäfte sind sowieso ungewiss).

Die Grundannahme, dass sich das zukünftige Geschäft nicht fundamental von der derzeitigen Geschäftstätigkeit unterscheidet, ist jedoch Wunsch und Illusion gleichermaßen.

Erkenntnis 4

Vor allem für den Erfolg von radikalen Innovationen braucht man Leidenschaft und Besessenheit für die Idee. Oder anders formuliert: Wenn die Arbeit von Visionären durch die von Bürokraten ersetzt wird, sind Erfolge von Innovationen im Markt fast ausgeschlossen. Fehlende Visionen und fehlende Leidenschaft lassen sich nicht durch Überzeugung von Entscheidungsträgern substituieren.

Erkenntnis 5

Gerne würde man Innovationen – nach dem Vorbild einer Fabrik mit klaren Abläufen – managen können. Es wird auch viel gemanagt, keine Frage. Doch die Entstehung von Innovationen passt überwiegend nicht zum Angebot des Managements: Innovationen entstehen trotz des Eingriffs und der Fürsorge des Managements.

Erkenntnis 6

Der Stand der Wissenschaft und der angestrebte Erkenntnisfortschritt, ebenso wie das Methodenrepertoire sind wenig hilfreich, um das Phänomen Innovation zu entschlüsseln.

Erkenntnis 7

Unter relativ stabilen Umweltbedingungen (geringe Industriedynamik) sind die Anforderungen hinsichtlich Anpassung und Innovationsverhalten im Sinne der Wettbewerbsfähigkeit niedrig – nach dem Konzept der Trägheit ist sogar davon auszugehen, dass Unternehmen dann eher überleben, wenn sie nichts verändern. Um jedoch unter dynamisch-chaotischen Industrieverhältnissen wettbewerbsfähig zu bleiben, muss die Anpassungsfähigkeit der Organisation deutlich entwickelt sein und das Innovationsverhalten muss sich stärker an Erneuerung orientieren.

Erkenntnis 8

Organisationen orientieren sich an Bewährtem und versäumen es, Veränderungen in der Umwelt zu antizipieren und sich anzupassen. Den Effekt, dass man Veränderungen im „Demand-Pull" nicht erkennen bzw. nicht (mehr) darauf reagieren kann, bezeichnen wir als *Dornröschen-Effekt*.

Erkenntnis 9

Erfolg macht träge! Gerade im innovativen, dynamischen Umfeld bedeutet Stillstand jedoch Rückschritt. Wenn sich Organisationen mit Bestehendem zufriedengeben, sich intern blockieren und nicht mehr in der Lage sind, Technologien und Innovationen zu „pushen", sprechen wir vom *Red-Queen-Effekt*.

Erkenntnis 10

Immer wieder Neuland zu betreten ist eine besondere Fähigkeit, die nicht alle Organisationen besitzen. Man muss Unsicherheit aushalten können und auch trotz vieler Widerstände eine Idee vorantreiben. Das nennen wir *Pionier-Effekt*.

Erkenntnis 11

Innovationen und damit die Innovationsfähigkeit von Unternehmen sind kein Selbstläufer. Jede Generation muss sich neu auf veränderte Bedingungen und Situationen im Markt einstellen, in der Branche und in der Gesellschaft. Innovationen sind anstrengend und kompliziert. Dennoch gibt es keine Auswahloption zur Frage „innovieren oder nicht innovieren".

Erkenntnis 12

Der „Normalzustand" von Organisationen besteht aus akzeptierten und eingeschwungenen Prozessen und Routinen. Innovationsbemühungen und Erneuerungsanstrengungen müssen sich stets gegen diese Beharrung in der Routine durchsetzen. Die Innovationsfähigkeit nimmt mit zunehmender Routinisierung ab.

Erkenntnis 13

Die zunehmende Routinisierung der Abläufe und innerbetrieblichen Prozesse schließt das Innovationsmanagement mit ein. Es reduziert sich mit der Zeit auf reines Problemlösen und auf die Produktneuentwicklung. Innovationsprozesse fördern inkrementelle Innovationen und behindern radikale Innovationen.

Erkenntnis 14

Große Umsätze und große Budgets verändern die Erwartungshaltung gegenüber Innovationen – vor allem hinsichtlich der zu erzielenden Gewinne. Es ist jedoch eine der Illusionen aus dem Innovationsmärchenbuch, dass man große Innovationen durch große Budgets gewaltsam herbeiführen kann.

Erkenntnis 15

Der Orientierung an Effizienz und an Stabilität durch Routinen folgt eine nachlassende Innovationsbereitschaft und Innovationsfähigkeit. Eine Erneuerung der Organisation jenseits der Effizienzmaßnahmen ist damit ausgeschlossen. Neues gelangt nur noch sporadisch ins Unternehmen.

Erkenntnis 16

Die angewendeten Methoden und Modelle des Innovationsmanagements beruhen nicht auf dem Wunsch und dem Ziel nach großen, bahnbrechenden Innovationen, sondern danach, das Risiko möglichst niedrig zu halten und dass alles kontrollier- und steuerbar bleibt. Sie sind insofern ein *Machterhaltungsinstrument*: Nur was zugelassen wird, darf sich auch entwickeln. Und das ist wie Planwirtschaft.

Erkenntnis 17

Aus Unternehmensperspektive ergeben sich zwei Betrachtungsweisen für Ungewissheit und Unsicherheit:

1. Unsicherheit stellt eine Bedrohung für geplante und gesteuerte betriebliche Abläufe dar. Es gilt, sie zu vermeiden, um so die festgelegten Pläne nicht zu gefährden.

2. Für Innovationen – insbesondere radikale Innovationen – stellen Unsicherheiten und Ungewissheiten die Ursache für Zweifel dar und gelten damit als Beginn jeglicher Erneuerung und Innovation. Ohne Unsicherheit und Zweifel kann es keine Motivation für Veränderung geben. Unsicherheit ist insofern essentiell für Erneuerung.

Erkenntnis 18

Die Theorie der bewussten Irritation besagt, dass die Tendenz einer Organisation zur Stabilisierung und Konformität mit gezielten Impulsen dosiert durchbrochen werden kann.

Die Möglichkeit für radikale Innovationen steigt durch die daraus folgende größere Varianz im Auswahlverfahren und die Vermeidung von Selektionen, die ausschließlich im Sinne von Reproduktion verlaufen.

Darüber hinaus verbessert sich die Adaptierbarkeit des Unternehmens, da Veränderungen im Umfeld des Unternehmens aktiv analysiert und bewertet und dadurch die kognitiven Fähigkeiten des Unternehmens trainiert werden.

Erkenntnis 19

Die Möglichkeiten zur Irritation einer Organisation lassen sich entsprechend der drei identifizierten Effekte lenken:

Vermeiden des Red-Queen-Effekts: Flexibilisierung betrieblicher Prozesse, Vermeidung von innerer Starrheit.

Vermeiden des Dornröschen-Effekts: Verbesserung der Adaptierbarkeit und Anpassung an Veränderungen im Unternehmensumfeld.

Erreichen des Pionier-Effekts: Erhöhung der Varianz und Veränderung der Selektion, um radikale Innovationen zu ermöglichen.

Erkenntnis 20

Der Zufall spielt eine größere Rolle, als wir uns eingestehen! Er ist neutral und wir verleugnen gerne den Einfluss.

Erkenntnis 21

Durch die bewusste Einbringung von Zufallskomponenten in den Innovationsprozess lässt sich eine Irritation herbeiführen. Das höhere Innovationsspektrum ist ein Indiz dafür. Somit lassen sich Pionier-Effekte begünstigen und die allmählich nachlassende Innovationskraft wieder in ein ausgeglichenes Verhältnis bringen.

Erkenntnis 22

Die komplexe und starre Matrix-Struktur von Texas Instruments verhinderte Eigeninitiative und unternehmerisches Denken und Handeln. Ein zu starker Fokus auf die Struktur geht immer zu Lasten des Inhalts – in dem Fall der Innovationen.

Erkenntnis 23

Eine einzigartige Technologie bei Polaroid und der damit verbundene Erfolg führten zum Tunnelblick. Die Digitaltechnologie wurde lange nicht als Bedrohung angesehen bzw. nur unter dem Aspekt der Weiterentwicklung der Sofortbild-Technologie. Der Wettbewerbsvorteil wurde aufgegeben.

Erkenntnis 24

Die Firma Semco ist hochinnovativ, obwohl oder weil sie keinem Innovationsprozess oder einer Innovationsstrategie folgt, und hat auch kein Innovationsmanagement oder ähnliche Instrumente installiert.

Erkenntnis 25

Die Innovationsdynamik im Markt für Mobiletelefone war für die Mobilfunksparte von Siemens zu hoch. Es reicht nicht, mit „Innovatiönchen" wettbewerbsfähig zu bleiben. Der Fall zeigt deutlich, wie schnell man mit einer Fast-Follower-Strategie den Anschluss zu den Wettbewerbern verlieren kann und wie eine wenig überzeugende Innovationsstrategie bis zur Geschäftsaufgabe führen kann.

Erkenntnis 26

Microsoft ist nach wie vor eines der erfolgreichsten Software-Unternehmen der Welt. Auffällig ist, dass sich dieser Erfolg im Wesentlichen auf Innovationen zurückführen lässt, die schon einige Jahre zurück liegen. Bei aktuellen Entwicklungen spielt Microsoft lediglich eine Nebenrolle. Die Firma lebt von der Substanz und den Innovationserfolgen der Vergangenheit. Das ist der Beginn des typischen Dornröschen-Effekts.

Erkenntnis 27

Google zeichnet sich durch eine ganz eigene „Innovationsphilosophie" aus. Diese ist gekennzeichnet durch viel Leidenschaft und den unbedingten Willen, etwas wirklich Neues zu erschaffen. Chaos und Unsicherheit sind bis zu einem gewissen Grad erwünscht, der Pionier-Effekt ist Programm.

Erkenntnis 28

Eine hohe Motivation und die Freiheit der Entwickler führten bei PARC zu einem Feuerwerk an Innovationen. Die meisten Erfindungen, die „im PARC" entstanden, fanden jedoch bei Xerox keine Anschlussfähigkeit. Durch die eingeschränkte Perspektive im Management des Unternehmens fanden die Ideen keine Unterstützung. „Spill-over-Effekte" führten jedoch dazu, dass eine ganz neue Industrie geschaffen wird.

Erkenntnis 29

Für 3M sind Innovationen von enormer Bedeutung. Das Unternehmen hat verstanden, dass man Innovationen nicht erzwingen kann, und versucht, Innovationen indirekt zu fördern und durch persönliche Freiheiten zu stimulieren.

Erkenntnis 30

Edison installierte eine Systematik, die über einen größeren Zeitraum viele erfolgreiche Innovationen hervorbrachte. Obwohl die fehlende Innovationsstrategie und die extreme Informationsverarbeitung auffallen, gilt das Vorgehen als der Beginn der institutionellen Forschung und Entwicklung.

Erkenntnis 31

Das Festhalten von Firestone an der alten Technologie und das Ignorieren neuer Entwicklungen führten zu massiven Wettbewerbsproblemen und späterem Verlust der Eigenständigkeit. Als Ursprung der Probleme kann jedoch die relativ eingeschränkte und fokussierte Innovationstätigkeit identifiziert werden. Außerhalb dieser Vorstellung stattfindende Innovationen wurden als „Störung" bewertet, was zu Blockaden in der Organisation führte.

Endnoten

1 Dürrenmatt 2001, S. 91

2 Isaacson 2011 – Hier sei auch die Frage erlaubt: Heiligt der Zweck in jedem Fall die Mittel?

3 Inzwischen musste der Traditionskonzern Kodak Insolvenz anmelden, wogegen Instagram von Facebook für mehr als 1 Mrd US$ übernommen wurde. Das zeigt, wie stark sich das Geschäft verändert hat und wie schwer eine Anpassung an geänderte Rahmenbedingungen fällt.

4 Grant 2003, S. 207

5 Andriessen 2006, S. 282

6 vgl. zum Beispiel Heinold 2010

7 Popper 1969, S. XI -XII

8 Reinmann & Eppler 2008

9 Krogh, Ichijo & Nonaka 2000, S. vii

10 Brodbeck 2007, S. 43

11 Malhotra 2002

12 Ehms 2010

13 Seiler & Reinmann 2004, S. 12

14 vgl. dazu die Ausführungen zum Münchner Modell: Reinmann-Rothmeier 2010, S. 19f.

15 Brodbeck 2007, S. 46

16 Kofranek 2006, S. 3

17 Kofranek 2006, S. 4

18 Kofranek 2006, S. 5

19 Gruber, Mandl und Renkl 1999

20 Luhmann 1992, S. 21f.; Baecker 1998, S. 10

21 Mandl 1997

22 Jischa 2008, S. 280

23 Willke 2002, S. 11

24 Zeuch 2007, S. 17

25 Nelson & Winter 1982, S. 97

26 March & Simon 1958, S. 63

27 Braganza, Awazu & Desouza 2009, S. 46

28 Brosziewski 1999, S. 9

29 Rust 2007, S. 24f.

30 Pillkahn 2007

31 Nonaka 1994; Nonaka & Takeuchi 1995

32 Shoshona Zuboff merkt schon 1996 dazu an: „The paradise of shared knowledge and a more egalitarian working environment just isn't happening. Knowledge isn't really shared because management doesn't want to share authority and power." (zitiert nach Lohr 1996).

33 Die erste Kindergarten-Stiftung in Deutschland gab es im Jahre 1820: Der Thüringer Friedrich Wilhelm August Fröbel gilt als Begründer des ersten Kindergartens (in Blankenburg).

34 Gneezy & Rustichini 2000

35 Dueck 2006

36 Shirky 2010

37 Als „Availability Bias" (in etwa: Verfügbarkeitsfehler) wird ein menschlicher Beurteilungsfehler bezeichnet, der Aussagen, Fakten und Informationen stärker gewichtet, die leicht verfügbar sind. Dazu gibt es in der Betriebswirtschaft folgenden Witz: Ein Mann sucht nachts etwas unter einer Laterne. Kommt eine Frau vorbei und fragt, was er sucht. „Meinen Schlüssel", sagt er. „Haben Sie ihn hier verloren?", fragt sie. „Nein, da vorn im Park, aber hier ist das Licht besser." Die Lösung eines Problems passen wir Menschen bewusst oder unbewusst den verfügbaren Mitteln an.

38 Oerter 2010

39 Mandl & Gerstenmaier 2000

40 Vergleiche hierzu die Ausführungen bei Rust 2007 (S. 13). Einen Vergleich zwischen menschlichem Gehirn und organisationalem Geist findet man bei Pillkahn 2007 (S. 160).

41 Rust 2007, S. 16

42 Rust 2007, S. 17

43 Die Firma Rocket Internet beschleunigt die Veränderung dahingehend, dass sie es in 4 Wochen schafft, ein neues Geschäftsmodell zu verwirklichen. Obwohl viele der umgesetzten Ideen einfach kopiert werden, ist es eine neue Dimension. Man kann die Entwick-

lung zwar ignorieren, aber wie lange? (FTD 22.11.2012: „Kopierweltmeister des Netzes")

[44] Bartmann 2012, S. 13f.

[45] Weber 1922, S. 735

[46] Wilson 1989

[47] Bartmann 2012, S. 210

[48] Taylor 1911

[49] Penrose 1995; Chandler 1962; Ansoff 1965; Andrews 1971

[50] Porter 1990

[51] vgl. Müller-Stewens & Lechner 2005, S. 13

[52] vgl. Pillkahn 2007, S. 52f.

[53] Streatfield 2001

[54] vgl. Müller-Stewens & Lechner 2005, S. 20

[55] Bartmann 2012, S. 58

[56] Anthony et al 2008

[57] Nachzulesen in Winand von Petersdorff: „Jeder glaubt, er sei besser als der Durchschnitt", FAZ 1.12.2012

[58] vgl. Feynman 1955

[59] Cumming 1998, S. 22

[60] Weik 1998, S. 49

[61] Freeman & Soete 1997; Layton 1977; Trott 2008

[62] OECD 2005, S. 46

[63] Müller & Schienstock 1978; vgl. auch Tornatzky & Klein 1982

[64] Garcia & Calantone 2002, S. 112

[65] vgl. Weik 1998, S. 43

[66] Penrose 1995, S. 56

[67] von Hippel 1988

[68] Ettlie 2006, S. 53

[69] Popper 1974

[70] Ettlie 2006, S. 53

[71] Kirton 1984, S. 137

[72] Rossman, 1931

[73] Hauschildt & Salomo 2007, S. 32f.

[74] vgl. Schumpeter 1964

[75] vgl. Hauschildt 2004, S. 7

[76] vgl. Tschirky 1998, S. 266

[77] vgl. dazu Perl 2007, S. 24

[78] Christensen 1997

[79] Hargadon 2003

[80] Pillkahn 2012, S. 32

[81] Jawkes, Sawers & Stillermann 1962, S. 80

[82] Bittelmeyer 2003, vgl. auch die Ausführungen zur Systematik im Einführungskapitel

[83] Gluck & Foster 1975, S. 141

[84] Michel 1987, S. 105; Wolfrum 1991, S. 99; Wheelwright & Clark 1995, S. 70f. und Herstatt & Verworn 2007, S. 14

[85] Berth 2003

[86] Berth 2003, S. 18

[87] Hamel 2002, S. 25

[88] vgl. auch Leifer et al. 2000, S. 7; Hamel & Prahalad 1991, S. 82f.; Stephan & Gundlach 2010, S. 427-447

[89] Paap & Katz 2004, S. 13

[90] vgl. de Vries 1998, S. 78

[91] Heideloff 1998, S. 170

[92] Becker, Kugeler & Rosemann 2005, S. 6

[93] Cooper 1990

[94] vgl. Brockhoff 1999, S. 35-38

[95] Garcia & Calantone 2002, S. 112

[96] Braun-Thürmann 2005, S. 51-64

[97] vgl. Cooper 1990; Witt 1996; Specht & Möhrle 2002; Brockhoff 1999; Bessant & Tidd 2007

[98] Vahs & Burmester 2005, S. 85f.

[99] Bierfelder 1994

[100] Vahs & Burmester 2005, S. 92

[101] Rogers 2003, S. 421

[102] Wahren 2004

[103] Steinmueller 1996, S. 54

[104] Nightingale 1998

[105] Rosenberg, 1994, S. 145

[106] Wheelwright & Clark 1995, S. 117

[107] Cooper 2010, S. 146

[108] Christensen, Kaufmann & Shih 2008, S. 7

[109] Klappert, Schuh, Möller & Nollau 2010, S. 239

[110] Steinmueller 1996, S. 61

[111] Assink 2006, S. 218

[112] vgl. Pillkahn 2009a, S. 3

[113] vgl. Gundlach et al 2010; Herstatt 2007

[114] vgl. Bähr-Seppelfricke 1999; Albers 2001; Albers 2005; Rogers 2003

[115] Betz 1998

[116] Bartmann 2012, S. 101

[117] Bessant & Tidd 2007

[118] vgl. Pillkahn 2009a, S. 3

[119] Heitger & Serfass 2010, S. 22

[120] Es gibt eine Reihe von Büchern und Veröffentlichungen, die die Erfolgsgeschichte von Google (als auch Facebook) dokumentieren. Empfehlen kann ich: Jarvis (2009): Was würde Google tun? Wie man von den Erfolgsstrategien des Internetgiganten profitiert. Heyne Verlag.

[121] Johannessen et al 2001

[122] Rogers 2003

[123] Pollack 2003

[124] Schoemaker 2002, S. 20

[125] Schoemaker 2002, S. 10

[126] van Asselt 2000

[127] van Asselt 2000, S. 88

[128] Isaksen, S. 55

[129] vgl. Schury 2006

[130] Schneider 2002

[131] Cunha 2005

[132] von Hippel 1988

[133] Ettlie 2006, S. 53

[134] Popper 1974

[135] Ettlie 2006, S. 53

[136] Hanf 1986, S. 3

[137] Rescher 1985, S. 176f.

[138] Kreiser & Marino 2002, S. 897

[139] Hanf 1986, S. 3

[140] Hanf 1986, S. 3

[141] vgl. Hanf 1986, S. 4

[142] vgl. Perl 2007, S. 34

[143] Hanf 1986, S. 3

[144] Zotter 2007, S. 86f.

[145] Porter 1985, S. 18

[146] Bonß 1995, S. 13

[147] Williams & Clampitt 2003

[148] Kwakkel & Cunningham 2008, S. 1085

[149] Schumpeter 1911

[150] Burns & Stalker 1961; Lawrence & Lorsch 1967

[151] Heideloff & Radel 1998, S. 9

[152] Weik 1998, S. 41

[153] Arthur 2009; Schneider 2002; Kuhn 1985; Cooke 1991; Beinhocker 2007; Warsh 2006

[154] Bauer & Sauer 2004

[155] Taleb 2008

[156] Scholl 2004, S. 6

[157] vgl. Monod 1971

[158] Lemberg 2000

[159] Schneider 2002

[160] Roberts 1989; Hillis 2002; Cunha 2005

[161] Nikola Tesla 1987

[162] vgl. Austin 2006

[163] Schneider 2006

[164] Global-Positioning-System

[165] Scholl 2004, S. 5

[166] Gassmann 2009

[167] vgl. Wind & Mahajan 1997

[168] Noss 2002

[169] Bartmann über die Anpassung ans Büroleben: „Und ich werde smart genug sein, nichts zu produzieren, das nicht gemessen werden kann. Ich werde also diejenigen Abschnitte meiner Performance zur Messung anbieten, über deren Spezifik, Messbarkeit und Akzeptanz vorab schon immer entschieden ist." (Bartmann 2012, S. 226)

[170] Christensen et al 2004

[171] Terwiesch & Ulrich 2009

[172] vgl. Rosenzweig 2007, S. 34f.

[173] Collins & Porras 2002; Peters & Waterman 2004

[174] Sheth 2007

[175] Bauer & Sauer 2004

[176] Natterman 2000

[177] vgl. Erdmann 1993, S. 2

[178] Wieczorek im Manager-Magazin 04/2005

[179] Sutton 2007, S. 94, S. 65

[180] Bartmann 2012, S. 218

[181] vgl. Fiol 1996

[182] vgl. hierzu Raffée 1974, S. 23

[183] vgl. hierzu auch Werle 2010, S. 31f.

[184] Csikszentmihalyi 1999, S. 27f.

[185] Nicolai & Kieser 2002

[186] Auffällig ist, dass es trotz der generell fehlenden Einsicht bzgl. der Existenz allgemeingültiger Gesetzmäßigkeiten im Innovationsmanagement kaum Ansätze für eine übergreifende Innovationstheorie in Unternehmen gibt.

[187] Scholl 2004, S. 257

[188] Dueck 2006, S. 66

[189] vgl. Trott 2008

[190] Ettlie 2006, S. 53f.

[191] Afuah 2003, S. 13f.

[192] Ford 1996, S. 1113

[193] Conway & Steward 2009, S. 53f.

[194] vgl. Herzog 2008

[195] Chesbrough 2006, S. 52

[196] vgl. Von Foerster, 1997

[197] vgl. zum Beispiel Denning 2005

[198] Popper 2005

[199] vgl. Chalmers 2001, S. 59

[200] vgl. Meidl 2009, S. 34f.

[201] vgl. Comroe 1977

[202] Siggelkow 2007, S. 20

[203] vgl. auch Heimerl 2007, S. 383

[204] Kieser 2008, S. 99

[205] Nicolai & Kieser 2002; Kieser 2008

[206] Pillkahn 2012, S. 96f.

[207] Kamien & Schwarz 1982

[208] Leibenstein 1969

[209] vgl. auch Nohria & Gulati 1996, S. 1254

[210] Miles & Snow 1984

[211] Kotler & Caslione 2009

[212] Axelrod & Cohen 2000, S. 26

[213] vgl. Pillkahn 2007, S. 119
[214] Nelson 1991
[215] vgl. Hannan & Freemann 1989
[216] Utterback 1994, S. 91
[217] Utterback 1994, S. 49
[218] Utterback 1994, S. 24
[219] Christensen 1997
[220] Foster & Kaplan 2001
[221] Eisenhardt 1989; Pettigrew 1990; Specht, Dos Santos & Bingemer 2004
[222] Yin 1994, S. 6
[223] Eisenhardt & Graebner 2007
[224] Braunschmidt 2005
[225] Krieger 2005
[226] Scholl 2004
[227] Stinchcombe 1998, S. 267
[228] Peat 2002, S. 143
[229] vgl. Deeg, Schimank & Weibler 2009, S. 245
[230] Hannan & Freemann 1977
[231] vgl. dazu auch Pillkahn 2012, S. 100f.
[232] vgl. Johnson & Scholes 1988
[233] Miller 2008
[234] Christensen, Antony & Roth 2004
[235] Schreyögg 1995, S. 233
[236] Carroll 1963
[237] van Valen 1973
[238] Kaufmann 1995 und Voelpel, Leibold, Tekie & von Krogh 2005
[239] Buderi 1999
[240] Steinmueller 1996, S. 56
[241] Drucker 1986, S. 38
[242] Pillkahn 2012, S. 105
[243] FAZ vom 15. April 2002
[244] Shaw 1903, S. 208
[245] Floyd & Lane 2000, S. 155
[246] Mitchell 1991, S. 181
[247] Kogut & Zander 1996, S. 502
[248] Daneels 2002
[249] Loch, DeMeyer & Pitch 2006
[250] Brown 2009, S. 31
[251] Die Erfahrung zeigt, dass Zuständig-keiten in großen Organisationen zwar bis ins letzte Detail geklärt werden und diese Klärung schon viel Energie bean-spruchen kann; das Prädikat „jemand sei zuständig für irgendwas" bedeutet in der Regel jedoch nicht, dass damit eine Verantwortung FÜR das Gelingen von Etwas verbunden ist. Vielmehr stellt es die Möglichkeit der Verhinderung dar.
[252] Harford 2011, S. 101
[253] Pillkahn 2009b, S. 8
[254] vgl. Clark 1985
[255] Berne 2006
[256] vgl. Gelbmann & Vorbach 2007, S. 194; Goffin, Herstatt & Mitchell 2009, S. 309f.
[257] Goffin, Herstatt & Mitchell 2009, S. 316
[258] Christensen et al. 2008, S. 3
[259] Hamilton 2000
[260] vgl. Goffin, Herstatt & Mitchell 2009, S. 323
[261] Rosenberg 1983, S. 57
[262] vgl. Herstatt 2007 und Verworn 2007
[263] Aderhold & John 2005
[264] Gelbmann & Vorbach 2007, S. 196
[265] Daneels & Kleinschmidt 2001, S. 360
[266] Rosenberg 1983, S. 55
[267] Akerlof 1970
[268] Meinert, S. (2011). „Karriieresprung? – Nicht mit dieser Krawatte!" Beitrag in der FTD vom 20. April 2011 unter anderem mit Ulrike Meyer als „Expertin für Kleidungskompetenz"
[269] Verburg et al 2006
[270] Abernathy & Clark 1985; Chandy & Tellis 2000; Spencer & Kirchhoff 2005
[271] Leifer et al. 2000, S. 1
[272] vgl. Williamson 1975, S.182
[273] Ettlie & Rubenstein 1987
[274] vgl. Williamson 1975, S. 182
[275] Rothwell und Dodgson 1994, S. 320
[276] Und während im Großkonzern noch eifrig an den Powerpoint-Folien für das nächste Steering-Komitee gearbeitet wird, hat man in den Garagen dieser Welt schon die ersten Prototypen für zukünftige Durchbruchinnovationen zusammengeschraubt.
[277] vgl. auch Clegg, Carter & Kornberger 2004, S. 22
[278] Acs and Audretsch 1987
[279] Wolpert 2002, S. 80
[280] vgl. Balasubramanian & Lee 2008, S. 1019; Shefer & Frenkel 2005
[281] Balasubramanian & Lee 2008, S. 1044
[282] Krejci 2010, S. 84
[283] Braganza, Awazu & Desouza 2009
[284] Katz 1982
[285] Katz 1982, S. 84
[286] Katz 1982, S. 84
[287] Katz 1982, S. 85
[288] Womack & Jones 1996 und 2005
[289] Dueck 2006, S. 7
[290] Dueck 2006, S. 66
[291] Siehe hierzu: http://en.wikipedia.org/wiki/The_Three_Princes_of_Serendip
[292] Isaksen & Tidd 2006, S. 55

293 Schneider 2002; Gassmann & Friesike 2012, S. 91f.
294 Cunha 2005
295 vgl. Pillkahn 2012, S.147
296 Weidermann 1984, S. 23
297 vgl. Nohria & Gulati 1996, Bauern-schmidt 2008, Wally & Fong 2000
298 Nohria & Gulati 1996; Kuitunen 1993
299 Nohria & Gulati 1996
300 Leibenstein 1969; Argyris 1985
301 Giddens 1988, S. 290
302 Bergmann & Daub 2006, S. 120
303 Hammer & Champy 1993, S. 35
304 Betsch 2005, S. 262
305 Cohen, Burkhart, Dosi, Egidi, Marengo, Warglien & Winter 1996
306 Pugh 1973
307 Blättel-Mink 2006, S. 70
308 Pugh 1973, S. 27
309 Drazin & Schoonhoven 1996, S. 1078
310 John 2005, S. 49
311 Weiss & Ilgen 1985, S. 57
312 Corson 1962, S. 70
313 Argyris 1985, S. 417
314 Argyris 1985, S. 416
315 Betsch 2005, S. 263
316 Penrose 1995, S. 60
317 Allen & Sriram 2000
318 Rogers 2003, S. 10f.
319 Schaettin 2003, S. 21
320 vgl. Kneuper & Wallmüller 2009
321 zum Beispiel bei Herstatt & Verworn 2007
322 Deplazes 2008
323 Deplazes, Deplazes & Boutellier 2007, S. 147
324 Deplazes, Deplazes & Boutellier 2007, S. 149
325 Kraft 1979, S. 149
326 Nelson & Winter, 1977
327 Berkun 2007, S. 45
328 Sandmeier & Jamali 2007, S. 341
329 Aldrich & Kenworthy 1999
330 Betsch 2005, S. 264
331 Verplanken & Aarts 1999; Betsch 2005, S. 264
332 vgl. Luhmann 1993
333 Betsch, Fiedler & Brinkmann 1998
334 March 1991, S. 72
335 vgl. Barron & Erev 2003
336 Betsch 2005, S. 265
337 Betsch 2005, S. 266
338 Csikszentmihalyi 1997
339 Pillkahn 2010a
340 Gilad, Kaish & Loeb 1985
341 Penrose 1995, S. 57
342 Riemann 1977
343 Riemann 1977
344 Garvin und Roberto 2008
345 Christensen, Kaufmann & Shih 2008
346 vgl. auch Beckenbach 2010
347 Schnell, Hill & Esser 1995, S. 294
348 Titscher, Meyer & Mayerhofen 2008, S. 203
349 Pillkahn 2012
350 Scholl 2004, S. 68; Christensen 1997
351 vgl. Bonß 1995
352 Chandler 1962, S. 48
353 genannt „chasm". Nach Moore: Crossing the Chasm (1999)
354 Dueck 2013, S.74
355 Kesselring 1999
356 O'Connor et al. 2008
357 O'Connor 2008, S. 33
358 Augsdorfer 2008, S. 47
359 Gerpott 2005, S. 287
360 Thaler & Sunstein 2009
361 Kahnemann 2012
362 Duden, Fremdwörterbuch 2007
363 vgl. hierzu Davenport & Beck 2001, S. 54f.
364 vgl. Schäffter 1997
365 Klimecki & Thomae 1997; Schäffter 1997
366 Bardmann et al. 1991, S. 1
367 Schulz 2000, S. 12
368 Willke 2005, S. 15f.
369 Luhmann 1993
370 vgl. Miebach 2010, S. 275
371 Willke 2005, S. 43
372 Luhmann 2000, S. 195
373 Pillkahn 2012, S. 100
374 Hong & Page 2004, S. 16389
375 in Anlehnung an Pillkahn 2010b
376 Luhmann 2000, S. 220
377 Schäffter 1997, S. 696
378 Schäffter 1997
379 Schäffter 1997, S. 697
380 Schäffter 1997, S. 695
381 Schreyögg & Kliesch-Eberl 2008, S. 10
382 Engeström et al 1996
383 Eberl 2001, S. 56
384 vgl. Kay 2011, S. 71f.
385 Willke 2005
386 Rushkoff 2005
387 Bardmann; Kersting; Vogel & Woltmann 1991
388 Martel 2009

389 Martel 2009, S. 345
390 Eisenhardt & Brown 1998
391 Eisenhardt & Brown 1998, S. 61
392 Eisenhardt & Brown 1998, S. 65
393 Christensen und Raynor 2003
394 Hamel 2006b
395 Vogel 2010, S.6
396 Design Thinking wurde insbesondere durch Larry Leifer von der Stanford University entwickelt und vorangetrieben und erfuhr durch Hasso Plattner (SAP-Gründer) und das HPI einen deutlichen Schub
397 vgl. Brown 2009, S. 63f.
398 Inspirationen kann man sich unter www.techshop.ws oder auch www.fablab-muenchen.de holen
399 Hamel 2002, S. 77
400 vgl. Pillkahn 2009b, S. 6
401 Coase 1937; Wiliamson 1975
402 Powell 1991
403 vgl. North 1997
404 Baumol 2002
405 vgl. Burt 1982
406 Taylor 2006
407 Rigby & Zook 2002
408 Pillkahn 2007, S. 326
409 vgl. Nohria & Gulati 1996, S. 1259
410 vgl. Surowiecki 2005
411 Hamel 2002
412 vgl. Game Changer 2007, S. 5
413 Hamel 2002
414 Leifer et al. 2000
415 Christensen 1997
416 Nelson und Winter 1977
417 Sørensen und Stuart 2000
418 Dougherty & Hardy 1996
419 vgl. Christensen 1997
420 vgl. Surowiecki 2005
421 Taylor 2006
422 Hamel 2002
423 Johnson 2010, S. 156
424 Aldrich & Kenworthy 1999, S. 5
425 Siehe: http://de.wikipedia.org/wiki/ Daphnien
426 Robinson & Stern 1997, S. 31f.
427 vgl. D'Amato, Pistoresi & Salsano 2009, S. 116
428 vgl. Pillkahn 2010a/2010b
429 Chesbrough 2006
430 vgl. auch Tidd 2000, S. 21f.
431 Aldrich & Kenworthy 1999, S. 13
432 Chesbrough 2006, S. 13
433 Morris 2008

434 Hong & Page 2004
435 Hong & Page 2004, S. 16386
436 Östergaard, Timmermans & Kristinsson 2011
437 vgl. Ansoff 2007, S. 55f.; Miller & Page 2007, S. 9f.
438 Schoemaker 2002, S. 75
439 Simon 2004, S. 210
440 Loveridge 2009, S. 13
441 Pillkahn 2007, S. 125f.
442 Keynes 1936
443 vgl. Pillkahn 2007, S. 121
444 Makridakis1990
445 Jaruzelski & Dehoff 2009
446 Jaruzelski & Dehoff 2006, S. 13
447 vgl. Morrow 2008
448 Siemens 2009a, S. 7
449 Siemens AG 2009b, S. 53
450 Farrokhzad, Kern & Fritzhanns 2005, S. 281
451 ebd., S. 282
452 ebd., S. 289
453 ebd., S. 282f.
454 ebd., S. 285
455 ebd., S. 287
456 ebd., S. 286
457 Krieger 2005, S. 92
458 Zhao 2006
459 vgl. VDI-Nachrichten Nr. 20/04 vom 20. Mai 2005, S. 14
460 Hürter 2004, S. 26
461 Froitzheim 2013, S. 24
462 Hürter 2004, S. 26
463 vgl. auch Xu & Liang 2004
464 Carroll & Teo 1996, S. 626
465 Becker 2007; Büschemann 2010
466 Lindsay, Perkins & Karanjikar 2009, S. XIII
467 Gilad, Kaish & Loeb 1985
468 Hartmann & Meyer-Wölfing 2003, S. 33f.
469 Hamel 2002, S. 268
470 Christensen 1997
471 Hillis 2002
472 Christensen, Anthony & Roth 2004, S. XXXi
473 J.W. Goethe: Faust II, Vers 11574ff.
474 So wie Andy Grove von Intel es im Buch beschreibt: „Only the paranoid survive: How to exploit the crisis points that challenge every company". Crown Business (1999).
475 gefunden auf einer Postkarte, die nun über meinem Schreibtisch hängt

476 Jelinek 1979
477 Jelinek 1979, S. 61
478 Mintzberg 1994, S. 295
479 Mintzberg 1994, S. 295
480 Jelinek & Schoonhoven 1990, S. 410
481 Tripsas & Gavetti 2000, S. 1150
482 Quinn, Mintzberg & James 1988,
     S. 376f.
483 Fisher 2005, S. 82
484 Fisher 2005, S. 83
485 Fisher 2005, S. 83
486 Semler 1995, S. 64
487 vgl. Semler 1995, S. 68f.
488 Fisher 2005, S. 81
489 Semco Website 2010
490 Malcher 2010, S. 121
491 Malcher 2010, S. 120
492 Bauer 2005, S. 24; Borchardt 2005, S. 4
493 Hennersdorf 2005, S. 40
494 Ruch & Clausen 2005, S. 17
495 Hennersdorf 2005, S. 40
496 Seith 2005
497 Wihofszki 2005, S. 5
498 Apple 2010
499 Dotzler 2002, S. 26f.
500 Brass 2010
501 Brass 2010
502 Laube 2010, S. 7
503 Zum Beispiel Drucker 1986;
     Utterback 1994; Pillkahn 2007;
     Arthur 2009; Christensen 1997
504 zum Beispiel Kaufmanns & Siegenheim
     2009 und Jarvis 2009
505 vgl. Brandt 2010; Smith 2010
506 Jarvis 2009
507 Iyer & Davenport 2008, S. 44
508 Iyer & Davenport 2008, S. 56

509 Iyer & Davenport 2008, S. 56
510 Salter 2008, S. 22
511 Salter 2008, S. 26
512 Iyer & Davenport 2008, S. 44
513 Rochelle & Pillkahn 2009
514 Rungg 2010, S. 25
515 Ellis 2006, S. 55
516 Stillich 2008
517 Hiltzik 1999, S. 361f.
518 Stillich 2008
519 Hiltzik 1999, S. 329f.
520 Stillich 2008
521 u.a. Mitchell 1991; Nicholson 1998;
     Coyne 1997; von Hippel, Thomke &
     Sonnack 1999; Goffin, Herstatt &
     Mitchell 2005; Nayak & Ketteringham
     1991
522 Nayak & Ketteringham 1991
523 Nicholson 1998, S. 36
524 Van de Ven, Polley, Garud & Venkata-
     raman 1995, S. 223f.
525 Stevens 2004, S. 4
526 Figueroa & Conceicao 2000
527 Coyne 1997, S. 45
528 Hargadon 2003, S. 3
529 Hargadon 2003, S. 15
530 Hargadon 2003, S. 6
531 Edelheid 1997, S. 99
532 Hughes, 1999, S. 58
533 Hargadon 2003, S. 87
534 Sull 1999, S. 430
535 Gehani 2007
536 Sull 1999, S. 437
537 Sull 1999, S. 431
538 Sull 1999, S. 438
539 Sull 1999, S. 435
540 Sull 1999, S. 431

Literatur

ABERNATHY, W.J. & CLARK, K.B. (1985). Innovation. Mapping the winds of creative destruction. Research Policy, Vol. 14(1), S. 3-22.

ACS, Z.J. & AUDRETSCH, D.B. (1987). Innovation, Market Structure, and Firm Size. The Review of Economics and Statistics, Vol. 69(4), S. 567-574.

ADERHOLD, J. & JOHN, R. (2005). Innovation zwischen Technikdominanz und ökonomischen Reduktionsmus, in: ADERHOLD, J. & JOHN, R. (Hrsg.): Innovation. Sozialwissenschaftliche Perspektiven. Konstanz: UVK Verlagsgesellschaft.

AFUAH, A. (2003). Innovation Management. Strategies, Implementation, and Profits. Oxford University Press.

AKERLOF, G.A. (1970). The Market for „Lemons": Quality Uncertainty and the Market Mechanism. The Quarterly Journal of Economics, Vol. 84(3), S. 488-500.

ALBERS, S. (2001). Marktdurchsetzung von Innovationen, Wiesbaden 2001, S. 79-116.

ALBERS, S. (2005). Diffusion und Adoption von Innovationen, in ALBERS, S. & GASSMANN, O. (Hrsg.): Handbuch Technologie- und Innovationsmanagement. Strategie-Umsetzung-Controlling. Gabler.

ALDRICH, H.E. & KENWORTHY, A.L. (1999). The Accidental Enterpreneur: Campellian Antinomies and Organizational Foundings, in: BAUM, J. & MCKELVEY, B. (Hrsg.): Variations in Organizational Science: In honour of Donald T. Campbell. Thousand Oaks. S. 19-33.

ALLEN, R.D. & SRIRAM, R.H. (2000). The Role of Standards in Innovation. Technological Forecasting and Social Change, Vol. 64, S. 171-181.

ANDREWS, K. R. (1971) The Concept of Corporate Strategy. Irwin Professional Publishing.

ANDRIESSEN, J. H. (2006). Managing Knowledge Processes, in: VERBURG, R.M.; ORTT, R.J. & DICKE, W.M. (Hrsg.): Managing Technology and Innovation, London 2006.

ANSOFF, I.H. (1965). Corporate strategy: An analytic approach to business policy for growth and expansion. McGraw-Hill.

ANSOFF, I.H. (2007). Strategic Management. Palgrave MacMillan.

ANTHONY, S.D.; JOHNSON, M.W.; SINFIELD, J.V. & ALTMAN, E.J. (2008). The Innovator's guide to growth. Putting Disruptive Innovation to work. Harvard Business Press.

APPLE (2010). Apple Quartalsbericht. Zugriff am 28.09.2010. Verfügbar unter: http://www.apple.com/investor

ARGYRIS, C. (1985). Strategy, Change, and Defensive Routines. Boston: Pitman.

ARTHUR, W.B. (2007). The structure of invention. Research Policy, Vol. 36(2), S. 274-287.

ARTHUR, W.B. (2009). The Nature of Technology. What it is and how it evolves. Free Press.

ASSINK, M. (2006). Inhibitors of disruptive innovation capability: a conceptual model. European Journal of Innovation Management, Vol. 9(2), S. 215-233.

AUGSDORFER, P. (2008). Managing the Unmanageable. Research and Technology Management Journal, Vol. 51(4), S. 41-47.

AUSTIN, R. (2006). The Accidental Innovator. Harvard Business Review, Juli 2006.

AXELROD, R. & COHEN, M.D. (2000). Harnessing Complexity. Organizational Implications of a Scientific Frontier. Basic Books.

BAECKER, D. (1998). Zum Problem des Wissens in Organisationen, Organisationsentwicklung, Vol. 17(3), S. 4-21.

BAITSCH, C. (1998). Innovation Und Kompetenz – Zur Verknüpfung von zwei Chimären, in HEIDELOFF, F.; RADEL, T. (Hrsg.). Organisation von Innovation. Strukturen, Prozesse, Interventionen. Rainer Hampp.

BALASUBRAMANIAN, N. & LEE, J. (2008). Firm age and innovation. Industrial and Corporate Change, Vol. 17(5), S. 1019-1047.

BÄHR-SEPPELFRICKE, U. (1999). Diffusion neuer Produkte: der Einfluss von Produkteigenschaften. Wiesbaden.

BARDMANN, T.M.; KERSTING, H.J.; VOGEL, H.-C. & WOLTMANN, B. (1991). Irritation als Plan. Konstruktivistische Einredungen. Dr. Heinz Kersting.

BARTMANN, C. (2012). Leben im Büro. Die schöne neue Welt der Angestellten. Hanser.

BAUER, A. (2005). Telefonieren ist Nebensache. Süddeutsche Zeitung, 16. Februar 2005, S. 24.

BAUER, H.H. & SAUER, N.E. (2004). Die Erfolgsfaktorenforschung als schwarzes Loch. Die Betriebswirtschaft (DBW), 64(4), S. 631-633.

BAUERNSCHMIDT, P. (2008). Ressourcenbewertung von Innovationsprojekten zwischen „lean" und „slack", in: SCHMEISSER, W.; MOHNKOPF, H.; HARTMANN, M. & METZE, G. (Hrsg.): Innovationserfolgsrechnung. Innovationsmanagement und Schutzrechtsbewertung, Technologieportfolio, Target-Costing, Investitionskalküle und Bilanzierung von FuE-Aktivitäten. Springer.

BAUMOL, W.J. (2002). The Free-Market Innovation Machine. Analyzing the Growth Miracle of Capitalism. Princeton University Press.

BECKENBACH, F. (2010). Akteurbefragung als Grundlage für die Erfassung von Innovationsprozessen – Möglichkeiten und Grenzen, in: HOF, H. & WENGENROTH, U. (Hrsg.): Innovationsforschung. Ansätze, Methoden, Grenzen und Perspektiven. LIT.

BECKER, H. (2007). Auf Crashkurs: Automobilindustrie im globalen Verdrängungswettbewerb, 2. Aufl. Springer.

BECKER, J.; KUGELER, M. & ROSEMANN, M. (2005). Prozessmanagement. Ein Leitfaden zur prozessorientierten Organisationsgestaltung. Springer.

BEINHOCKER, E.D. (2007). Die Entstehung des Wohlstandes. Wie Evolution die Wirtschaft antreibt. MI Fachverlag.

BERGMANN, G. & DAUB, J. (2006). Relationales Innovationsmanagement – oder: Innovationen entwickeln heißt lernen verstehen. Zeitschrift für Management, Vol. 1(2), S. 112-140.

BERKUN, S. (2007). The Myths of Innovation. O'Reilly.

BERNE, E. (2006). Die Transaktions-Analyse in der Psychotherapie: Eine systematische Individual- und Sozialpsychiatrie. Junfermann, Paderborn.

BERTH, R. (2003). Innovationen: Auf Nummer sicher, Harvard Business Manager, Juni 2003, S. 16-19.

BESSANT, J. & TIDD, J. (2007). Innovation and Entrepreneurship. John Wiley & Sons.

BETSCH, T. (2005). Wie beeinflussen Routinen das Entscheidungsverhalten? Psychologische Rundschau, Vol. 56(4), S. 261-270.

BETSCH, T.; FIEDLER, K. & BRINKMANN, B.J. (1998). Behavioral routines in decision making: The effects of novelty in task presentation and time pressure on routine maintenance and deviation. European Journal of Social Psychology, Vol. 28(5), S. 861-878.

BETZ, F. (1998). Managing Technological Innovation. John Wiley & Sons.

BIERFELDER, W. H. (1994). Innovationsmanagement: Prozeßorientierte Einführung, 3. Aufl. Oldenbourg.

BITTELMEYER, A. (2003). Systemisches Management: Wenn Führung stört. Manager Seminare. Heft 65, April 2003, S. 18-27.

BLÄTTEL-MINK, B. (2006). Kompendium der Innovationsforschung. VS Verlag für Sozialwissenschaft.

BONSS, W. (1995). Vom Risiko. Unsicherheit und Ungewissheit in der Moderne. Hamburger Verlagsgesellschaft.

BORCHARDT, A. (2005). Handymarke Siemens soll überleben. Financial Times Deutschland, 28. April 2005, S. 4.

BRAGANZA, A.; AWAZU, Y. & DESOUZA, K.C. (2009). Sustaining Innovation is Challenge for Incumbents. Research-Technology Management, Vol. 4, S. 46-56.

BRANDT, R.L. (2010). Googles kleines Weißbuch. Die Managementstrategien der wertvollsten Marke der Welt. Finanzbuchverlag.

BRASS, D. (2010). Microsoft Creative Destruction. New York Times, Feb. 4, 2010, S. A 27 (NY Edition).

BRAUN, E. & MACDONALD, S. (1978). Revolution in Miniature: The History and Impact of Semiconductor Electronics. Cambridge University Press.

BRAUNSCHMIDT, I. (2005). Technologieinduzierte Innovationen. Wege des innerbetrieblichen Technologie-Transfers in innovative Anwendungen (Diss.). DUV.

BRAUN-THÜRMANN, H. (2005). Innovation. Transcript.

BROCKHOFF, K. (1999). Forschung und Entwicklung. Oldenbourg.

BRODBECK, K.-H. (2007). Die Differenz zwischen Wissen und Nichtwissen, in: ZEUCH (Hrsg.): Management von Nichtwissen in Unternehmen. Carl Auer.

BROSZIEWSKI, A. (1999). Wissen über Wissen – Zusammenhänge zwischen Wissensökonomie und Wissenssoziologie, in: SCHWANINGER, M. (Hrsg.): Intelligente Organisationen. Duncker & Humblot.

BÜSCHEMANN, K.-H. (2010). Crashtest – Deutsche Autobauer ohne Plan und Strategie. Hanser.

BUDERI, R. (1999). Engines of Tomorrow. How the World's Best Companies Are Using Their Research Labs to Win the Future. Simon & Schuster.

BURNS, T. & STALKER, G.M. (1961). The Management of Innovation. Tavistock.

BURT, R. (1982). Toward a Structural Theory of Action: Network Models of Social Structure, Perception and Action. Academic Press.

CARROLL, L. (1963). Alice im Wunderland. Insel.

CARROLL, G.R. & TEO, A.C. (1996). Creative Self-Destruction Among Organizations: An Empirical Study of Technical Innovation and Organizational Failure in the American Automobile Industry, 1885-1981, Industrial and Corporate Chance Vol. 5(2), S. 619-644.

CHALMERS, A.F. (2001). Wege der Wissenschaft. Springer.

CHANDLER, A.D. (1962). Strategy and Structure. MIT Press.

CHANDY, R.K. & TELLIS, G.J. (2000). The Incumbent's Curse? Incumbency, Size, and Radical Product Innovation. Journal of Marketing, Vol. 64(7), S. 1-17.

CHAPMAN, M.R. (2006). In Search for Stupidity. Over 20 years of High-Tech Disasters. Apress.

CHESBROUGH, H. (2006). Open Innovation: The new Imperative for Creating and Profiting from Technology. Harvard Business School Press.

CHMIELEWICZ, K. (1994). Forschungskonzeptionen der Wirtschaftswissenschaft, 2. Aufl. Schaeffer-Pöschel.

CHRISTENSEN, C.M. (1997). The Innovator's Dilemma. When great Technologies cause great firms to fail. Harvard Business School Press.

CHRISTENSEN, C.M.; ANTHONY, S.D. & ROTH, E.A. (2004). Seeing What's Next. Using the Theories of Innovation to predict Industry Change. Harvard Business School Press.

CHRISTENSEN, C.M.; KAUFMAN, S.P. & SHIH, W.C. (2008). Innovation Killers. How Financial Tools destroy your capacity to do new things. Harvard Business Review Jan. 2008.

CHRISTENSEN, C.M. & RAYNOR, M.E. (2003). The Innovator's Solution: Creating and Sustaining Successful Growth. Harvard Business School Press.

CLARK, K.B. (1985). The Interaction of Design Hierarchies and Market Concepts in Technological Evolution, in: Research Policy, Vol. 14(3), S. 235-251.

CLEGG, S.; CARTER, C. & KORNBERGER, M. (2004). Get up, I feel like being a strategy machine. European Management Review, Vol. 1(1), S. 21-28.

COASE, R. (1937). The Nature of the Firm. University of Chicago Press.

COHEN M.D.; BURHHART, R.; DOSI, G.; EGIDI, M.; MARENGO, L.; WARGLIEN, M. & WINTER, S. (1996). Routines and Other Recurring Action Patterns of Organizations: Contemporary Research Issues. Industrial and Corporate Change, Vol. 5(3), S. 653-698.

COLLINS, J. & PORRAS, J.I. (2002). Built to last. Successful Habits of Visionary Companies. Harper Collins.

COMROE, J.H. (1977). Roast Pig and Scientific Discovery. American Review of Respiratory Disease, Vol. 115(4), Teil 1: S. 853-860; Teil 2: S. 1035-1044.

CONWAY, S.; STEWARD, F. (2009). Managing and Shaping Innovation. Oxford University Press.

COOKE, R.M. (1991). Experts in Uncertainty. Opinion and Subjective Probability in Science. Oxford University Press.

COOPER, R.G. (1990). Stage-Gate-Systems: A new tool for managing new products. Business Horizons, Vol. 33(3), S. 44-54.

COOPER, R.G. (1996). Overhauling the new product process. Industrial Marketing Management, Vol. 25(6), S. 465-482.

COOPER, R.G. (2010). Top oder Flop in der Produktentwicklung. Erfolgsstrategien: Von der Idee zum Launch , 2. Aufl. John Wiley & Sons.

CORSON, J.J. (1962). Innovation challenges conformity. Harvard Business Review. May-June 1962, S. 66-74.

COYNE, W.E. (1997). 3M (Minnesota Mining and Manufacturing company), in: MOSS KANTER, R.; KAO, J. & WIERSEMA, F. (Hrsg.): Innovation. Breakthrough Ideas at 3M, DuPont, GE, Pfizer, and Rubbermaid. Harper Collins.

CUNHA, M.P.E. (2005). Why some organizations are luckier than others. FEUNL Working Paper No. 472.

CSIKSZENTMIHALYI, M. (1997). Creativity. Flow and the psychology of discovery and invention. Harper Perennial.

CSIKSZENTMIHALYI, M. (1999). A systems perspective on Creativity. in: STERN-BERG, R. (Hrsg.), Handbook of Creativity. Cambridge University Press.

CUMMING, B.S. (1998). Innovation overview and future challenges. European Journal of Innovation Management, Vol. 1(1), S. 21-29.

DACIN, M.T. (1997). Isomorphism in context: The power and prescription of institutional norms. Academy of Management Journal, Vol. 40(1), S. 46-81.

D'AMATO, M; PISTORESI, B. & SALSANO, F. (2009). On the determinants of Central Bank independence in open economies. International Journal of Finance & Economics, Vol. 14(2), April 2009, S. 107-119.

DANEELS, E. (2002). The Dynamics of Product Innovation and Firm Competences. Strategic Management Journal, Vol. 23, No. 12 (Dec. 2002), S. 1095-1121.

DANEELS, E. & KLEINSCHMIDT, E.J. (2001). Product innovativeness from the firm's perspective: dimensions and their relation with project selection and performance. Journal of Product Innovation Management, Vol. 18(6), S. 357-373.

DAVENPORT, T.H. & BECK, J.C. (2001). The Attention Economy: Understanding the new Currency of Business. Harvard Business School Press.

DAVILA,T.; SHELTON, R. & EPSTEIN, M.J. (2005). Making Innovation Work. Prentice Hall International.

DEBUS, C. (2002). Routine und Innovation. Management langfristigen Wachstums etablierter Unternehmen (Diss.). Books on Demand.

DEEG, J.; SCHIMANK, U. & WEIBLER, J. (2009). Verhalten im Stillstand – Stillstand als Verhalten. Organisationsblockaden in der Perspektive des akteurzentrierten Institutionalismus, in: SCHREYÖGG, G. & SYDOW, J. (Hrsg.): Verhalten in Organisationen, Managementforschung 19, S. 239-284, Gabler.

DENNING, S. (2005). Why the best and brightest approaches don't solve the innovation dilemma. Strategy & Leadership, Vol. 30(1), S. 4-11.

DEPLAZES, U. (2008). A theory of routinization of the firm's innovation activities (Diss.). ETH Zürich.

DE VRIES, M. (1998). Die Parodoxie der Innovation, in: HEIDELOFF, F. & RADEL, T. (Hrsg.) Organisation von Innovation. Strukturen, Prozesse, Interventionen. Rainer Hampp.

DOTZLER, B.J. (2002). Killer App. Microsoft und die anonyme Geschichte der Computerkultur, in: ROESLER, A. & STIEGLER, B. (Hrsg.): Microsoft: Medien – Macht – Monopol. Suhrkamp.

DOUGHERTY, D. & HARDY, C. (1996). Sustained Product Innovation in large, mature Organizations: overcoming innovation-to-organization problems. The Academy of Management Journal, Vol. 39(5), 1120-1153.

DRAZIN, R. & SCHOONHOVEN, C.B. (1996). Community, Population, and Organization Effects on Innovation: A Multilevel Perspective. The Academy of Management Journal, Vol. 39(5), S. 1065-1083.

DRUCKER, P.F. (1986). Innovation and Entrepreneurship. Harper Collins.

DUDEN (2007). Duden – Das große Fremdwörterbuch, 4. Aufl. Bibliographisches Institut, Mannheim.

DUECK, G. (2006). Lean Brain Management. Erfolg und Effizienzsteigerung durch Null-Hirn. Springer.

DUECK, G. (2013). Das Neue und seine Feinde. Wie Ideen verhindert werden und wie sie sich trotzdem durchsetzen. Campus.

DÜRRENMATT, F. (2001). Die Physiker (20. Auflage). Diogenes.

EBERL, P. (2001). Die Generierung des organisationalen Wissens aus konstruktivistischer Perspektive, in: SCHREYÖGG, G. (Hrsg.): Wissen in Unternehmen. Konzepte, Maßnahmen, Methoden. Erich Schmidt.

EBERL, U. & PUMA, J. (2007). Innovatoren und Innovationen. Einblicke in die Ideenwerkstatt eines Weltkonzerns. Publicis.

EHMS, K. (2010). Persönliche Weblogs in Organisationen. Spielzeug oder Werkzeug für ein zeitgemäßes Wissensmanagement? (Diss.).

EISENHARDT, K.M. (1989). Building Theories from Case Study Research. Academy of Management Review, Vol. 14(4), S. 532-550.

EISENHARDT, K.M. & BROWN, S.L. (1998). Time-Pacing. Competing in Markets That Won't Stand Still. Harvard Business Review, Vol. 76(2) March-April (1998), S. 59-69.

EISENHARDT, K.M. & GRAEBNER, M.E. (2007). Theory Building from Cases: Opportunities and Challenges, Academy of Management Journal, Vol. 50(1), S. 25-32.

ELLIS, C.D. (2006). Joe Wilson and the Creation of Xerox. John Wiley & Sons.

ENGESTRÖM, Y., VIRKKUNEN, J., HELLE, M., PIHLAJA, J. & POIKELA, R. (1996). The Change laboratory as a tool for transforming work. Lifelong Learning in Europe, Vol. 1(2), 10-17.

ENGLER, G.N. (1970). The Typewriter Industry: The impact of a Significant Technology Innovation. University of California in Los Angeles.

ERDMANN, G. (1993). Elemente einer evolutorischen Innovationstheorie. J.C.B. Mohr (Paul Siebeck).

ETTLIE, J.E. (2006). Managing Innovation. Butterworth-Heinemann.

ETTLIE, J.E. & RUBENSTEIN, A.H. (1987). Firm Size and Product Innovation. Journal of Product Innovation Management, Vol. 4(1), S. 89-108.

FARROKHZAD, B.; KERN, C. & FRITZHANNS, T. (2005). Innovation Business Plan im Hause Siemens – Portfolio-basiertes Roadmapping zur Ableitung Erfolg versprechender Innovationsprojekte, in: MÖHRLE, M. & ISENMANN, R. (Hrsg.): Technologieroadmapping. Zukunftsstrategien für Technologieunternehmen. Springer.

FEYNMAN, R. (1955). The Value of Science, address to the National Academy of Sciences (Autumn 1955) (Wikiquote: http://en.wikiquote.org/wiki/Richard_Feynman, Zugriff am 20.10.2010)

FIGUEROA, E. & CONCEICAO, P. (2000). Rethinking the Innovation Process in large Organizations: a case study of 3M. Journal of Engineering and Technology Management, Vol. 17(1), S. 93-109.

FIOL, C.M. (1996). Squeezing Harder Doesn't always work: Continuing the search for consistency in Innovation Research. The Academy of Management Review, Vol. 21(4), October 1996, S. 1012-1021.

FISHER, L.M. (2005). Ricardo Semler won't take control. Strategy & Business, Vol. 41(11), November 2005, S. 78-89.

FLOYD, S. & LANE, P. (2000). Strategizing throughout the organization: managing role conflict in strategic renewal. Academy of Management Review, Vol. 25, S. 154-177.

FORD, C.M. (1996). A Theory of Individual Creative Action in Multiple Social Domains. The Academy of Management Review, Vol. 21(4), October 1996, S. 1112-1142.

FOSTER, R.N. & KAPLAN, S. (2001). Creative Destruction. Why companies that are built to last underperform the market – and how to successfully transform them. Currency.

FOSTER, R.N. (2006). Innovation. Die technologische Offensive. Moderne Industrie.

FREEMAN, C. & SOETE, L. (1997). The Economics of Industrial Innovation, 3. Aufl., MIT Press.

FROITZHEIM, U. (2013). Auf der Suche nach sich selbst. Brand Eins, Vol. 14(5), Mai 2013, S. 22-28.

GALLUP. Gallup Engagement Index 2012, veröffentlicht am 6. März 2013.

GAME CHANGER (2007). Technology Futures. Shell Game Changer. Zugriff am 20.05.2010. Verfügbar unter: http://www-static.shell.com/static/innovation/downloads/innovation/technology_futures.pdf

GARCIA, R. & CALANTONE, R. (2002). A critical look at technological innovation typology and innovativeness terminology: a literature review, Journal of Product Innovation Management, Vol. 19(1), S. 110-132.

GARVIN, D.A. & ROBERTO, M.A. (2005). Change through Persuasion. Harvard Business Review, Vol. 83(2), S. 104-112.

GASSMANN, O. (2009). Innovation – Keine Frage des Zufalls. Zürich: Versus.

GASSMANN, O. & FRIESIKE, S. (2006). 33 Erfolgsprinzipien der Innovation. Hanser.

GEHANI, R.R. (2007). National Innovation System and Disruptive Innovations in Synthetic Rubber and Tire Technology. Journal of Technology Management & Innovation, Vol. 2(4), S. 55-72.

GELBMANN, U. & VORBACH, S. (2007). Strategisches Innovationsmanagement, in: STREBEL, H. (Hrsg.): Innovations- und Technologiemanagement. Facultas WUV.

GERPOTT, T.J. (2005). Strategisches Technologie- und Innovationsmanagement. 2. Aufl. Schaeffer-Pöschel.

GIDDENS, A. (1988). Die Konstitution der Gesellschaft. Grundzüge einer Theorie der Strukturierung. Campus.

GILAD, B.; KAISH, S. & LOEB, P.D. (1985). A Theory of Surprise and Business Failure. Journal of Behavioral Economics, Vol. 14(2), S. 35-55.

GLUCK, F.W. & FOSTER, R.N. (1975). Managing Technological Change: A box of cigars for brad. Harvard Business Review, Vol. 53(5), S. 139-150.

GNEEZY, U. & RUSTICHINI, A. (2000). A fine is a price. The Journal of Legal Studies, Vol. 29(1).

GOFFIN, K.; HERSTATT, C. & MITCHELL, R. (2009). Innovationsmanagement. Strategien und effektive Umsetzung von Innovationsprozessen mit dem Penthalon-Prinzip. Finanzbuchverlag.

GOULD, S. J. (1993). Zufall Mensch. Das Wunder des Lebens als Spiel der Natur. Hanser.

GOTTSCHALK-MAZOUZ, N. (2003). Wissen, Ungewissheit und Abduktion. Fundierung eines allgemeinen Modells zur Analyse von Dissensen in der Wissenschaft, in: GOTTSCHALK-MAZOUZ, N. & MAZOUZ, N. (Hrsg.): Nachhaltigkeit und Globaler Wandel. Integrative Forschung zwischen Normativität und Unsicherheit. Campus.

GRANT, R.M. (2003). The Knowledge-Based View oft the Firm, in: FAULKNER, D.O. & CAMPBELL, A. (Hrsg.): The Oxford Handbook of Strategy. Oxford University Press.

GREINER, L. (1998). Revolution and Evolution as Organizations grow. Harvard Business Review, May 1998.

GROSG, M. (2007). Dealing with Uncertainties: A Guide to Error Analysis. Springer.

GRUBER, H.; MANDL, H. & RENKL, A. (1999). Was lernen wir in Schule und Hochschule: Träges Wissen?, in: MANDL, H. & GERSTENMAIER, J. (Hrsg.): Die Kluft zwischen Wissen und Handeln: Empirische und theoretische Lösungsansätze. Hogrefe.

GUNDLACH, C.; GLANZ, A. & GUTSCHE, J. (2010). Die Frühe Innovationsphase. Methoden und Strategien für die Vorentwicklung. Symposion.

HARFORD, T. (2011). Adapt. Why success always starts with failure. Little.

HARGADON, A. (2003). How Breakthroughs happen. The surprising Truth about how Companies innovate. Harvard Business School Press.

HAMEL, G. (2002). Leading the Revolution. How to thrive in turbulent times by making innovation a way of life. Plume Book.

HAMEL, G. (2006b). Inside the Innovation Lab. Business Strategy Review, Spring 2006, S. 4-8.

HAMEL, G. & PRAHALAD, C.K. (1991). Corporate Imagination and Expeditionary Marketing, Harvard Business Review, July-August 1991, S. 81-92.

HAMILTON, W.F. (2000). Managing Real Options, in: DAY, G.S. & SCHOEMAKER, P.J.H. (Hrsg.) Wharton on Managing Emerging Technologies. John Wiley & Sons.

HAMMER, M. & CHAMPY, J.A. (1993). Reengineering the Corporation: A Manifesto for Business Revolution. Harper.

HANF, C.H. (1986). Entscheidungslehre. Einführung in Informationsbeschaffung, Planung und Entscheidung unter Unsicherheit. Oldenbourg.

HANNAN, M.T. & FREEMANN, J. (1977). The Population Ecology of Organizations. American Journal of Sociology, Vol. 82(5), S. 929-964.

HANNAN, M.T. & FREEMANN, J. (1989). Organizational Ecology. University Press.

HANSEN, M.T. & BIRKINSHAW, J. (2007). The Innovation Value Chain. Harvard Business Review, Juni 2007.

HARGADON, A. (2003). How Breakthroughs Happen. The Surprising Truth About How Companies Innovate. Harvard Business School Press.

HARRIS, J. (2002). Blindsided. How to spot the next breakthrough that will change your business forever. Capstone Publishing.

HARTMANN, T. & MEYER-WÖLFING, E. (2003). Erhalt und Entwicklung von Innovationsfähigkeit durch Lernen im sozialen Umfeld. QUEM Report: Schriften zur beruflichen Weiterbildung (Heft 83).

HAUSCHILDT, J. (2001). Innovationsmanagement – Promotoren – Erfolgsfaktoren für das Management von Innovationen. Zeitschrift Führung + Organisation 70/6, S. 332-337.

HAUSCHILDT, J. (2004). Innovationsmanagement. Vahlen.

HAUSCHILDT, J. & SALOMO, S. (2007). Innovationsmanagement, 4. Aufl. Vahlen.

HEIDELOFF, F. (1998). Komplexität und Handlungsfähigkeit – ein Planspiel als Instrumentenangebot, in: HEIDELOFF, F. & RADEL, T. (Hrsg.): Organisation von Innovation. Rainer Hampp.

HEIDELOFF, F. & RADEL, T. (1998). Innovation in Organisationen – ein Eindruck vom Stand der Forschung, in: HEIDELOFF, F. & RADEL, T. (Hrsg.): Organisation von Innovation. Rainer Hampp.

HEIMERL, P. (2007). Fallstudien als Forschungsstrategische Entscheidung, in: BUBER, R. & HOLZMÜLLER, H.H. (Hrsg.): Qualitative Marktforschung. Konzepte-Methoden-Analysen. Gabler.

HEINOLD, P. (2010). Sustainable Knowledge Management and Use of Web 2.0 Technologies at Siemens. Gastvortrag LMU: Zugriff am 10.06.2010. Verfügbar unter: http://www.pw.bwl.uni-muenchen.de/download/peter_heinold_20_05.pdf

HEITGER, B. & SERFASS, A.-N. (2010). Dem Zufall ein Schnippchen schlagen – durch Resilenz Unerwartetes meistern. Revue für postheroisches Management, Vol. 3(2), S. 20-27.

HENNERSDORF, A. (2005). Rettungslos umzingelt. Wirtschaftswoche 2005(4), S. 37-42.

HERSTATT, C. (2007). Management der frühen Phasen von Breakthrough-Innovationen, in: HERSTATT, C. & VERWORN, B. (Hrsg.): Management der frühen Innovationsphase. Grundlagen – Methoden – Neue Ansätze. 2. Aufl. Gabler 2007.

HERSTATT, C. & VERWORN, B. (2007). Management der frühen Innovationsphase. Grundlagen – Methoden – Neue Ansätze , 2. Aufl. Wiesbaden: Gabler.

HERZOG, P. (2008). Open and Closed Innovation. Different Cultures for different Strategies. (Diss.). Gabler Edition Wissenschaft.

HILLIS, D. (2002). Stumbling into Brilliance. True breakthroughs are almost always unexpected. Harvard Business Review, August 2002, S. 152.

HILTZIK, M. (1999). Dealers of Lightning: Xerox PARC and the Dawn of the Computer Age. Harper Collins.

HIPPEL, E.A.v. (1988). The Sources of Innovation. Oxford University Press.

HUGHES, T.P. (1999). Edison and electric light, in: MACKENZIE & WAJCMAN, J. (Hrsg.): The Social Shaping of Technology. Open University Press, S. 50-63.

HONG, L. & PAGE, S.E. (2004). Groups of diverse problem solvers can outperform groups of high-ability problem solvers. PNAS, Vol. 101(46), S. 16385-16389.

HÜRTER, T. (2004). GE gegen Siemens. Technology Review. März 2004, S. 19-33.

ISAKSEN, S. & TIDD, J. (2006). Meeting the Innovation Challenge. John Wiley & Sons.

IYER, B. & DAVENPORT, T.H. (2008). Vorbild Google. Harvard Business Manager, Juni 2008. S. 44-58.

JARUZELSKI, B. & DEHOFF, K. (2006). The Global Innovation 1000. Strategy & Business, Vol. 45(2), S. 48-65.

JARUZELSKI, B. & DEHOFF, K. (2007). The Global Innovation 1000. Strategy & Business, Vol. 49(2), S. 1-18.

JARUZELSKI, B. & DEHOFF, K. (2009). The Global Innovation 1000. Strategy & Business, Vol. 57(2), S. 38-53.

JARVIS, J. (2009). Was würde Google tun? Wie man von den Erfolgsstrategien des Internet-Giganten profitiert. Heyne.

JAWKES, J.; SAWERS, D. & STILLERMANN, R. (1962). The Sources of Invention. London.

JELINEK, M. (1979). Institutionalizing Innovation: A study of Organizational Learning Systems. Praeger.

JELINEK, M. & SCHOONHOVEN, C.B. (1990). The Innovation Marathon: Lessons for High-Technology Firms. Basil Blackwell.

JISCHA, M.F. (2008). Management trotz Nichtwissen. Steuerung und Eigendynamik von komplexen Systemen, in: GLEICH, A.v. & GÖSSLING-REISEMANN, S. (Hrsg.): Industrial Ecology. Erfolgreiche Wege zu nachhaltigen industriellen Systemen. Vieweg + Teubner.

JOHANNESSEN, J.-A.; OLSEN, B. & LUMPKIN, G.T. (2001). Innovation as newness: what is new, how new, and new to whom? European Journal of Innovation Management, Vol. 4(1), S. 20-31.

JOHN, R. (2005). Innovationen als irritierende Neuheiten. Evolutionstheoretische Perspektiven, in: ADERHOLD, J. & JOHN, R. (Hrsg.): Innovationen. Sozialwissenschaftliche Perspektiven. UVK Verlagsgesellschaft.

JOHNSON, S. (2010). Where good ideas come from: The natural History of Innovation. Riverhead.

JOHNSON, G. & SCHOLES, K. (1988). Exploring Corporate Strategy (2nd Edition). Prentice Hall International.

KAHNEMANN, D. (2012). Schnelles Denken, langsames Denken. Siedler.

KALECKI, M. (1937). The Principle of Increasing Risk. Economica, Vol. 4(16), S. 440-446.

KAMIEN, M. & SCHWARZ, N. (1982). Market structure and innovation. Cambridge University Press.

KATZ, R. (1982). The Effects of Group Longevity of Project Communication and Performance. Administrative Science Quarterly, Vol. 27(1), S. 81-104.

KATZAN, H. (1992). Managing Uncertainty. A pragmatic approach. Chapman & Hall.

KAUFMANN, S. A. (1995). Escaping the Red Queen Effect. McKinsey Quarterly, Vol. 31(1), S. 119-129.

KAUFMANNS, R. & SIEGENHEIM, V. (2009). Die Google-Ökonomie. Wie der Gigant das Internet beherrschen will. Düsseldorf: Books on Demand.

KAY, J. (2011). Obliquity. Die Kunst des Umwegs oder wie man am besten sein Ziel erreicht. dtv.

KESSELRING, T. (1999). Jean Piaget. Beck.

KEYNES, J.M. (1936). General Theory of Employment, Interest, and Money. Cambridge University Press.

KIESER, A. (2008). Wissenschaftler, Unternehmensberater und Praktiker – ein glückliches Dreiecksverhältnis? Revue für postheroisches Management, H. 2, 98-109.

KIRTON, M. J. (1984). Adaptors and Innovators: Why new initiatives get blocked. Long Range Planning, Vol. 17(2), S. 137-143.

KLAPPERT, S.; SCHUH, G.; Möller, H. & NOLLAU, S. (2010). Technologieentwicklung, in: SCHUH, G. & KLAPPERT, S. (Hrsg.): Technologiemanagement: Handbuch Produktion und Management, 2. Aufl. Springer.

KLEINKNECHT, A. (1996). Determinants of Innovation. MacMillan Press.

KLIMECKI, R.G. & THOMAE, M. (1997). Organisationales Lernen. Eine Bestandsaufnahme der Forschung. Management Forschung und Praxis, Nr. 18, Universität Konstanz 1997.

KNEUPER,R. & WALLMÜLLER, E. (2009). CMMI in der Praxis. Fallstudien zur Verbesserung der Entwicklungsprozesse mit CMMI. dpunkt.

KOFRANEK, M. (2006). Innovation – glücklicher Zufall oder Ergebnis guten Managements? Plädoyer für ein radikales Umdenken bei der Steuerung von Wissensprozessen. KM-Journal 2006(4).

KOGUT, B. & ZANDER, U. (1996). What Firms do? Coordination, Identity, and Learning. Organization Science, Vol. 7, S. 502-518.

KOTLER, P. & CASLIONE, J.A. (2009). Chaotics. Management und Marketing in turbulenten Zeiten. MI-Finanzbuchverlag.

KRAFT, P. (1979). The routinization of computer programming. Sociology of Work and Occupations, Vol. 6(2), S. 139-155.

KREISER, P. & MARINO, L. (2002). Analyzing the historical development of the environmental uncertainty construct. Management Decision, Vol. 40(9), S. 895-905.

KREJCI, G.P. (2010). Weniger Organisation, mehr Interaktion. Warum Teamarbeit ein gutes Mittel wäre, um auf den Zufall zu reagieren. Revue für Postheroisches Management. Heft 6.

KRIEGER, A. (2005). Erfolgreiches Management radikaler Innovationen. Autonomie als Schlüsselvariable (Diss.). DUV.

KROY, W. (1995). Technologiemanagement für grundlegende Innovationen, in: ZAHN. E. (Hrsg.): Handbuch Technologiemanagement. Schaeffer-Pöschel.

KUHN, R.L. (1985). Frontiers in Creative and Innovative Management. Ballinger Publishing.

KUITUNEN, K. (1993). Innovative Behavior and Organizational Slack of a Firm: A Case Study on the Development of Production Technology in a Finnish Clothing Firm. Helsinki School of Economics and Business Administration. Vol. 87.

LAM, A. (2005). Organizational Innovation, in FAGERBERG, J.; MOWERY D.C. & NELSON, R.R. (Hrsg.): The Oxford Handbook of Innovation. Oxford University Press.

LAUBE, H. (2010). Mobilmacher gesucht. Financial Times Deutschland. 26. Juli 2010, S. 7.

LAWRENCE, P.R. & LORSCH, J.W. (1967). Organization and Environment. Harvard 1967.

LAYTON, E. (1977). Conditions of Technological Development, in: SPIEGEL-RÖSING, I. & DE SOLLA PRICE, D. (Hrsg.): Science, Technology and Society: A Cross-Disciplinary Perspective. Sage.

LEIBENSTEIN, H. (1969). Organizational or frictional equilibria, X-efficiency, and the rate of innovation. Quarterly Journal of Economics, Vol. 83(2), S. 600-623.

LEIFER, R., MCDERMOTT, C., O'CONNOR, G.C., PETERS, L.S.; RICE, M. & VERYZER, R.W. (2000). Radical Innovation. How Mature Companies can outsmart Upstarts. Harvard Business School Press.

LEMBERG, V. (2000). Der Zufall ist planbar – Innovationsmanagement als Erfolgsfaktor für die Zukunft. Markenartikel – Das Magazin für Markenführung. Ausgabe 04/2000, S. 4-12.

LEONARD-BARTON, D. (1992). Core Capabilities and Core Rigidities: A Paradox in Managing New Product Development. Strategic Management Journal, Vol. 13(2), S. 111-125.

LINDSAY, J.; PERKINS, C. & KARANJIKAR, M. (2009). Conquering Innovation Fatigue. Overcoming the barriers to personal and corporate Success. John Wiley & Sons.

LINTON, J.D. (2009). De-Babelizing the language of Innovation. Technovation, Vol. 29(5), S. 729-737.

LIPSHITZ, R. & STRAUSS, O. (1997). Coping with Uncertainty: A Naturalistic Decision-Making Analysis. Organizational Behavior and Human Decision Processes, Vol. 69(2), S. 149-163.

LOCH, C.H.; DEMEYER, A. & PICH, M.T. (2006). Managing the Unknown. A new Approach to Managing High Uncertainty and Risk in Projects. John Wiley & Sons.

LOHR, S. (1996). The Network Computer as the PC's Evil Twin. New York Times 4.11.1996, d/1.

LOVERIDGE, D. (2009). Foresight. The Art and Science of Anticipating the Future. Routledge.

LUHMANN, N. (1993). Soziale Systeme. Grundriß einer allgemeinen Theorie. Suhrkamp.

LUHMANN, N. (2000). Organisation und Entscheidung. Westdeutscher Verlag.

LYNN, G.S. & AKGÜN, A.E. (1998). Innovation strategies under uncertainty: a contingency approach for new product development. Engineering Management Journal, Vol. 10(3), S. 11-17.

MACH, E. (1896). On the part played by accident in invention and discovery. The Monist, Vol. 6(2), S. 161-175.

MAJUMDAR, B. (1977). Innovations, Product Developments, and Technology Transfer: An Empirical Study of Dynamic Competitive Advantage, The Case of Electronic Calculators (Diss.). Case Western Reserve University, Cleveland, Ohio.

MAKRIDAKIS, S.G. (1990). Forecasting, Planning, and Strategies for the 21st Century. Free Press.

MALCHER, I. (2010). Mach es zu deinem Projekt. Brand Eins, Vol. 11(9), September 2010, S. 115-121.

MALHOTRA, Y. (2002). Why Knowledge Management Systems Fail? Enablers and Constraints of Knowledge Management in Human Enterprises, in: HOLSAPPLE, C.W. (Hrsg.): Handbook of Knowledge Management. Springer.

MANDL, H. (1997). Wissen und Handeln – Eine theoretische Standortbestimmung, in: MANDL, H. (Hrsg.): Bericht über den 40sten Kongress der Deutschen Gesellschaft für Psychologie in München 1996. Hogrefe 1997.

MANDL, H. & GERSTENMAIER, J. (2000). Die Kluft zwischen Wissen und Handeln. Empirische und Theoretische Handlungsansätze. Hogrefe.

MARCH, J.G. (1994). A Primer on Decision Making. How Decisions Happen. Free Press.

MARCH, J.G. & SIMON, H.A. (1958). Organizations. Blackwell Publishers.

MARTEL, Y. (2009). Schiffbruch mit Tiger. Fischer.

MATTOS, N. (2008). Culture, Collaboration and Speed: A View of Google's Bottoms-up Driven Innovation, Innovationsführerschaft durch Open Innovation: Chancen für die Telekommunikations-, IT- und Medienindustrie. Springer.

MATURANA, H.R. & VARELA, F.J. (1987). Der Baum der Erkenntnis. Die biologischen Wurzeln des menschlichen Erkennens. Goldmann.

MEIDL, C.N. (2009). Wissenschaftstheorie für SozialforscherInnen. UTB.

MEZRICH, B. (2010). Milliardär per Zufall. Die Gründung von Facebook – eine Geschichte über Sex, Geld, Freundschaft und Betrug. Redline.

MICHEL, K. (1987). Technologie im strategischen Management: Ein Portfolio-Ansatz zur integrierten Technologie- und Marktplanung. Erich Schmidt, Berlin.

MIEBACH, B. (2010). Soziologische Handlungstheorie. Eine Einführung , 3. Aufl. Verlag für Sozialwissenschaften.

MILES, R.E. & SNOW, C.C. (1984). Fit, failure and the hall of fame. California Management Review, Vol. 26(3), S. 10-28.

MILLER, A. (2008, Erstausgabe 1949). Tod eines Handlungsreisenden. Fischer Taschenbuch Verlag.

MILLER, J.H. & PAGE, S.E. (2007). Complex Adaptive Systems. An Introduction to computational models of social life. Princeton University Press.

MINTZBERG, H. (1994). The Rise and Fall of Strategic Planning. Prentice Hall.

MITCHELL, R. (1991). Masters of Innovation: How 3M keeps its products coming, in: HENRY, J. & WALKER, D. (Hrsg.): Managing Innovation. Sage.

MONOD, J. (1971). Zufall und Notwendigkeit. Philosophische Fragen der modernen Biologie. Piper.

MOORE, G.A. (1999). Crossing the Chasm: Marketing and Selling Disruptive Products to Mainstream Customers. Harper Collins.

MORRIS, S.C. (2008). Jenseits des Zufalls. Wir Menschen im einsamen Universum. Berlin University Press.

MORROW, B. (2008). Google's Success, Thesis. University of Dallas/Texas.

MOSS KANTER, R. (2006). Innovation: The Classic Traps. Harvard Business Review. November 2006, S. 73-83.

MÜLLER, V. & SCHIENSTOCK, G. (1978). Der Innovationsprozeß in westeuropäischen Industrieländern. (Band 1: Sozialwissenschaftliche Innovationstheorien). Duncker & Humblot.

MÜLLER-STEWENS, G. & LECHNER, C. (2005). Strategisches Management. Wie strategische Initiativen zum Wandel führen. Schaeffer-Pöschel.

NATTERMAN, P.M. (2000). Best Practice does not Equal Best Strategy. McKinsey Quarterly, Vol. 36(2), S. 22-31.

NAYAK, R.M. & KETTERINGHAM, J. (1991). 3M's little yellow Post-it pads: „Never mind I'll do it myself", in: HENRY, J. & WALKER, D. (Hrsg.): Managing Innovation. Sage.

NELSON, R. (1991). Why do Firms differ, and how does it matter? Strategic Management Journal, Vol. 12 Special Issue, S. 61-74.

NELSON, R.R. & WINTER, S.G. (1977). In search of useful theory of innovation. Research Policy 6 (1977), S. 36-76.

NELSON, R.R. & WINTER, S.G. (1982). An Evolutionary theory of Economic Change. Harvard Business Press.

NICHOLSON, G.C. (1998). Keeping Innovation alive. Research Technology Management, Vol. 41(3), S. 34-40.

NICOLAI, A. & KIESER, A. (2002). Trotz eklatanter Erfolglosigkeit: Die Erfolgsfaktorenforschung weiter auf Erfolgskurs. Erfolgsfaktoren, Managementforschung, Methoden, Praxisrelevanz. DBW, Vol. 62(6), S. 579-596.

NIGHTINGALE, P. (1998). A cognitive Model of Innovation. Research Policy, Vol. 27(7), S. 689-709.

NOHRIA, N. & GULATI, R. (1996). Is Slack Good or Bad for Innovation. The Academy of Management Journal, Vol. 39(5), S. 1245-1264.

NONAKA, I. (1994). A Dynamic Theory of Organizational Knowledge Creation. Organizational Science, Vol. 5(1), S. 14-37.

NONAKA, I. & TAKEUCHI, H. (1995). The Knowledge Creating Company. Oxford University Press.

NORTH, D. (1997). Institutions, Institutional Change, and Economic Performance. Cambridge University Press.

NOSS, C. (2002). Innovationsmanagement – quo vadis? Kommentar zu Jürgen Hauschildts „Zwischenbilanz zum Stand der betriebswirtschaftlichen Innovationsforschung", in: SCHREYÖGG, G. & CONRAD, P. (Hrsg.): Theorien des Managements. Wiesbaden 2002, S. 35-48.

O'CONNOR, G.C.; LEIFER,R.; PAULSON, A.S. & PETERS, L.S. (2008). Grabbing Lightning. Building a capability for breakthrough innovation. Jossey Bass.

OECD (2005). Oslo Manual. Guidelines for collecting and interpreting innovations data, 3. Aufl. OECD & Eurostat Publication.

OERTER, R. (2010). Kreativität und Innovation, in: OERTER, R.; FREY, D.; MANDL, H.; von ROSENSTIEL, L. & SCHNEEWIND, K. (Hrsg.): Neue Wege wagen: Innovation in Bildung, Wirtschaft und Gesellschaft. Lucius & Lucius.

ÖSTERGAARD, C.R.; TIMMERMANS, B. & KRISTINSSON, K. (2011). Does a different view create something new? The effect of employee diversity on innovation. Research Policy, Vol. 40(3), S. 500-509.

PAAP, J. & KATZ, R. (2004). Anticipating Disruptive Innovation. Research Technology Management, Vol. 47(5), S. 13-22.

PEAT, F.D. (2002). From Certainty to Uncertainty. The story of Science and Ideas in the Twentieth Century. Joseph Henry.

PENROSE, E. (1995). The Theory of the Growth of the Firm. 3. Aufl. Oxford University Press.

PERL, E. (2007). Grundlagen des Innovations- und Technologiemanagements, in: STREBEL, H. (Hrsg.): Innovations- und Technologiemanagement, 2. Aufl. Facultas WUV.

PETERS, T.J. & WATERMAN, R.H. (2004). In Search of Excellence: Lessons from America's Best-Run companies. Harper Collins.

PETTIGREW, A.M. (1990). Longitudinal Field Research on Change: Theory and Practice. Organization Science, Vol. 1(3), August.

PFLÄGING, N. (2006). Führen mit flexiblen Zielen. Beyond Budgeting in der Praxis. Campus.

PILLKAHN, U. (2007). Trends und Szenarien als Werkzeuge zur Strategieentwicklung. Publicis.

PILLKAHN, U. (2009a). Understanding the Adoption of Innovation Mechanism using Game Theory. ISPIM Vienna, May 2009.

PILLKAHN, U. (2009b). Using internal Markets to propel innovation. ISPIM New York, December.

PILLKAHN, U. (2010a). Die Weisheit der Roulettekugel. Brand Eins, Vol. 11(2), Februar 2010, S. 130-131.

PILLKAHN, U. (2010b). Increasing Organizations Innovation Capability with Innovation Roulette. ISPIM Quebec, Dezember.

PILLKAHN, U. (2012). Innovationen zwischen Planung und Zufall. Bausteine einer Theorie der bewussten Irritation (Diss.). BoD.

POLLACK, H.N. (2003). Uncertain Science ... Uncertain World, Cambridge University Press.

POPPER, K.R. (1974). Objektive Erkenntnis, 2. Aufl. Hoffmann und Campe.

PORTER, M.E. (1980). Competitive Strategy. Techniques for Analyzing Industries and Competitors. Free Press.

POWELL, W. (1991). Neither Markets nor Hierarchies: Network forms an Organization. Research in Organizational Behavior, Vol. 12(3), S. 295-336.

PRECHT, R.D. (2009). Liebe. Ein unordentliches Gefühl. Goldmann.

PROBST, G.J.B.; RAUB, S. & ROMHARDT, K. (2010). Wissen managen: Wie Unternehmen ihre wertvolle Ressource optimal nutzen. 6. Aufl. Gabler.

PUGH, D.S. (1973). The measurement of organization structures: does context determine form? Organizational Dynamics, Vol. 1(1), S. 19-34.

QUINN, J.B.; MINTZBERG, H. & JAMES, R.M. (1988). The Strategy Process. Concepts, Contexts, and Cases. Prentice-Hall.

RAFFÉE, H. (1974). Grundprobleme der Betriebswirtschaftslehre. Vandenhoeck & Ruprecht.

REINMANN, G. & EPPLER, M.J. (2008). Wissenswege. Methoden für das persönliche Wissensmanagement. Göttingen: Huber.

REINMANN-ROTHMEIER, G. (2001). Wissen managen: Das Münchner Modell. (Forschungsbericht Nr. 131). München: Ludwig-Maximilians-Universität, Lehrstuhl für Empirische Pädagogik und Pädagogische Psychologie.

RIEMANN, F. (1977). Grundformen der Angst. Eine tiefenpsychologische Studie. Ernst Reinhard.

RIGBY, D. & ZOOK, C. (2002). Open-Market Innovation. Harvard Business Review, Oktober 2002, S. 80-89.

ROBINSON, A.G. & STERN, S. (1997). Corporate Creativity. How Innovation and Improvement Actually Happen. Berrett-Koehler.

ROCHELLE, J. & PILLKAHN. U. (2009). Interview zum Thema „Messung der Innovationsfähigkeit", New York, durchgeführt am 08.12.2009.

ROGERS, E.M. (2003). Diffusion of Innovations. 5. Aufl. Free Press.

ROSENBERG, N. (1983). Inside the black box. Technology and Economics, Cambridge University Press.

ROSENBERG, N. (1994). Exploring the Black Box. Cambridge University Press.

ROSENBERG, N. (1995). Why Technology Forecasts Often Fail. The Futurists. July-August.

ROSENMAN, M.F. (1988). Serendipity and scientific discovery. Journal of Creative Behavior, Vol. 22(2), S. 132-138.

ROSENZWEIG, P. (2007). The Halo Effect ... and the eight other Business Delusions that deceive Managers. Free Press.

ROSSMAN, J. (1931). The Psychology of the Inventor: A Study of the Patentee. The Inventors Publishing Company.

ROTHWELL, R. (1984). Towards the Fifth-generation Innovation Process. International Marketing Review, Vol. 11(1), S. 7-30.

ROTHWELL, R. & DODGSON, M. (1994). Innovation and Size of Firm, in: DODGSON, M. & ROTHWELL, R. (Hrsg.): The Handbook of Industrial Innovation. Edgar Elwar 1994, S. 310-324.

RUCH, M. & CLAUSEN, S. (2005). Siemens baut weitere 1350 Stellen ab. Aderlass in der Kommunikationssparte, Kleinfeld stellt Handygeschäft in Frage. Financial Times Deutschland, 31. Januar 2005, S. 4.

RUNGG, A. (2010). Google gibt Onlineshop für Mobiltelefon auf. Financial Times Deutschland, 14. Mai 2010, S. 25.

RUST, H. (2007). Geist. Die Kraft der klugen Köpfe in Management und Marketing. Gabler.

SANDMEIER, P. & JAMALI, N. (2007). Eine praktische Strukturierungs-Guideline für das Management der frühen Innovationsphase, in: HERSTATT, C. & VERWORN, B. (Hrsg.): Management der frühen Innovationsphase. Grundlagen – Methoden – Neue Ansätze. Gabler.

SALTER, C. (2008). The faces and voices of the world's most innovative company. Fast Company, Issue 123, March.

SCHÄFFTER, O. (1997). Irritation als Lernanlass. Bildung zwischen Helfen, Heilen und Lehren, in: KRÜGER, H.H. (Hrsg.): Bildung zwischen Markt und Staat. Leske und Budrich, S. 691-708.

SCHÄTTIN, M. (2003). Ermittlung von geeigneten Testverfahren und -methodiken für die Testphase im Service Engineering Prozess (Diplom Arbeit TU München). Zugriff am 10.03.2010. Verfügbar unter: http://www.schaettin.de/economics-engineering-diploma.pdf

SCHNEIDER, M. (2002). Teflon, Post-It und Viagra. Große Entdeckungen durch kleine Zufälle. Wiley-VCH.

SCHNELL, R.; HILL, P.B. & ESSER, E. (1995). Methoden der empirischen Sozialforschung. München/Wien: Oldenbourg.

SCHOLL, W. (2004). Innovation und Information. Wie in Unternehmen neues Wissen produziert wird. Hogrefe.

SCHOEMAKER, P.J.H. (2002). Profiting from Uncertainty. Strategies for Succeeding no Matter what the Future Brings. Free Press.

SCHREINER, O.M.E. (2006). Aufbau und Management von Innovationskompetenz bei radikalen Innovationsprojekten (Diss.). Darmstadt.

SCHREYÖGG, G. (1995). Unternehmenssteuerung zwischen Programmierung und Zufall, in: HEITGER, B.; SCHMITZ, C. & GESTER, P.P.W. (Hrsg.): Managerie, 3. Jahrbuch, Heidelberg 1995, S. 231-240.

SCHREYÖGG, G. (1999). Strategisches Management – Entwicklungstendenzen und Zukunftsperspektiven. Die Unternehmung, Vol. 53(6), S. 387-407.

SCHREYÖGG, G. & KLIESCH-EBERL, M. (2008). Das Kompetenz-Paradox: Wie dynamisch können organisationale Kompetenzen sein? Revue für postheroisches Management, August 2008, S. 6-19.

SCHULZ, M. (2000). Der Käfer, der auf den Rücken fällt, lernt. Irritation als erkenntnisförderndes Element in Konzepten des Fluxus und interkultureller Begegnung. Diplomarbeit.

SCHUMPETER, J.A. (1964 [1911]). Theorie der wirtschaftlichen Entwicklung (6. Auflage). Duncker & Humblot.

SCHURY, G. (2006). Wer nicht sucht, der findet. Zufallsentdeckungen in der Wissenschaft. Campus.

SEILER, T.B. & REINMANN, G. (2004). Der Wissensbegriff im Wissensmanagement: Eine strukturgenetische Sicht, in: REINMANN, G. & MANDL, H. (Hrsg.): Psychologie des Wissensmanagements. Perspektiven, Theorien und Methoden. Hogrefe.

SEITH, A. (2005). Handy Desaster: Siemens stolperte über sechs Sünden. Spiegel Online vom 07.06.2005, Zugriff am 28.03.2010. Verfügbar unter: http://www.spiegel.de/wirtschaft/0,1518,359464,00.html

SEMLER, R. (1995). Why my former employees still work for me. Harvard Business Review, Jan-Feb.

SENGE, P. (1990). The Fifth Discipline: The Art and Practice of the Learning Organization. Doubleday.

SHAW, G.B. (1903). Man and Superman. A Comedy and a Philosophy. Westminster: Archibald Constable & Co. Ltd. (1903) "Maxims for Revolutionists".

SHAW, R.; BROWN, R. & BROMILEY, P. (1998). Strategic Stories: How 3M is writing business planning. Harvard Business Review, May-June.

SHEFER, D. & FRENKEL, A. (2005). R&D, firm size and innovation: an empirical analysis. Technovation, Vol. 25(1), S. 25-32.

SHETH, J.N. (2007). The Self-Destructive Habits of Good Companies: and how to break them. Wharton School Publishing.

SHIRKY, C. (2010). Cognitive Surplus: Creativity and Generosity in a Connected Age. Penguin.

SIEMENS (2009a). Jahresabschluss Siemens AG 2009, abrufbar unter: www.siemens.com/finanzberichte

SIEMENS (2009b). Geschäftsbericht Siemens AG 2009, abrufbar unter: www.siemens.com/finanzberichte

SIGGELKOW, N. (2007). Persuasion with Case Studies. Academy of Management Journal, 50(1), S. 20-24.

SIMON, F.B. (2004). Gemeinsam sind wir blöd? Die Intelligenz von Unternehmen, Managern und Märkten. Carl Auer.

SMITH, R. (2010). Google means Every. Research Technology Management, Vol. 53(1), S. 67-69.

SØRENSEN, J.B. & STUART, T.E. (2000). Aging, Obsolescence, and Organizational Innovation. Administrative Science Quarterly, Vol. 45(1), S. 81-112.

SPECHT, G.; BECKMANN, C. & AMELINGMEYER, J. (2002). F&E Management: Kompetenz im Innovationsmanagement: Schäffer-Poeschel.

SPECHT, G.; DOS SANTOS, A. & BINGEMER, S. (2004). Die Fallstudie im Erkenntnisprozess: Die Fallstudiemethode in den Wirtschaftswissenschaften, in: WIEDMANN, K.-P. (Hrsg.): Fundierung des Marketing – Verhaltenswissenschaftliche Erkenntnisse als Grundlage einer angewandten Marketingforschung. Gabler. S. 539-563.

SPECHT, D. & MÖHRLE, M.G. (2002). Gabler Lexikon Technologiemanagement: Management von Innovationen und neuen Technologien im Unternehmen. Wiesbaden.

SPENCER, A.S. & KIRCHHOFF, B.A. (2005). Entrepreneurship: Re-Mapping the Winds of Creative Destruction. Washington: Proceedings ICSB Konferenz 15-18 June.

STACEY, R.D. (1996). Complexity and Creativity in Organizations. Berret-Koehler.

STEINMUELLER, W.E. (1996). Basic Research and industrial Innovation, in: DODGSON, M. & ROTHWELL, R. (Hrsg.): The Handbook of industrial Innovation. Brookfield.

STEPHAN, M. & GUNDLACH, C. (2010). Welche Innovationsmethoden wirklich genutzt werden, in: GUNDLACH, C.; GLANZ, A. & GUTSCHE, J. (Hrsg.): Die frühe Innovationsphase. Methoden und Strategien für die Vorentwicklung. Symposion.

STEVENS, T. (2004). 3M reinvents its Innovation Process. Research Technology Management, Vol. 47(2), S. 3-5.

STILLICH, S. (2008). Weltherrschaft verschlafen: Die wahren PC-Erfinder. Spiegel – Eines Tages: Zugriff am 09.04.2010. Verfügbar unter: http://einestages. spiegel.de/external/ShowTopicAlbumBackground/a3046/.html

STINCHCOMBE, A.L. (1998). Monopolistic competition as a mechanism: Corporations, universities, and nation-states in competitive fields, in: HEDSTRÖM, P. & SWEDBERG, R. (Hrsg.): Social Mechanisms: An Analytical Approach to Social Theory. Cambridge University Press.

STREATFIELD, P.S. (2001). The Paradox of Control in Organizations. Routledge.

SULL, D.N. (1999). The Dynamics of Standing Still: Firestone Tire & Rubber and the radical revolution. Business History Review, Vol. 73(7), S. 430-464.

SUROWIECKI, J. (2005). The wisdom of the crowds. Anchor Books.

SUTTON, J. (2001). Technology and Market Structure. MIT Press.

SUTTON, R.I. (2007). Weird Ideas that work. Free Press.

TALEB, N.N. (2008). Der schwarze Schwan. Die Macht höchst unwahrscheinlicher Ereignisse. Hanser.

TAYLOR, F.W. (1911). The Principles of Scientific Management. Harper & Row.

TAYLOR, W.C. (2006). Here's an idea: Let everyone have ideas. New York Times, 26. März 2006, S. 3.

TERWIESCH, C. & ULRICH, K.T. (2009). Innovation Tournaments. Creating and Selecting Exceptional Opportunities. Harvard Business Press.

THALER, R.H. & SUNSTEIN, C.R. (2009). Nudge. Wie man kluge Entscheidungen anstößt. Econ.

TIDD, J. (2000). From Knowledge Management to Strategic Competence. Measuring Technological, Market and Organizational Innovation. Imperial College Press.

TITSCHER, S., MEYER, M. & MAYRHOFEN, W. (2008). Organisationsanalyse. Konzepte und Methoden. Facultas WUV (UTB).

TORNATZKY, L.G. & KLEIN, K.J. (1982). Innovation Characteristics and Innovation Adoption-Implementation: A Meta-Analysis of Findings. IEEE Transactions on Engineering Management, Vol. 29(1), February 1982, S. 28-45.

TRIPSAS, M. (1997). Unraveling the Process of Creative Destruction: Complementary Assets and Incumbent Survival in the Typesetter Industry. Strategic Management Journal, Vol. 18(1), S. 119-142.

TRIPSAS, M. & GAVETTI, G. (2000). Capabilities, Cognition, and Inertia. Evidence from Digital Imaging. Strategic Management Journal, Vol. 21(5), S. 1147-1161.

TROTT, P. (2008). Innovation Management and new Product Development, 4. Aufl. Prentice Hall.

TSCHIRKY, H. (1998). Technologie-Management: Schließung der Lücke zwischen Management-Theorie und Technologie-Realität, in: TSCHIRKY, H. & KORUNA, S. (Hrsg.). Technologie-Management: Idee und Praxis, Zürich 1998, S. 2-32.

TUCKMANN, B.W. (1965). Developmental sequences in small groups. Psychological Bulletin, Vol. 63(6), S. 384-399.

TUSHMAN, M.L. & O'REILLY, C.A. (1997). Winning through Innovation. A Practical guide to Leading Organizational Change and Renewal. Harvard Business School Press.

UTTERBACK, J.M. (1987). Innovation and Industrial Evolution in Manufacturing Industries. in: GUILE, B. & BROOKS, H. (Hrsg.). Technology and Global Industry: Companies and Nations in the World Economy. National Academy Press, Washington, DC.

UTTERBACK, J.M. (1994). Mastering the Dynamics of Innovation. Harvard Business School Press.

VAHS, D. & **BURMESTER**, R. (2005). Innovationsmanagement. Von der Produktidee zur erfolgreichen Vermarktung, 3. Aufl. Schäffer-Poeschel.

VAN ASSELT, M.B.A. (2000). Perspectives on Uncertainty and Risk. The PRIMA Approach to Decision Support. Boston, Dordrecht, London.

VAN DE VEN, A.; **POLLEY**, D.E.; **GARUD**, R. & **VENKATARAMAN**, S. (1999). The Innovation Journey. Oxford University Press.

VAN VALEN, L. (1973). A new evolutionary law. Evolutionary Theory, Vol. 1(1), S. 1-30.

VERBURG, R.M.; **ORTT**, R.J. & **DICKE**, W.M. (2006). Managing Technology and Innovation. Routledge.

VERPLANKEN, A. & **AARTS**, H. (1999). Habit, attitude, and planned behaviour: Is habit an empty construct or an interesting case of goal-directed automaticity? in: **STROEBE**, W. & **HEWSTONE**, M. (Hrsg.). European Review of Social Psychology, S. 101-134, Wiley.

VERWORN, B. (2007). Die Rolle und Bedeutung von Planungsaktivitäten während der frühen Phasen, in: **HERSTATT**, C. & **VERWORN**, B. (Hrsg.): Management der frühen Innovationsphase. Grundlagen – Methoden – Neue Ansätze, 2. Aufl. Gabler.

VLAAR, P.; **DE VRIES**, P. & **WILLENBORG**, M. (2005). Why Incumbents Struggle to Extract Value from New Strategic Options: Case of the European Airline Industry. European Management Journal, Vol. 23(2), S. 154-169.

VOELPEL, S.; **LEIBOLD**, M.; **TEKIE**, E. & **VON KROGH**, G. (2005). Escaping the Red Queen Effect in Competitive Strategy: Sense-testing Business Models. European Management Journal, Vol. 23 (1), S. 37-49.

VOGEL, C.M. (2010). Notes on the Evolution of Design Thinking: A Work in Progress, in: **LOCKWOOD**, T. (Hrsg.). Design Thinking. Integrating Innovation, Customer Experience, and Brand Value. Allworth Press.

VON FOERSTER, H. (1997). Prinzipien der Selbstorganisation im sozialen und betriebswirtschaftlichen Bereich, in: **VON FOERSTER**, H. (Hrsg.): Wissen und Gewissen: Versuch einer Brücke. Suhrkamp.

VON HIPPEL, E.; **THOMKE**, S. & **SONNACK**, M. (1999). Creating Breakthroughs at 3M. Harvard Business Review, Vol. 77(5), S. 47-57.

VON ROSENSTIEL, L. (2000). Wissen und Handeln in Organisationen, in: **MANDL**, H. & **GERSTENMAIER**, J. (Hrsg.): Die Kluft zwischen Wissen und Handeln. Empirische und Theoretische Lösungsansätze. Hogrefe.

WAHREN, H. (2004). Erfolgsfaktor Innovation. Ideen systematisch generieren, bewerten und umsetzen. Springer.

WALLY, S. & **FONG**, C.-M. (2000). Effects of firm performance, organizational slack, and debt on entry timing: A study of ten emerging product markets in USA. Industry and Innovation, Vol. 7(2). S. 169-183.

WARSH, D. (2006). Knowledge and the Wealth of Nations. A Story of Economic Discovery. Norton Publishers.

WEBER, M. (1922). Wirtschaft und Gesellschaft. Grundriss der verstehenden Soziologie, Tübingen.

WEIDERMANN, P.H. (1984). Das Management des Organizational Slack. Gabler.

WEIK, E. (1998). Innovation, aber wie? Einige Gedanken zur Verwendung des Begriffes in der BWL, in: **HEIDELOFF**, F. & **RADEL**, T. (Hrsg.). Organisation von Innovation. Strukturen, Prozesse, Interventionen. Rainer Hampp.

WEISS, H.M. & **ILGEN**, D.R. (1985). Routinized Behavior in Organizations. Journal of Behavioral Economics, Vol. 14(2), S. 57-67.

WERLE, R. (2010). Zur Interdepenz von Innovationen, in: HOF, H. & WENGEN-ROTH, U. (Hrsg.): Innovationsforschung. Ansätze, Methoden, Grenzen und Perspektiven. LIT.

WHEELWRIGHT, S.C. & CLARK, K.B. (1992). Revolutionizing Product Development. Free Press.

WIHOFSZKI, O. (2005). LG greift im deutschen Handymarkt an. Financial Times Deutschland, 21. Februar 2005, S. 5.

WILLIAMS, M.L. & CLAMPITT, P.G. (2003). How Employees and Organizations Manage Uncertainty: Norms, Implications, and Future Research. International Communication Association Convention – Organizational Communication Division (Proceedings), San Diego.

WILLIAMSON, O. (1975). Markets and Hierarchies. Free Press.

WILLKE, H. (2002). Dystopia. Suhrkamp.

WILLKE, H. (2005). Systemtheorie 2: Interventionstheorie. Grundzüge einer Theorie der Intervention in komplexe Systeme, 4. Aufl. Lucius & Lucius.

WILSON, J.Q. (1989). Bureaucracy. What Government Agencies Do and Why They Do it. Basic Books.

WIND, J. & MAHAJAN, V. (1997). Issues and Opportunities in new product development: An introduction to the special issue. Journal of Marketing Research, Vol. 34(1), S. 1-12.

WITT, J. (1996). Grundlagen für die Entwicklung und Vermarktung neuer Produkte, in: WITT, J. (Hrsg.). Produktinnovationen. Vahlen.

WOLFRUM, B. (1991). Strategisches Technologiemanagement. Gabler.

WOLPERT, J.D. (2002). Breaking out of the Innovation Box. Harvard Business Review, August 2002, S. 77-83.

WOMACK, J.P. & JONES, D.T. (1996). Lean Thinking: Banish Waste and Create Wealth in Your Corporation. Simon & Schuster.

WOMACK, J.P. & JONES, D.T. (2005). Lean Solutions: How Companies and Customers Can Create Value and Wealth Together. Free Press.

XU, Q.R. & LIANG, X.R. (2004). From Creativity to Success: The Evolutionary Mechanism of Innovation – Case Study of Siemens. Singapore: IEEE-International Engineering Management Conference.

YIN, R.K. (1994). Case Study Research: Design and Methods, 2. Aufl. Thousand Oaks.

ZEUCH, A. (2007). Der Hase und der Igel – Wissen und Nichtwissen zu Beginn des dritten Jahrtausends, in: ZEUCH (Hrsg.): Management von Nichtwissen in Unternehmen. Carl Auer.

ZHAO, F. (2006). Technological and organisational innovations: Case study of Siemens (Australia). International Journal of Innovation and Learning, Vol. 3(1), S. 95-109.

Index

Christian Holzer

Unternehmenskonzepte zur Work-Life-Balance

Ideen und Know-how für Führungskräfte, HR-Abteilungen und Berater

2013, 247 Seiten, gebunden
ISBN 978-3-89578-424-8, € 34,90

Christian Holzer bietet authentische Modelle und mehr als 400 praktische Tipps zur Work-Life-Balance, untermauert durch Praxisbeispiele aus Coachings, Beratungen und eigener Führungserfahrung – ein Ideenpool für soziale Nachhaltigkeit, Employer Branding und Personalentwicklung.

Klaus M. Kohlöffel, Hans-Jürgen August

Veränderungskonzepte und Strategische Transformation

Trends, Krisen, Innovationen als Chancen nutzen

2012, 396 Seiten, 80 Abbildungen, gebunden
ISBN 978-3-89578-409-5, € 49,90

Führungskräften und Strategen dient das Buch als umfassender, mit Praxisbeispielen untermauerter Leitfaden zur Umsetzung strategischer Transformationen, Beratern gibt es eine Systematik zum Entwickeln strategischer Optionen und Hinweise zum Begleiten von Transformationsprojekten.

Sven Voelpel, Ralf Lanwehr

Management für die Champions League

**Was wir vom Profifußball lernen können
Mit einem Geleitwort von Dr. Roland Berger
und Interviews von Jörg Wontorra**

2009, 259 Seiten, 68 farbige Abbildungen, gebunden
ISBN 978-3-89578-290-9, € 24,90

Führung funktioniert überall gleich; die Prinzipien herausragender Leistungen sind identisch. Das einzigartige Buch zeigt, welche Führungs- und Managementtechniken im Profifußball besonders erfolgreich sind und sich auf Unternehmen, Organisationen oder Vereine übertragen lassen.

www.publicis-books.de

Nicolai Andler

Tools für Projektmanagement, Workshops und Consulting

Kompendium der wichtigsten Techniken und Methoden

5., überarbeitete und erweiterte Auflage, 2013,
488 Seiten, 226 Abbildungen/Tabellen, gebunden
ISBN 978-3-89578-430-9, € 49,90

Das erfolgreiche Standardwerk richtet sich an Projektmanager
und -mitarbeiter, Berater, Trainer, Führungskräfte und Studenten,
die mehr Instrumente beherrschen wollen als Mindmap oder
Brainstorming. Sie finden darin alle wichtigen Tools, inklusive
Bewertung und Hinweisen zur Anwendung.

Elke Meyer, Stefanie Widmann

FlipchartArt

**Ideen für Trainer, Berater
und Moderatoren**

3., wesentlich überarbeitete und erweiterte Auflage,
2011, 204 Seiten, viele farbige Abbildungen
ISBN 978-3-89578-396-8, € 34,90

Das Buch bietet eine Fülle konkreter Beispiele zur Gestaltung
attraktiver Flipcharts. Die Vorbereitung von Seminaren, Besprechungen oder Workshops wird damit deutlich vereinfacht, der
Zeitaufwand reduziert. FlipchartArt gehört in jeden Moderatoren-,
Trainer- und Beraterkoffer!

Marco Esser, Bernhard Schelenz

Zukunftssicherung durch HR Trend Management

Personalarbeit auf den richtigen Kurs bringen

2013, 188 Seiten, gebunden
ISBN 978-3-89578-426-2, € 29,90

Egal ob mittelständischer Familienbetrieb oder internationaler
Großkonzern: Nur mit einem HR Trend Management werden die
Unternehmen in der Lage sein, den künftigen Bedarf an Arbeits-
kräften zu decken. Wie das funktioniert, zeigen Marco Esser und
Bernhard Schelenz in diesem Buch.

Ulf Pillkahn

Trends und Szenarien als Werkzeuge zur Strategieentwicklung

Wie Sie die unternehmerische und gesellschaftliche Zukunft planen und gestalten

2007, 460 Seiten, 167 farbige Abbildungen, gebunden
ISBN 978-3-89578-286-2, € 59,90

Dieses Buch zeigt, wie man Szenarien für die Zukunftsforschung einsetzt und wie die Ergebnisse aus Trendforschung und Szenariotechnik in die unternehmerische Strategieentwicklung einfließen. Praktische Beispiele und Zukunftsbilder runden das Buch ab.

Antonio Schnieder, Tom Sommerlatte (Hrsg.)

Die Zukunft der deutschen Wirtschaft

Visionen für 2030

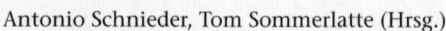

2010, 332 Seiten, gebunden
ISBN 978-3-89578-350-0, € 24,90

Mit diesem faszinierenden Buch treten Herausgeber und Autoren ein in eine neue, visionäre Welt. Bekannte Wissenschaftler, Manager, Journalisten und Politiker präsentieren ihre persönlichen Zukunftsvisionen für fast alle Bereiche unserer Wirtschaft.

Michael Müller

Ideenfindung, Problemlösen, Innovation

Das Entwickeln und Optimieren von Produkten, Systemen und Strategien

2011, 282 Seiten, 82 Abbildungen, gebunden
ISBN 978-3-89578-363-0, € 34,90

Die in diesem Buch beschriebene Methodik funktioniert allein und im Team und mit erheblich geringerem Aufwand als andere Methoden. Sie richtet sich an alle Personen, die an der Entwicklung und Optimierung von Produkten, Strukturen, Systemen oder Strategien beteiligt sind.